"十四五"职业教育国家规划教材

"十二五"职业教育国家规划教材 修订版
经全国职业教育教材审定委员会审定

气动与液压实训

第 2 版

主　编　周建清　王金娟
副主编　姚静玉　周淑红
参　编　朱　力　蒋华平
　　　　宋　秦　应岢成
　　　　郭燕芬　徐　垚
主　审　李　成

机械工业出版社

本书是"十二五"职业教育国家规划教材《气动与液压实训》的修订版。

本书分2个单元，共10个项目，分别为气动平口钳控制回路的安装与调试、客车车门控制回路的安装与调试、送料装置控制回路的安装与调试、切割机控制回路的安装与调试、压装装置控制回路的安装与调试、颜料调色振动机控制回路的安装与调试、传送带方向校正装置控制回路的安装与调试、压合装置控制回路的安装与调试、升降缸缓冲装置控制回路的安装与调试、包裹提升装置控制回路的安装与调试。通过10个项目将气动与液压的基础知识、换向控制、压力控制、行程控制、位置控制、速度控制、时间控制及顺序控制等内容根据工作任务及技能建构的序列进行了重新编排，同时根据企业实际，融入了PLC控制技术，真正实现气、液、电知识合一。

本书可作为五年制高职、三年制高职机械设计制造类、机电设备类专业教材，也可作为职业院校"液压与气动系统装调与维护"赛项的实训教学用书。

为方便教学，书中每个项目都配置了仿真操作二维码，可扫码学习观看。本书还配套PPT课件、电子教案、习题及答案等资源，凡购买本书的教师可登录www.cmpedu.com，注册后免费下载。

图书在版编目（CIP）数据

气动与液压实训/周建清，王金娟主编. —2版（修订本）. —北京：机械工业出版社，2021.10（2025.1重印）
"十二五"职业教育国家规划教材
ISBN 978-7-111-69458-8

Ⅰ.①气… Ⅱ.①周…②王… Ⅲ.①气动技术-高等职业教育-教材②液压控制-高等职业教育-教材 Ⅳ.①TH138②TH137

中国版本图书馆CIP数据核字（2021）第218103号

机械工业出版社（北京市百万庄大街22号　邮政编码100037）
策划编辑：赵红梅　　　责任编辑：赵红梅　杨　璇
责任校对：陈　越　王明欣　封面设计：张　静
责任印制：常天培
北京机工印刷厂有限公司印刷
2025年1月第2版第7次印刷
184mm×260mm·17印张·412千字
标准书号：ISBN 978-7-111-69458-8
定价：49.90元

电话服务　　　　　　　网络服务
客服电话：010-88361066　机　工　官　网：www.cmpbook.com
　　　　　010-88379833　机　工　官　博：weibo.com/cmp1952
　　　　　010-68326294　金　书　网：www.golden-book.com
封底无防伪标均为盗版　机工教育服务网：www.cmpedu.com

关于"十四五"职业教育国家规划教材的出版说明

为贯彻落实《中共中央关于认真学习宣传贯彻党的二十大精神的决定》《习近平新时代中国特色社会主义思想进课程教材指南》《职业院校教材管理办法》等文件精神，机械工业出版社与教材编写团队一道，认真执行思政内容进教材、进课堂、进头脑要求，尊重教育规律，遵循学科特点，对教材内容进行了更新，着力落实以下要求：

1. 提升教材铸魂育人功能，培育、践行社会主义核心价值观，教育引导学生树立共产主义远大理想和中国特色社会主义共同理想，坚定"四个自信"，厚植爱国主义情怀，把爱国情、强国志、报国行自觉融入建设社会主义现代化强国、实现中华民族伟大复兴的奋斗之中。同时，弘扬中华优秀传统文化，深入开展宪法法治教育。

2. 注重科学思维方法训练和科学伦理教育，培养学生探索未知、追求真理、勇攀科学高峰的责任感和使命感；强化学生工程伦理教育，培养学生精益求精的大国工匠精神，激发学生科技报国的家国情怀和使命担当。加快构建中国特色哲学社会科学学科体系、学术体系、话语体系。帮助学生了解相关专业和行业领域的国家战略、法律法规和相关政策，引导学生深入社会实践、关注现实问题，培育学生经世济民、诚信服务、德法兼修的职业素养。

3. 教育引导学生深刻理解并自觉实践各行业的职业精神、职业规范，增强职业责任感，培养遵纪守法、爱岗敬业、无私奉献、诚实守信、公道办事、开拓创新的职业品格和行为习惯。

在此基础上，及时更新教材知识内容，体现产业发展的新技术、新工艺、新规范、新标准。加强教材数字化建设，丰富配套资源，形成可听、可视、可练、可互动的融媒体教材。

教材建设需要各方的共同努力，也欢迎相关教材使用院校的师生及时反馈意见和建议，我们将认真组织力量进行研究，在后续重印及再版时吸纳改进，不断推动高质量教材出版。

机械工业出版社

前 言

随着工业机械化和自动化的飞速发展,气动与液压技术被广泛应用在工程机械、机床、自动化生产线等众多领域,其新知识、新技术、新工艺及新要求也不断出现。

本书遵循学生的认知规律,打破传统的学科课程体系,坚持"工学结合、校企合作"的人才培养模式,模拟企业生产环境,渗透企业文化,采取项目化的形式对气动与液压的知识和技能进行重新建构,重点强调学生职业习惯、职业素养的养成。本书具有以下特点。

1)教学内容项目化、企业作业教学化。全书精选10个企业控制装置和教学实训课题,并进行项目化、教学化处理,将岗前必备知识、操作指导、质量记录等企业生产流程融入其中,突出岗位的职业性和技术性,达成工厂作业与学校学习的有机结合。

2)任务驱动、目标渗透。将工作任务分解成小任务,通过工作小任务将知识点、技能点融入其中,将学习内容鲜活化,使学习小目标得以渗透,让学生始终在做中学、学中做,既是理实一体理念的融合,又符合企业的生产步骤和作业习惯,便于学生职业能力的养成。

3)呈现形式新颖、表现手法创新。坚持学生为主体,激发学生的学习兴趣。坚持企业岗位作业指导书的工具手册理念,将学习内容编成作业指导书,使操作步骤、作业工艺图解化,配有简单的操作说明,直观明了、通俗易懂。

4)常用的气动与液压控制原则全覆盖。通过10个项目涵盖气动与液压技术的基本控制原则和控制回路,充分保障基本知识和基本技能的学习。

5)拓展内容到位。通过拓展内容,补充学习其他的气动与液压元件、控制回路,弥补项目式教材知识体系不完整的缺陷。

6)控制回路齐全、可操作性强。每一个项目都涉及一台完整的小型生产设备,包含气动、液压回路和电气控制回路。书中不仅有气动、液压回路的操作指导,而且重视电气控制技术的应用,将气、液、电技术相互融合,学生对照本书能顺利完成操作任务。

7)充分体现新技术的应用。书中的10个项目充分体现了新技术的应用,更符合企业的实际生产,贴近企业的人才需求,利于达成培养目标。

8)配套资源丰富,包括仿真操作二维码、PPT课件、电子教案、习题及答案等。

本书由武进技师学院的周建清、王金娟任主编,姚静玉、周淑红任副主编,朱力、蒋华平、宋秦、应岢成、郭燕芬和徐垚参与了教材的编写。本书由武进技师学院李成主审。

在本书编写过程中,得到武进技师学院领导、常州市职业教育周建清智能控制名师工作坊成员的大力支持与帮助，在此一并表示衷心感谢！

由于编者水平有限，书中不妥之处在所难免，恳请读者批评指正。

说明：书中原理图为液压气动仿真软件生成图，与液压与气动标准图形符号稍有差异，请读者知晓。

编　者

二维码索引

名　称	图　形	页　码	名　称	图　形	页　码
项目一		2	项目六		121
项目二		29	项目七		146
项目三		47	项目八		176
项目四		65	项目九		198
项目五		87	项目十		224

目 录

前言

二维码索引

第一单元　气动控制装置的安装与调试 …………………………………………………… 1

　　项目一　气动平口钳控制回路的安装与调试 ……………………………………………… 2
　　项目二　客车车门控制回路的安装与调试 ………………………………………………… 29
　　项目三　送料装置控制回路的安装与调试 ………………………………………………… 47
　　项目四　切割机控制回路的安装与调试 …………………………………………………… 65
　　项目五　压装装置控制回路的安装与调试 ………………………………………………… 87
　　项目六　颜料调色振动机控制回路的安装与调试 ………………………………………… 121

第二单元　液压控制装置的安装与调试 …………………………………………………… 145

　　项目七　传送带方向校正装置控制回路的安装与调试 …………………………………… 146
　　项目八　压合装置控制回路的安装与调试 ………………………………………………… 176
　　项目九　升降缸缓冲装置控制回路的安装与调试 ………………………………………… 198
　　项目十　包裹提升装置控制回路的安装与调试 …………………………………………… 224

附录　常用液压与气动元件图形符号 ………………………………………………………… 252

参考文献 ………………………………………………………………………………………… 261

第一单元

气动控制装置的安装与调试

项目一

气动平口钳控制回路的安装与调试

📗 学习目标

1. 能说出气压传动的工作原理、传动特点、系统的组成及各组成部分作用。
2. 了解气压传动中的力学基础知识。
3. 认识气源及气源处理装置,了解其结构和符号,并会识别、安装及使用。
4. 认识二位五通单气控换向阀、二位三通手动换向阀、节流阀等气动控制元件,了解其结构和符号,并会识别、安装及使用。
5. 认识双作用单出杆气缸等气动执行元件,了解其结构和符号,并会识别、安装及使用。
6. 会识读气动平口钳气动回路图,并能说出其控制回路的动作过程。
7. 会根据气动平口钳气动回路图、设备布局图正确安装、调试其控制回路。
8. 拓展认识二位五通手动换向阀,并学会气动直接控制的平口钳气动回路。

📖 项目简介

某气动平口钳的外形如图 1-1 所示。它是一种以气压为动力,通过气缸的活塞杆伸出,产生顶力夹紧零件的装置。气动平口钳的结构如图 1-2 所示,它由钳口、钳身、气管接头、换向阀、气缸等组成。通过气控换向阀改变气缸的气流通道,使活塞杆的移动方向发生改变,从而驱动钳口的夹紧与松开。

图 1-1 气动平口钳的外形

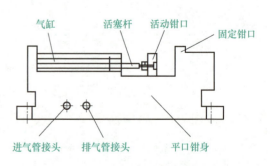

图 1-2 气动平口钳的结构

当气缸的无杆腔进气、有杆腔排气时，其活塞杆伸出，平口钳夹紧；当气缸的有杆腔进气、无杆腔排气时，其活塞杆缩回，平口钳松开。图1-3所示为气动平口钳的气动回路图。

知识储备

1. 工作介质

气压传动的工作介质是压缩空气。空气的性质和质量对气动系统工作的可靠性和稳定性有很大的影响。

（1）空气的湿度　大气中的空气基本上都是湿空气，即含有一定的水蒸气。湿空气在一定温度和压力下，会凝结出水滴，使管道和气动元件锈蚀，严重时还可以导致整个系统失灵。因此，各种气动元件对空气含水量都有明确规定，对一些要求较高的元件，还需采取一定措施滤除空气中的水分。

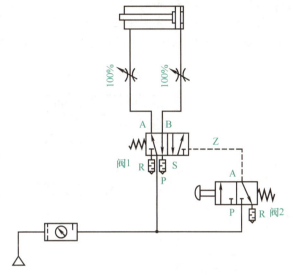

图1-3　气动平口钳的气动回路图
阀1—二位五通单气控换向阀　阀2—二位三通手动换向阀

（2）空气的可压缩性　可压缩性是指体积随压力增大而减小的性质。气体容易被压缩，且温度越高，压力越大，其可压缩性就越大。在实际工程中，所用气压不是很大，因此其压缩性可以忽略不计。但在某些气动元件（气缸、气马达）中，局部流速很高，则必须考虑气体的可压缩性。

（3）空气的黏度　空气的黏度是指空气质点相对运动时产生阻力的性质。影响空气黏度变化的主要因素是温度的变化。这是由于温度升高后，空气内分子运动加剧，使原本间距较大的分子之间碰撞增多。压力的变化对空气黏度的影响很小，常忽略不计。

2. 流体（气体或液体）力学基础

（1）静力学基础

1）流体静压力。当流体相对静止时，单位面积上所受的法向力称为流体静压力（物理学中称为压强），用 p 表示，即

$$p = \frac{F}{A} \tag{1-1}$$

式中　p——流体静压力（N/m² 或 Pa），工程上常用 kPa、MPa，换算关系：$1\text{MPa} = 10^3\text{kPa} = 10^6\text{Pa}$；

　　　F——法向力，即作用在流体表面上的外力（N）；

　　　A——流体表面的承压面积，即活塞的有效作用面积（m²）。

2）静压传递原理。它又称为帕斯卡原理，在密闭容器中的静止流体，当一处受到外力作用而产生压力时，这个压力将通过流体等值传递到流体内部所有各点。

如图1-4所示，在静压传递原理应用实例中，左侧缸2（负载缸）的活塞的有效作用面积为 A_2，受到一重力为 W 的重物作用，右侧缸1的活塞的有效作用面积为 A_1，受到力 F_1 的作用，缸内受到的压力分别为 $p_1 = \dfrac{F_1}{A_1}$、$p_2 = \dfrac{W}{A_2}$。由于两缸充满流体且相互连通，根据静压传

递原理，$p_1 = p_2$，因此有

$$W = F_1 \frac{A_2}{A_1} \tag{1-2}$$

式（1-2）表明，克服重物重力 W 的大小与活塞 2 的有效作用面积成正比。如果 $A_2 > A_1$，只要在活塞 1 上作用一个很小的 F_1，便能获得很大的力，用以克服外负载。

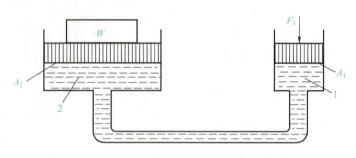

图 1-4　静压传递原理应用实例
1—右侧缸　2—左侧缸

（2）动力学基础

1）流量和平均流速。单位时间内流过某一通流截面的流体体积，称为流量，用 q 表示，即

$$q = \frac{V}{t} \tag{1-3}$$

式中　V——流体体积（m^3）；

　　　t——流体流过的时间（s）；

　　　q——流量（m^3/s 或 L/min），换算关系：$1 m^3/s = 6 \times 10^4 L/min$。

流体在管中流动时，由于其具有黏性，所以流体与管道之间存在摩擦力，流体内存在内摩擦力，造成同一通流截面上各点的流速是不相同的。为方便计算，假设通过通流截面上各点的流速均匀分布，称为平均流速，用 v 表示。平均流速等于通过通流截面的流量与通流截面的面积之比，即

$$v = \frac{q}{A} \tag{1-4}$$

缸工作时，活塞运动的速度就等于缸内流体的平均流速。由式（1-4）可知，当缸的有效作用面积一定时，活塞的运动速度取决于流入缸内流量的大小。

2）连续性原理。假定流体不可压缩，即为理想流体。理想流体在无分支管路中稳定流动时，通过每一截面的流量相等。

如图 1-5 所示，流体在无分支管路中流动，任取两截面 1 和 2，其截面面积分别为 A_1 和 A_2，并在两截面处的流速分别为 v_1 和 v_2。根据流体连续性原理，$q_1 = q_2$，即

$$v_1 A_1 = v_2 A_2 = 常量 \tag{1-5}$$

式（1-5）表明，流体在无分支管路中稳定流动时，流经管路不同截面时的平均流速与截面面积大小成反比。管路截面面积小处平均流速大，反之，平均流速小。

3）伯努利方程。伯努利方程是能量守恒定律在流体力学中的一种表达形式。

如图 1-6 所示，无黏性的流体在管道内做恒定流动时，用伯努利方程表示压力与流速的

关系，即

$$\frac{p_1}{\rho_1}+gh_1+\frac{v_1^2}{2}=\frac{p_2}{\rho_2}+gh_2+\frac{v_2^2}{2} \tag{1-6}$$

式中　p_1、ρ_1、v_1、h_1——截面 1 处的压力、密度、平均流速、高度；

　　　p_2、ρ_2、v_2、h_2——截面 2 处的压力、密度、平均流速、高度。

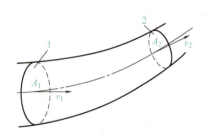

图 1-5　连续性原理应用实例

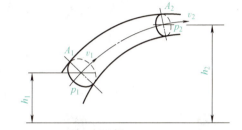

图 1-6　理想流体伯努利方程示意图

对于同一水平的两截面，$h_1 = h_2$，所以式（1-6）简化为

$$\frac{p_1}{\rho_1}+\frac{v_1^2}{2}=\frac{p_2}{\rho_2}+\frac{v_2^2}{2} \tag{1-7}$$

而对于不可被压缩的流体，有 $\rho_1 = \rho_2$，所以

$$v_2 = \sqrt{\frac{2}{\rho}(p_1-p_2)+v_1^2} \tag{1-8}$$

由式（1-8）可知，当平均流速 v 越快，则压力越小。

（3）管路中流体的能量损失

1）压力损失。由于流体具有黏性，它们在管道内流动时会造成压力损失。压力损失可分为沿程压力损失和局部压力损失两种。在等截面长直管内流动时引起沿程压力损失；在弯管、阀门内等截面变化处引起局部压力损失。

压力损失会造成功率浪费、流体发热、黏度下降、泄漏加剧，同时也会导致液压元件受热膨胀，甚至"卡死"，以致无法正常工作。因此应尽量减少压力损失。一般情况下，只要流体黏度适当，管路内壁光滑，尽量缩短管路长度或截面变化及弯曲，就可使压力损失控制在很小的范围内。

2）流量损失。由于气动或液压元件内存在间隙，当间隙两端有压力差时，就会有流体从这些间隙中流出，即泄漏。泄漏可分内泄漏和外泄漏两种。元件内部高、低压腔间的泄漏称为内泄漏。气动或液压传动系统内部气体或液体漏到系统外部的泄漏称为外泄漏。

气动或液压传动系统中泄漏必然存在。它会引起流量损失，使动力部分输出的流量不能全部进入执行元件。

3. 气路元件

（1）气源装置　产生、处理和储存压缩空气的装置称为气源装置。如图 1-7 所示，气源装置一般由空气压缩机、后冷却器、油水分离器、气罐、干燥器和过滤器等组成。其中空气压缩机是气源装置的主体部分，其作用是产生具有足够压力和流量的压缩空气，为气动系统提供气压源。图 1-8 所示为部分空气压缩机的外形图。

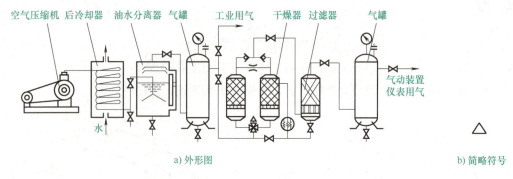

a) 外形图　　　　　　　　　　　　　　　b) 简略符号

图 1-7　气源装置

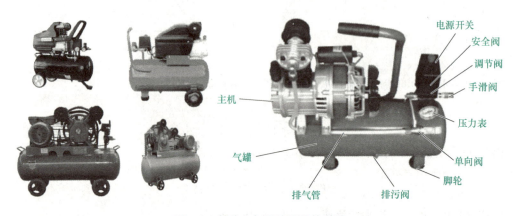

图 1-8　部分空气压缩机的外形图

图 1-9 所示为常用的活塞式空气压缩机的工作示意图。当主机接通电源后，通过曲柄滑块机构，将电动机输出的旋转运动转换为活塞的直线往复运动。当活塞向右移动时，气缸左腔容积增大，压力降低，排气阀关闭，在大气压的作用下吸气阀开启，外界空气进入气缸内部，这个过程称为吸气过程；当活塞向左移动时，气缸左腔便因容积变小而使压力升高，吸气阀在缸内气体的作用力下关闭，缸内气体被压缩，这个过程称为压缩过程。当气缸内的气体压力增高且略高于输出管道内的压力后，排气阀被打开，压缩空气排入管道内，这个过程称为排气过程。活塞往复运动一次，即为完成"吸气—压缩—排气"的一个工作循环。活塞式空气压缩机常用于需要 0.3~0.7MPa 压力范围的系统。

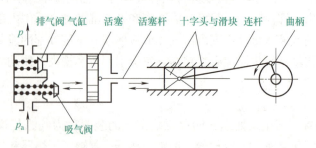

图 1-9　常用的活塞式空气压缩机的工作示意图

（2）气源处理装置　因空气压缩机输出的压缩空气中存在油分、水分以及灰尘，会影响设备的寿命，严重时导致整个气压系统工作不稳定甚至失灵，故不能被气压装置直接使用。在实际应用中，通常在气动系统的前面安装气源处理装置，提高气源质量，以满足气动元件对气源质量的要求，而气动三联件（简称为三联件）就是其中的一种。

由空气过滤器、减压阀和油雾器一起组成的气源处理装置，称为气动三联件，其外形与符号如图1-10所示。压缩空气流过三联件的顺序依次为空气过滤器 → 减压阀 → 油雾器，且不能颠倒。

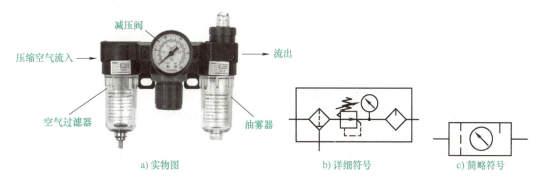

图1-10　气动三联件的外形与符号

这是因为减压阀内部有阻尼小孔和喷嘴，这些小孔容易被杂质堵塞而造成减压阀失灵，故进入减压阀的空气要先通过空气过滤器进行过滤。另外还要注意，空气过滤器和油雾器在使用时一定要垂直安装。

1）空气过滤器。如图1-11所示，空气过滤器由旋风叶子、滤杯、挡板、滤芯、排水阀等组成，作用是滤除压缩空气中的油污、水分和灰尘等杂质。压缩空气从输入口进入，被引入旋风叶子，在旋风叶子的带动下，高速旋转，夹杂在空气中的水滴、油滴、灰尘在离心力作用下沿着滤杯内壁沉到杯底部。气体通过滤芯，滤除部分灰尘、杂质，再从输出口送入减压阀。为防止气体旋转的旋涡将滤杯中存积的污水卷起，设有挡板。为保证空气过滤器正常工作，必须及时将滤杯中的污水通过排水阀排放。

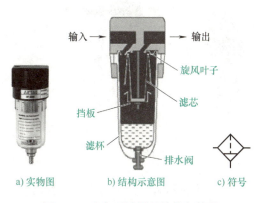

图1-11　空气过滤器的结构与符号

2）减压阀。如图1-12所示，减压阀由调压手柄、调压弹簧、溢流阀等组成，作用是对输入的压缩空气进行减压，并将其调节至气动系统所需的压力。当顺时针调节调压手柄时，调压弹簧被压缩，推动膜片和阀杆下移，进气门打开，经空气过滤器过滤后的气体自左侧进气口进入，从右侧输出口输出。同时，输出口的压缩空气经反应导管（此处没画出）作用在膜片上产生向下的推动力。该推动力与调压弹簧作用力相平衡时，阀便有稳定的气压输出。若输出压力超过调定压力，则膜片向下变形，溢流阀打开，过剩的空气经溢流阀排入大气。当输出的压力降至调定压力时，溢流阀关闭，膜片上的受力维持平衡状态。

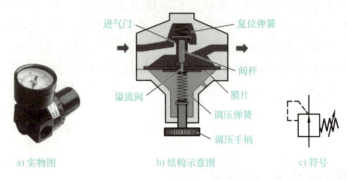

a) 实物图　　b) 结构示意图　　c) 符号

图 1-12　减压阀（带压力表）的实物、结构与符号

3）油雾器。如图 1-13 所示，油雾器是一种特殊的注油装置，它以压缩空气为动力，将润滑油的油滴喷射成雾状，并混合于压缩空气中，使该压缩空气具有润滑气动元件的能力。压缩空气自左侧输入口输入，一部分进入油杯下腔，使杯内的油面受压，润滑油由立管吸入送至上油管，进入出油腔、经出油管流入主道高速气流中，被雾化后从输出口输出。

（3）二位五通单气控换向阀　图 1-14 所示为二位五通单气控换向阀（5/2），是一种利用气体压力使阀芯移动，实现换向的气动控制元件。

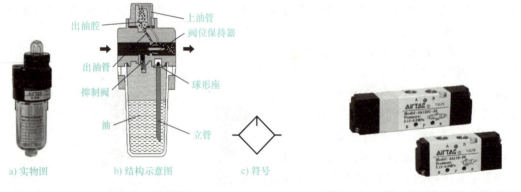

a) 实物图　　b) 结构示意图　　c) 符号

图 1-13　油雾器

图 1-14　二位五通单气控换向阀（5/2）

图 1-15 所示为二位五通单气控换向阀的结构示意图。它由阀芯、阀体和复位弹簧等组成，有 1 个进气口（字母标识 P）、2 个工作口（字母标识 A、B）、2 个排气口（字母标识 R、S）和一个控制口（字母标识 Z）。常态时，控制口 Z 无气控信号，阀芯在复位弹簧的作用下移至阀体的左侧，进气口 P 和工作口 B 相通，工作口 A 和排气口 R 相通；当控制口 Z 有气控信号时，阀芯克服弹簧力移至阀体的右侧，进气口 P 与工作口 A 相通，工作口 B 与排气口 S 相通，实现气路的换向功能。

图 1-16 所示为 4A110-06 型二位五通单气控换向阀的铭牌。根据连接口的标识可以识读阀的符号及其工作位置。图 1-17 所示为 4A110-06 型二位五通单气控换向阀的图形符号，其表达方式见表 1-1，换向阀的控制方式见表 1-2。图形中的弹簧表示此阀的复位方式为弹簧复位，复位方式与控制方式分别画在图形符号的两侧。

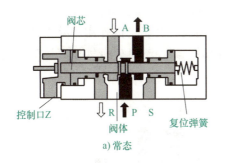
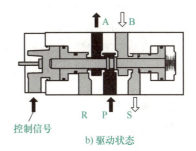

图1-15 二位五通单气控换向阀的结构示意图

图1-16 4A110-06型二位五通单气控换向阀的铭牌

图1-17 4A110-06型二位五通单气控换向阀的图形符号

表1-1 换向阀图形符号的表达方式

名 称	基本符号	含 义
位		方块表示阀芯的工作位置 方块的数目表示阀芯可切换的位置数目
流通		方块内直线表示压缩空气的流通路径，箭头表示流通方向
切断		方块内横竖短线表示压缩空气流动路径的切断位置
接口和初始位置		方块外面所绘的短线表示阀门的接口（入口和出口），绘有接口的方块表示阀门的初始位置

表1-2 换向阀的控制方式

类 别	名 称	图形符号
气控式	直接加压控制	

根据 4A110-06 型单气控换向阀铭牌上的符号及上述表达方式，便可看出其动作过程。如图 1-18 所示，当控制口 Z 无气控信号时，换向阀在弹簧力的作用下处于常态位置，进气口 P 与工作口 A 相通；工作口 B 与排气口 S 相通。当控制口 Z 有气控信号时，进气口 P 与工作口 B 相通；工作口 A 与排气口 R 相通。

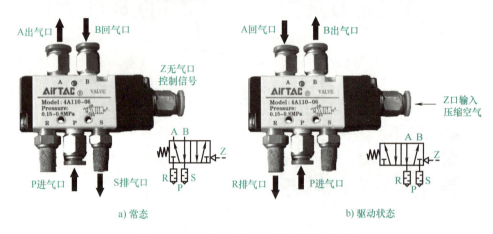

图 1-18　4A110-06 型二位五通单气控换向阀

（4）二位三通手动换向阀　图 1-19 所示为二位三通手动换向阀。它是一种是利用机动（行程挡块）或手动（人力）使阀产生切换动作的气动控制元件。

图 1-19　二位三通手动换向阀

图 1-20 所示为二位三通手动换向阀的结构与符号。它主要由按钮、阀体、阀芯等组成。如图 1-20a～c 所示，常态下，手动换向阀的弹簧将阀芯压在阀座上，进气口 P 封闭、工作口 A 与排气口 R 相通；如图 1-20d、e 所示，当按下按钮后，阀芯向下移动，阀芯与阀座分离，进气口 P 与工作口 A 相通、排气口 R 封闭。

（5）节流阀　节流阀是一种通过调节阀的开度来限制气动回路流量的控制阀，如图 1-21 所示。

图 1-22 所示为圆柱斜切型节流阀的结构与符号。压缩空气由 P 口进入，经节流口，从 A 口流出。调节节流阀节流口处的流通面积，便可调节其排气流量。节流阀配有调节位置的锁定机构，当流量调节完成后，应将其调节位置用锁紧螺母锁定。

（6）双作用单出杆气缸　图 1-23 所示为双作用单出杆气缸，是一种气动系统中应用最为广泛的执行元件，其作用是将压缩空气的压力能转化为机械能，驱动机构做直线往复运动。

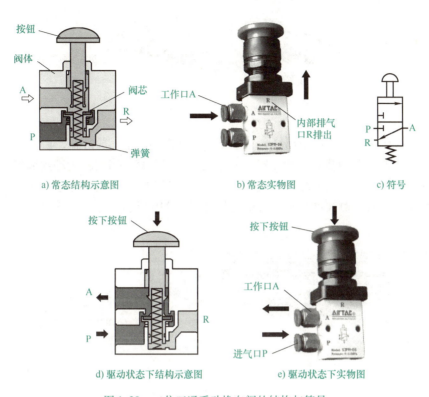

a) 常态结构示意图   b) 常态实物图   c) 符号

d) 驱动状态下结构示意图   e) 驱动状态下实物图

图 1-20 二位三通手动换向阀的结构与符号

图 1-21 节流阀

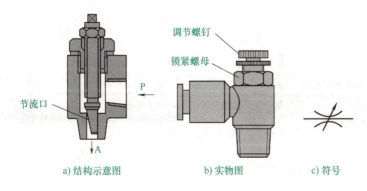

a) 结构示意图   b) 实物图   c) 符号

图 1-22 圆柱斜切型节流阀的结构与符号

图 1-23 双作用单出杆气缸

如图 1-24a 所示，双作用单出杆气缸主要由活塞杆、活塞、前缸盖、后缸盖、密封圈及缸体等组成。活塞的两侧装有缓冲柱塞，缸盖上装有缓冲套。当气缸运动到端部时，缓冲柱塞进入缓冲套，气缸排气需经缓冲节流阀，排气阻力增加，产生排气背压，形成缓冲气垫，起到缓冲作用。具有双侧缓冲功能的气缸符号如图 1-24b 所示。

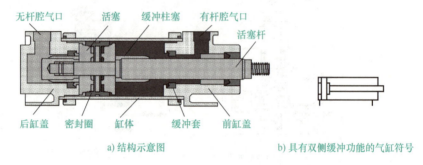

a) 结构示意图　　　　　　　　　b) 具有双侧缓冲功能的气缸符号

图 1-24 双作用单出杆气缸的结构与符号

如图 1-25 所示，双作用单出杆气缸由两个气口交替执行进气和排气任务，气缸在气源的作用下，做双向往复运动。当气缸的无杆腔气口进气、有杆腔气口排气时，气缸的活塞杆伸出；而当气缸的有杆腔气口进气、无杆腔气口排气时，气缸的活塞杆缩回。值得注意的是，对于气缸而言，必须其中一个气口进气，另一个气口排气，其活塞杆才会产生移动。

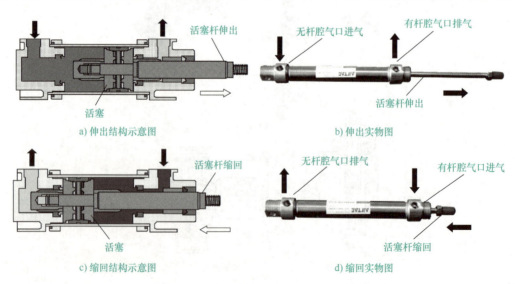

a) 伸出结构示意图　　　　　　　　　b) 伸出实物图

c) 缩回结构示意图　　　　　　　　　d) 缩回实物图

图 1-25 双作用单出杆气缸动作示意图

这种气缸工作时活塞上的输出力计算公式如下，即

$$F_1 = \frac{\pi}{4} D^2 p \eta_c \tag{1-9}$$

$$F_2 = \frac{\pi}{4} (D^2 - d^2) p \eta_c \tag{1-10}$$

式中　F_1——当无杆腔进气时活塞杆上输出的力（N）；

　　　F_2——当有杆腔进气时活塞杆上输出的力（N）；

　　　D——活塞直径（m）；

　　　d——活塞杆直径（m）；

　　　p——气缸工作压力（Pa）；

　　　η_c——气缸的效率，一般取 0.7~0.8，活塞运动速度小于 0.2m/s 时取大值，反之，取小值。

（7）消声器　在气压系统中，气缸、气阀等元件工作时，排气速度较高，气体体积急剧膨胀，会产生刺耳的噪声，为了消除和减弱这种噪声，应在换向阀的排气口安装消声器，如图 1-26 所示。

常用的消声器有 3 种形式：吸收型、膨胀干涉型和膨胀干涉吸收型。图 1-27 所示为吸收型消声器的结构与符号，当有压缩气体通过消声罩时，气流受到阻力，声能量被部分吸收而转化为热能，从而降低了噪声强度。

图 1-26　消声器

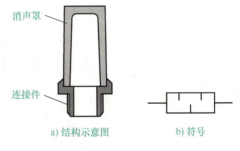

图 1-27　吸收型消声器的结构与符号

4. 控制回路图

为完成各种不同的控制功能，气压传动系统组成形式各不相同，但都是由一些气压基本回路构成的。气压基本回路就是指能完成某种特定控制功能的气压元件与管道的组合。它可分为方向控制回路、速度控制回路、压力控制回路及具有特殊功能的控制回路。

（1）气压基本回路　如图 1-3 所示，气动平口钳控制回路主要由二次压力控制、换向、节流调速三个气压基本回路组成。

1）二次压力控制回路。二次压力控制回路属于压力控制回路，主要用于对气动装置入口处压力进行调节，为后继气动装置提供稳定的工作压力，其核心元件为气动三联件，即空气过滤器、减压阀、油雾器。调节气动三联件中减压阀的输出压力就可调节气动平口钳的工作压力。

2）换向回路。换向回路属于方向控制回路，主要用于控制执行元件的运动方向，其核

心元件为各种换向阀。图1-3中采用二位三通手动换向阀（阀2）控制二位五通单气控换向阀（阀1）工作位置的方式实现了换向功能。按下阀2按钮，阀2左位工作，由阀2控制的压缩空气推动阀1换向，气缸活塞杆伸出，平口钳夹紧；松开阀2按钮，则活塞杆缩回，平口钳松开。

3）节流调速回路。节流调速回路属于速度控制回路，主要用于控制执行元件的运动速度，其核心元件为节流阀。图1-3中采用进气节流调速方式，即节流阀串接在气缸进气路上，对气缸进气进行节流。图1-3所示状态，阀1左位工作，压缩空气经阀1左位、左侧节流阀、进入气缸有杆腔，无杆腔的气体经右侧节流阀，阀1左位S口，消声器排入大气，活塞杆缩回。此时调节左侧节流阀开度，就可控制进气速度，从而控制活塞缩回的运动速度，即平口钳松开速度；而右侧节流阀起背压作用，以防止活塞运动出现不平稳现象，即"爬行"现象。

同理，当活塞杆伸出，即平口钳夹紧时，速度由右侧节流阀调节，左侧节流阀起背压作用。

（2）控制回路的动作过程　下面以动作仿真图说明平口钳气动回路的动作过程，见表1-3。动作仿真图中若管路为粗专色线，则表示此部分的管路为进气状态；若管路为细线，则表示此部分的管路为排气状态（后文均如此表示）。

表1-3　气动平口钳气动回路的动作过程

序号	动作条件	动作仿真图
1	按下手动换向阀按钮	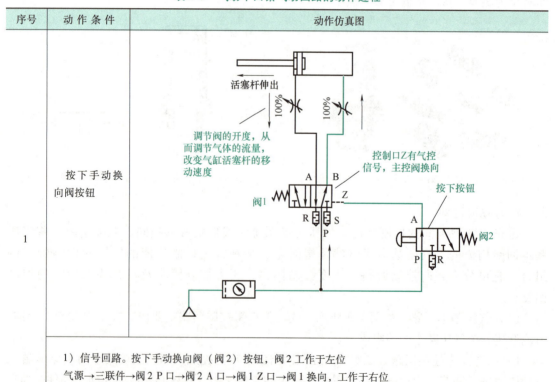

1）信号回路。按下手动换向阀（阀2）按钮，阀2工作于左位
气源→三联件→阀2 P口→阀2 A口→阀1 Z口→阀1换向，工作于右位
2）主回路。
进气：气源→三联件→阀1 P口→阀1 B口→节流阀→气缸无杆腔→气缸活塞杆伸出，平口钳夹紧
排气：气缸有杆腔→节流阀→阀1 A口→阀1 R口→消声器排出

(续)

序号	动作条件	动作仿真图
2	松开手动换向阀按钮	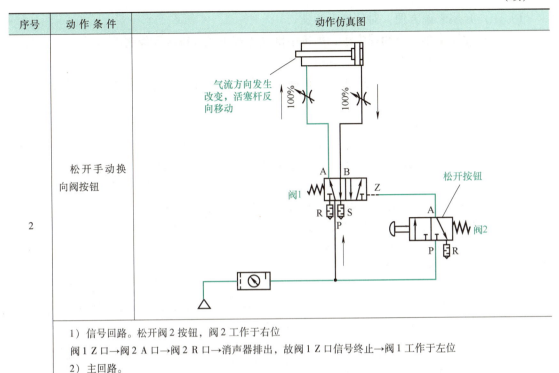

1) 信号回路。松开阀2按钮，阀2工作于右位。
阀1 Z 口→阀2 A 口→阀2 R 口→消声器排出，故阀1 Z 口信号终止→阀1工作于左位
2) 主回路。
进气：气源→三联件→阀1 P 口→阀1 A 口→节流阀→气缸有杆腔→气缸活塞杆缩回，平口钳松开
排气：气缸无杆腔→节流阀→阀1 B 口→阀1 S 口→消声器排出

由气动平口钳控制回路的动作过程可以看出，气压传动是以压缩空气作为工作介质进行能量传递和控制的一种传动形式。它实质上是一种能量转换装置，由空气压缩机将原动机的机械能转换为气体的压力能，再通过气缸（或气马达）把气体的压力能转换成机械能，以驱动工作机构完成所要求的各种动作。

同样，可以看出，一个完整的气压传动系统由五部分组成，具体见表1-4。

表1-4 气压传动系统的组成

组成	作用	常用气压元件	本项目气压元件
气源装置	将原动机输入的机械能转换为空气的压力能，并经处理装置处理后，为气压设备提供洁净的压缩空气	空气压缩机	空气压缩机
执行元件	为气压传动输出装置，将压缩空气的压力能转换为机械能	气缸、气马达	双作用单出杆气缸
控制元件	控制和调节压缩空气的压力、流量和方向，保证执行元件输出方向、动力和速度满足实际生产需求	各类控制阀	二位五通单气控换向阀1 二位三通手动换向阀2 节流阀
辅助元件	输送、存储、净化压缩空气，消除噪声，保证系统可靠、稳定工作	过滤器、油雾器、消声器、转换器等	过滤器、油雾器、消声器
工作介质	传递能量的流体		

气压传动具有以下优点。

1）工作介质来源方便，对环境无污染。

2）空气黏度很小，流动损失小，可集中供气，宜于远程输送及控制。

3）工作环境适应性好，可安全应用于易燃、易爆场所。

4）气压传动动作迅速、反应快、维护简单、管路不易堵塞，且不存在介质变质、补充和更换等问题。

5）气压传动系统能够实现过载自动保护。

6）气压元件易实现标准化、系列化、通用化，设计、生产方便。

7）气压传动装置结构简单、重量轻、安装维护方便、压力等级低、使用安全。

气压传动具有以下缺点。

1）由于空气具有可压缩性，故气缸的运动受负载的影响比较大。

2）气压传动系统工作压力较低（一般为 0.4~0.8MPa），故不易获得较大的输出动力。

3）压缩空气无自润滑性，故在气路中需另外加油雾器进行润滑。

操作指导

施工前，施工者应根据设备要求，制订施工计划，合理安排施工进度，做到定额时间内完成施工作业。施工过程中要严格遵守安全操作规程和作业指导规范，保证设备安装工艺和作业质量。操作流程如图 1-28 所示。

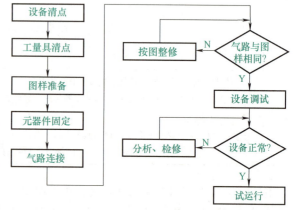

图 1-28 操作流程

1. 施工准备

1）设备清点。按表 1-5 清点设备型号规格及数量，并归类放置。

表 1-5 设备清单

序号	名称	型号规格	数量	单位	备注
1	安装平台		1	台	
2	空气压缩机	WY5.2	1	台	
3	三联件	AC2000	1	只	
4	二位五通单气控换向阀	4A110-06	1	只	
5	二位三通手动换向阀	S3PW-06	1	只	
6	双作用单出杆气缸	MA20×100-S-CA	1	只	
7	节流阀	ASL6-01	2	只	
8	手阀	AHVSF06-01B	1	只	
9	直通接头	APC6-01	6	只	
10	直角接头	APL6-01	1	只	
11	消声器	BSL-01	2	只	

（续）

序　号	名　　称	型号规格	数　量	单　位	备　注
12	气管	US98A-060-040	若干	m	
13	尼龙扎带	3mm×100mm	若干		
14	生料带		若干		

2）工量具清点。工量具清单见表1-6，施工者应清点工量具的数量，同时认真检查其性能是否完好。

表1-6　工量具清单

序　号	名　　称	型号规格	数　量	单　位
1	工具箱		1	只
2	螺钉旋具	一字、100mm	1	把
3	螺钉旋具	十字、100mm	1	把
4	钟表螺钉旋具		1	套
5	斜口钳	150mm	1	把
6	尖嘴钳	150mm	1	把
7	活扳手	150mm	1	把
8	剪刀		1	把
9	镊子		1	把
10	电烙铁	25W	1	把
11	万用表	MF47	1	只
12	内六角扳手（组套）	PM-C9	1	套

3）图样准备。施工前准备好设备气动回路图、设备布局图，供作业时查阅。气动平口钳的设备布局图如图1-29所示。

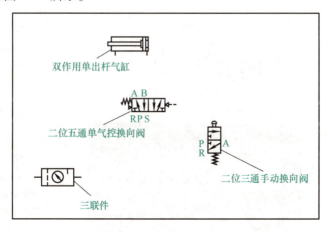

图1-29　设备布局图

2. 气动回路安装

（1）元器件固定

1）安装固定三联件。根据表1-7安装固定三联件。

表1-7 安装固定三联件

操作步骤	操作图示	操作说明
1	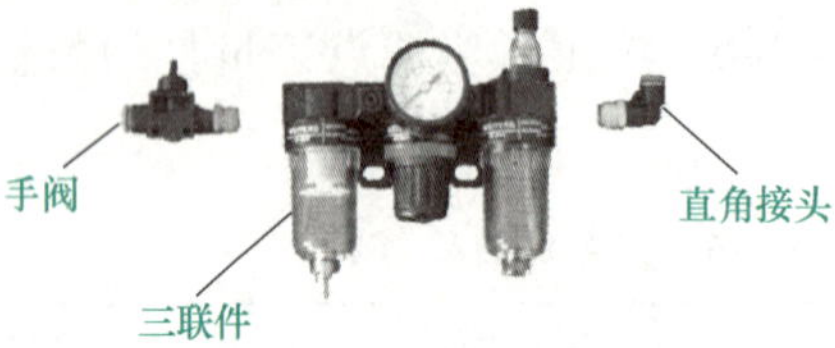 准备好手阀、三联件和直角接头（图示：手阀、三联件、直角接头）	准备好手阀、三联件和直角接头，并有序放置
2	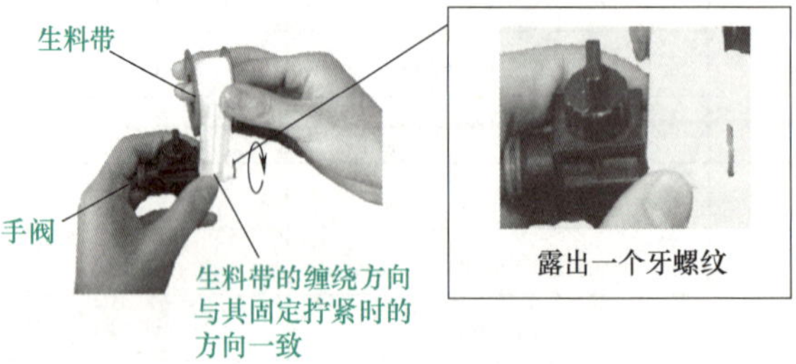 （图示：生料带、手阀，露出一个牙螺纹；生料带的缠绕方向与其固定拧紧时的方向一致）	手阀螺纹上缠绕生料带，其缠绕方向与手阀的拧紧方向一致；缠绕的圈数要适量，并露出一个牙螺纹，以防止生料带堵住气口
3	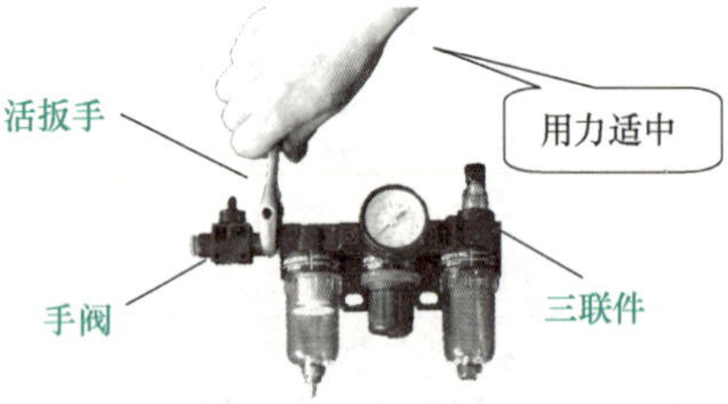 （图示：活扳手、用力适中、手阀、三联件）	连接固定手阀与三联件，紧固时用力要适中，避免损坏手阀
4	仿照步骤2，在直角接头螺纹上缠绕生料带，缠绕的圈数要适量，方向要正确并露出一个牙螺纹	
5	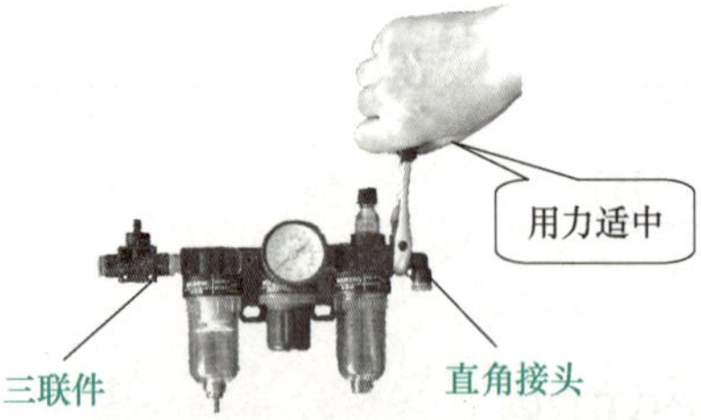 （图示：用力适中、三联件、直角接头）	连接固定直角接头与三联件，紧固时用力要适中，避免损坏直角接头
6	 （图示：安装平台、三联件）	根据设备布局图将三联件固定在安装平台上（由于三联件一般都是安装后不再拆下，故后面不再讲述）

项目一 气动平口钳控制回路的安装与调试

2)安装固定气控换向阀。根据表1-8安装固定二位五通单气控换向阀。

表1-8 安装固定二位五通单气控换向阀

操作步骤	操作图示	操作说明
1	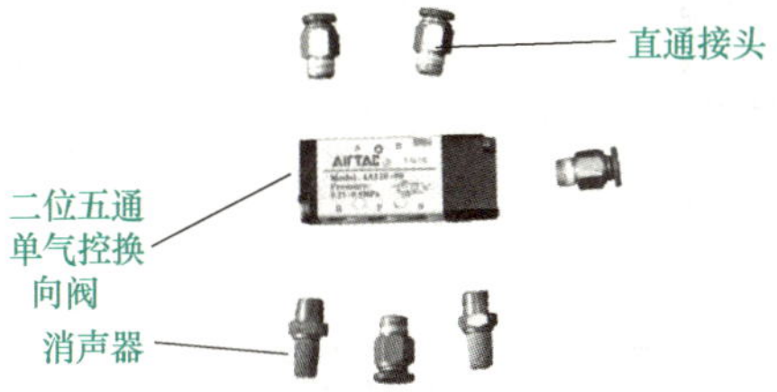 二位五通单气控换向阀、消声器、直通接头	准备好二位五通单气控换向阀、消声器和直通接头,并有序放置
2	在直通接头螺纹上缠绕生料带,缠绕的圈数要适量,方向要正确并露出一个牙螺纹	
3	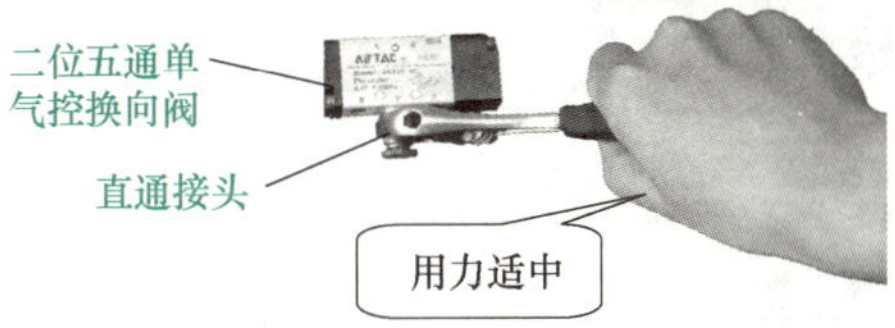 二位五通单气控换向阀、直通接头、用力适中	连接固定直通接头与气控换向阀,紧固时用力要适中,避免损坏
4	在消声器螺纹上缠绕生料带,缠绕的圈数要适量,方向要正确并露出一个牙螺纹	
5	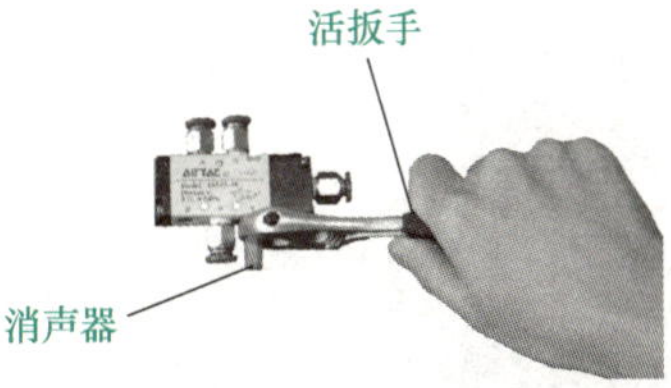 活扳手、消声器	连接固定消声器与气控换向阀,紧固时用力要适中,避免损坏
6	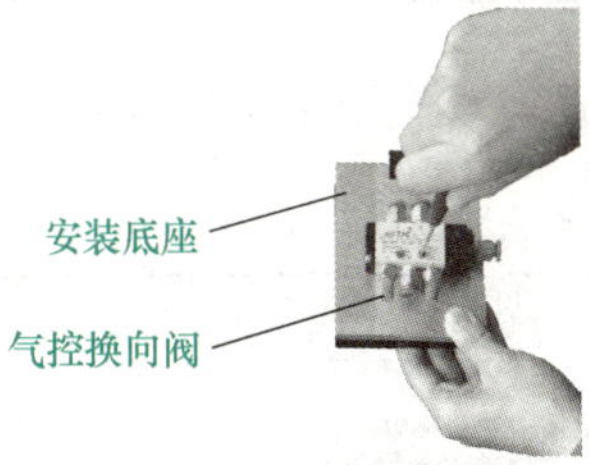 安装底座、气控换向阀	在安装底座上固定气控换向阀,安装要牢固、可靠
7	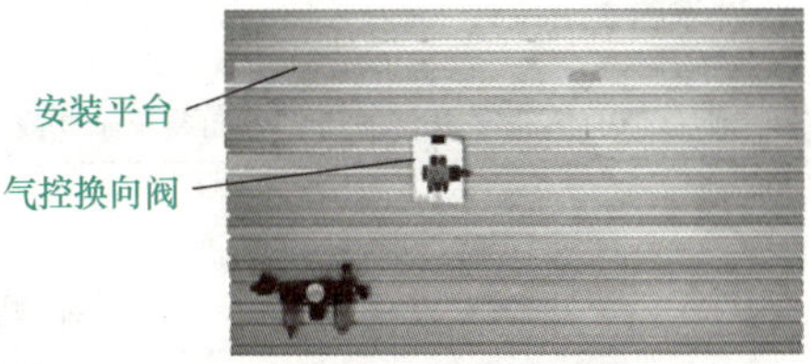 安装平台、气控换向阀	根据设备布局图将气控换向阀固定在安装平台上

3)安装固定手动换向阀。根据表1-9安装固定二位三通手动换向阀。

表1-9　安装固定二位三通手动换向阀

操作步骤	操作图示	操作说明
1	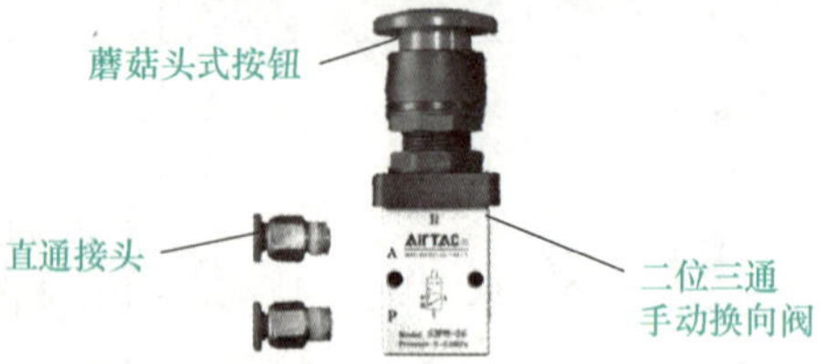 蘑菇头式按钮　直通接头　二位三通手动换向阀	准备好二位三通手动换向阀和直通接头,并有序放置
2	在直通接头螺纹上缠绕生料带,缠绕要正确并露出一个牙螺纹	
3	连接固定直通接头与手动换向阀,紧固时用力要适中,避免损坏	
4	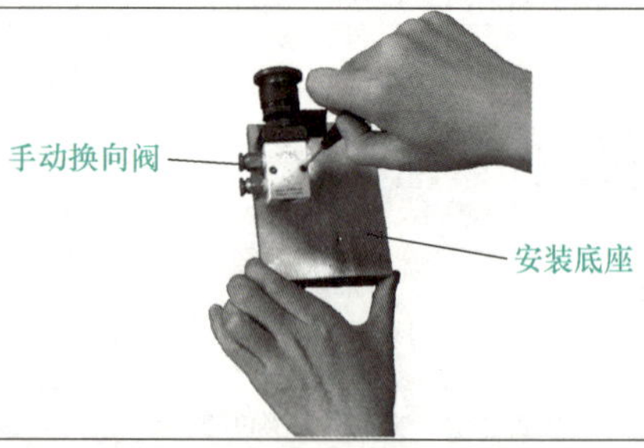 手动换向阀　安装底座	在安装底座上固定手动换向阀,安装要牢固、可靠
5	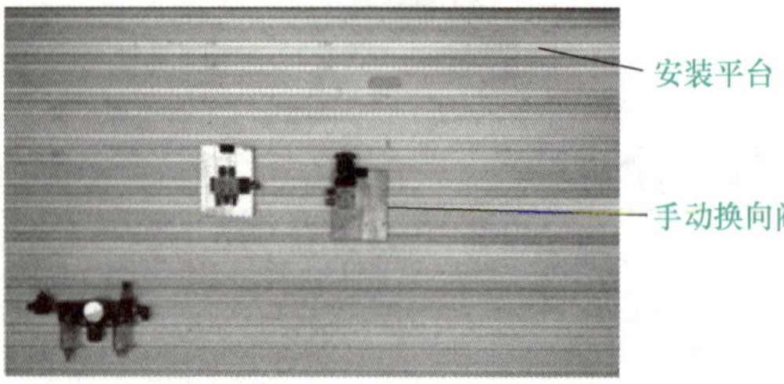 安装平台　手动换向阀	根据设备布局图将手动换向阀固定在安装平台上

4）安装固定气缸。根据表1-10安装固定双作用单出杆气缸。

表1-10　安装固定双作用单出杆气缸

操作步骤	操作图示	操作说明
1	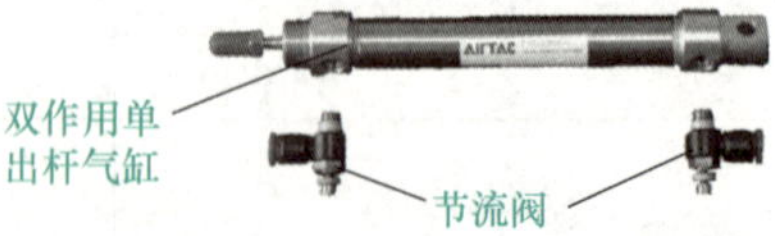 双作用单出杆气缸　节流阀	准备好双作用单出杆气缸和节流阀,并有序放置
2	在节流阀的接头螺纹上缠绕生料带,生料带的缠绕圈数要适量,方向要正确并露出一个牙螺纹	
3	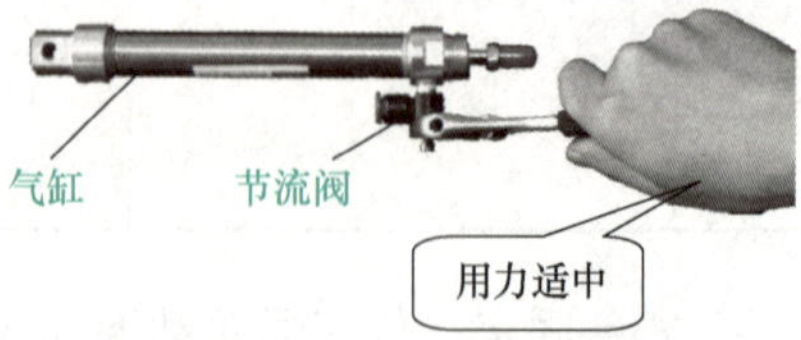 气缸　节流阀　用力适中	连接固定节流阀与气缸,紧固时用力要适中,避免损坏节流阀

项目一　气动平口钳控制回路的安装与调试

（续）

操作步骤	操作图示	操作说明
4	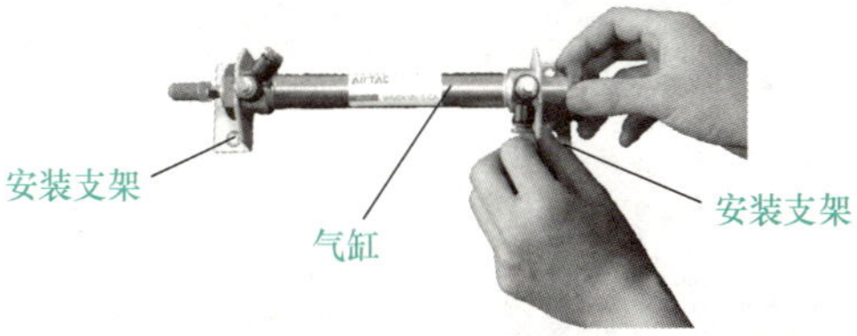	在安装支架上固定气缸，安装要牢固、可靠
5	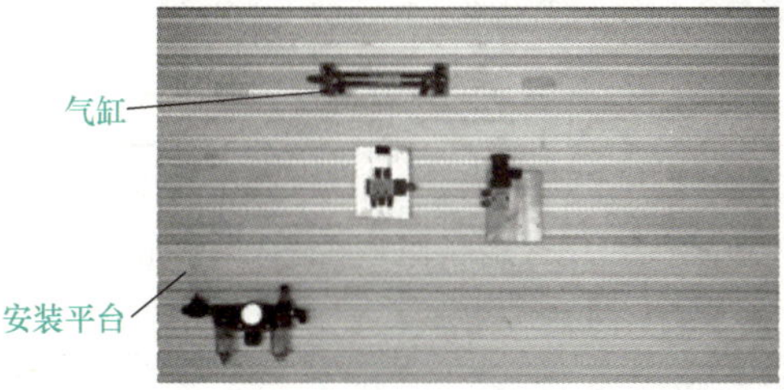	根据设备布局图将气缸固定在安装平台上

（2）气动回路连接　气管连接的工艺基本要求见表1-11。

表1-11　气管连接的工艺基本要求

序号	操作图示	操作要求
1	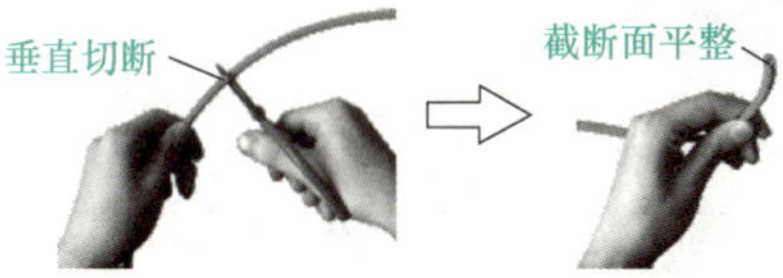	气管应垂直切断，截断面要平整，并修去切口毛刺
2	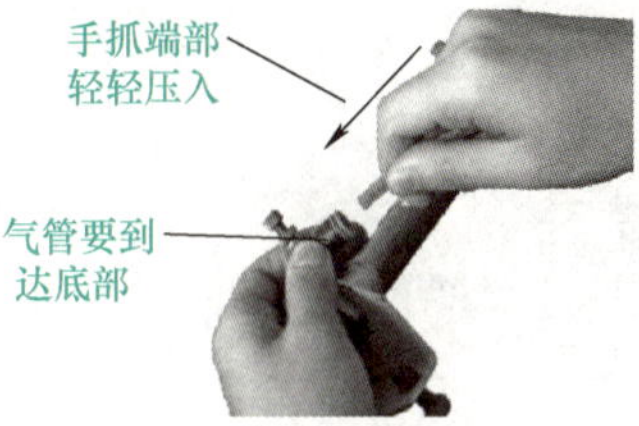	气管插入接头时，应用手拿着气管端部轻轻压入，使气管通过弹簧片和密封圈到达底部，保证气动回路可靠、牢固、密封
3	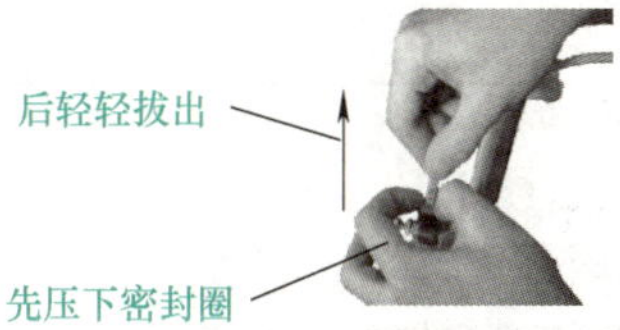	气管拔出时，应先用手将管子向接头内推一下，然后压下接头上的密封圈将管子拔出，禁止强行拔出
4		软管连接气路时，不允许急剧弯曲，通常弯曲半径应大于气管外径的9~10倍

(续)

序号	操作图示	操作要求
5	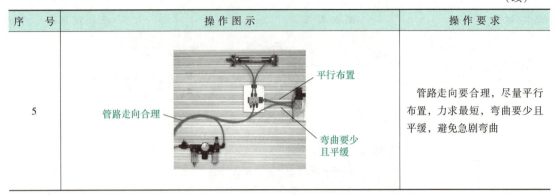 平行布置；管路走向合理；弯曲要少且平缓	管路走向要合理，尽量平行布置，力求最短，弯曲要少且平缓，避免急剧弯曲

根据气动平口钳的气动回路图（图1-3）按表1-12搭接气路。

表1-12 气路搭接

操作步骤	操作图示	操作说明
1	空气压缩机；气管插入接头；手滑阀	气管的一端连接空气压缩机输出口的手滑阀
2	三联件；气管插入手阀接头；空气压缩机；搭接的气管；手阀；三联件	气管的另一端连接至三联件输入口的手阀，从而将空气压缩机的气体引至三联件
3	搭接的气管；入口；分流器；三联件出口	气管连接三联件的出口和分流器的入口，将气体引入分流器

（续）

操作步骤	操作图示	操作说明
4	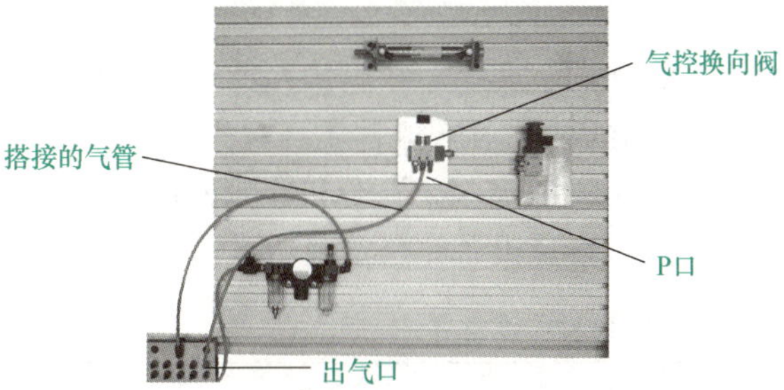 标注：气控换向阀、搭接的气管、P口、出气口	气管连接分流器与气控换向阀的P口，将气体引到气控换向阀
5	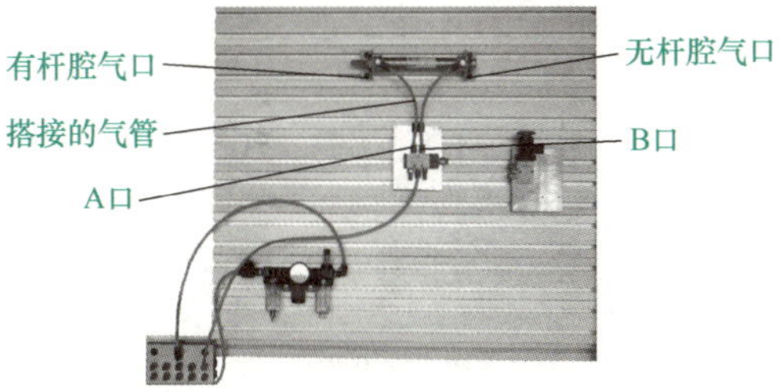 标注：有杆腔气口、无杆腔气口、搭接的气管、A口、B口	一根气管将气控换向阀的A口与气缸有杆腔上的节流阀相连，另一根气管将气控换向阀的B口与气缸无杆腔上的节流阀相连，将气体引到气缸
6	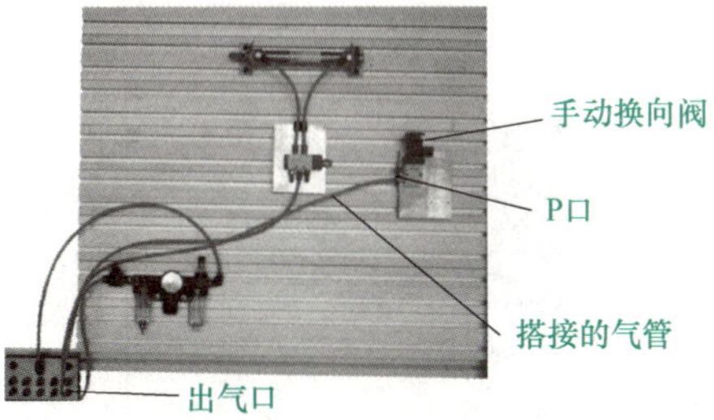 标注：手动换向阀、P口、搭接的气管、出气口	气管连接分流器出气口与手动换向阀的P口，将气体引到手动换向阀
7	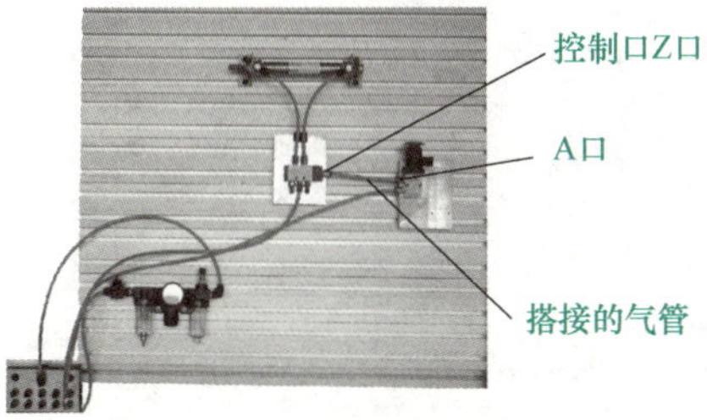 标注：控制口Z口、A口、搭接的气管	气管连接气控换向阀控制口Z口与手动换向阀的A口，以此控制手动换向阀的工作位
8	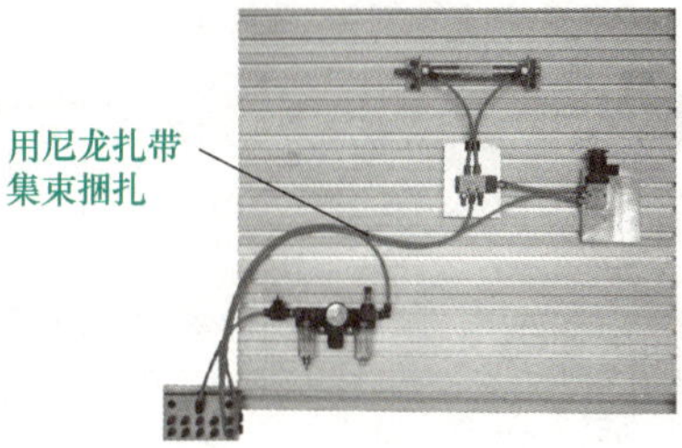 标注：用尼龙扎带集束捆扎	整理、固定气管，要求气管通路美观、紧凑，避免出现气管吊挂、杂乱、过长或过短等现象

(3) 气动回路检查　对照气动平口钳的气动回路图（图1-3）检查气动回路的正确性、可靠性，绝不允许调试过程中有气管脱落现象。

3. 设备调试

清扫设备上的杂物，保证无设备之外的金属物。在确认人身和设备安全的前提下，接通空气压缩机的电源，按表1-13调试。调试时要求施工者认真观察设备的动作情况，若出现问题，应立即切断电源、气源，避免扩大故障范围，在分析、判断故障形成原因的基础上，进行调整、检修、解决，然后重新调试，直至设备完全实现功能。

表1-13　设备调试

操作步骤	操 作 图 示	操 作 说 明
1	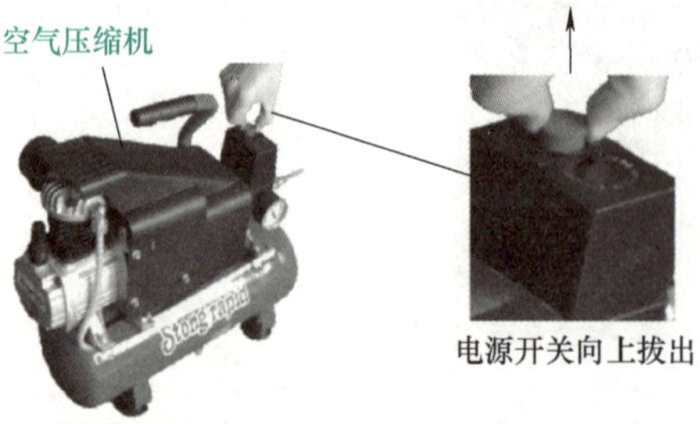 空气压缩机／电源开关向上拔出	打开空气压缩机的电源开关，起动空气压缩机压缩空气，等待气源充足
2	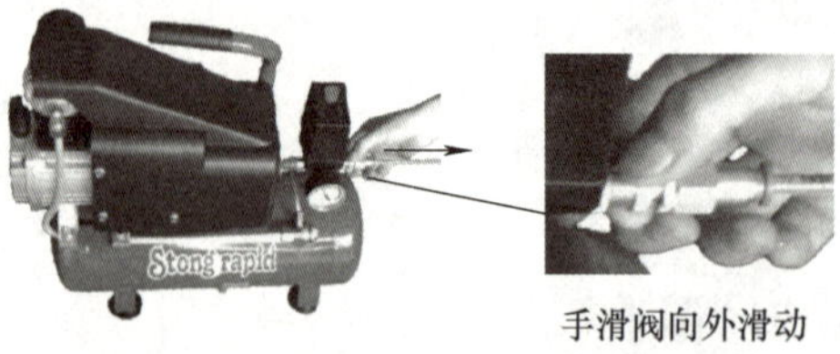 手滑阀向外滑动	将手滑阀向外滑动，打开阀门，输出压缩空气
3	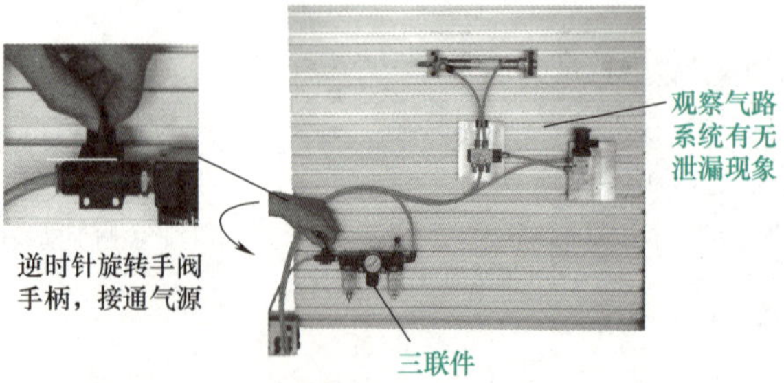 逆时针旋转手阀手柄，接通气源／观察气路系统有无泄漏现象／三联件	逆时针旋转手阀手柄，将气体引到三联件，此时应观察气路系统有无泄漏现象，若有，应立即解决，以确保调试工作在无气体泄漏条件下进行
4	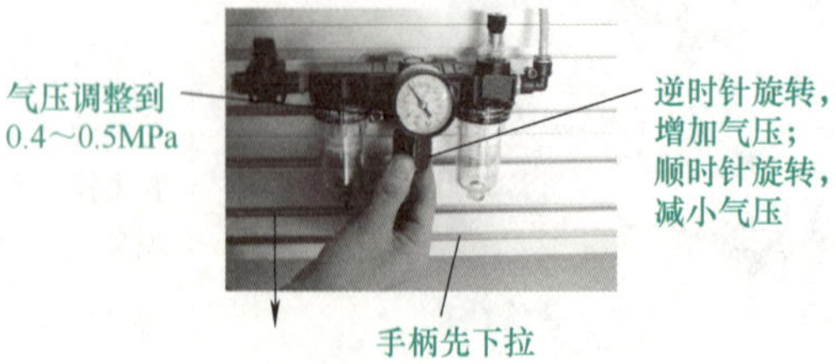 气压调整到0.4~0.5MPa／逆时针旋转，增加气压；顺时针旋转，减小气压／手柄先下拉	先下拉三联件调压手柄，再旋转，将气压调整到0.4~0.5MPa，给系统供气

项目一　气动平口钳控制回路的安装与调试

（续）

操作步骤	操 作 图 示	操 作 说 明
5	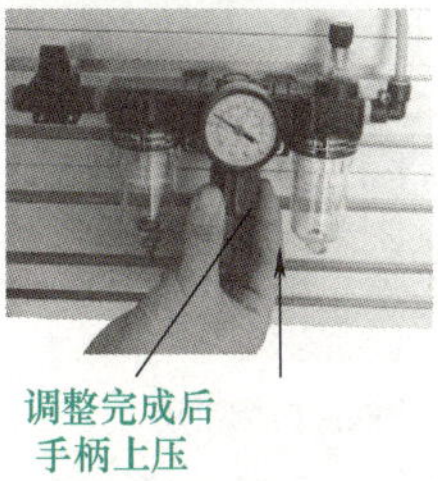	调整完成后，将三联件调压手柄上压并锁住
6	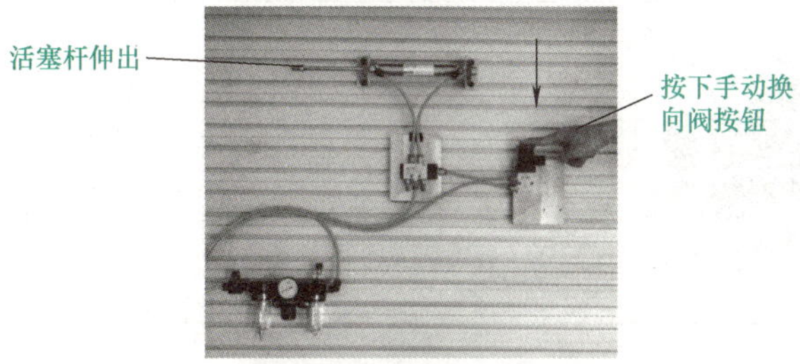	按下手动换向阀按钮，气缸活塞杆伸出，平口钳夹紧
7		调整节流阀至合适开度，使气缸的运动速度趋于合理，避免动作速度过快而产生较大冲击
8	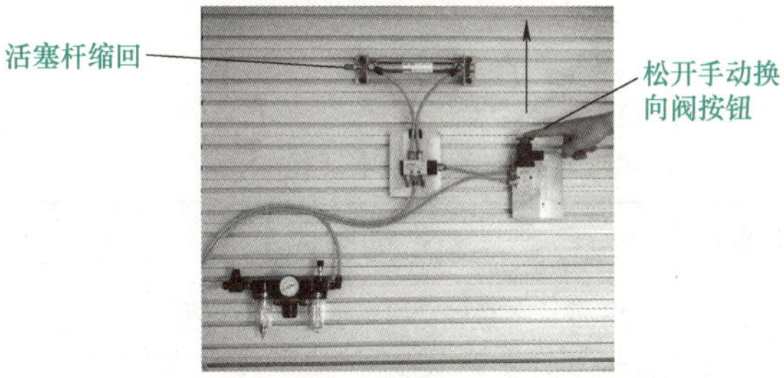	松开手动换向阀按钮，气缸活塞杆缩回，平口钳松开
9	试运行一段时间，观察设备运行情况，确保设备合格、稳定、可靠	
10	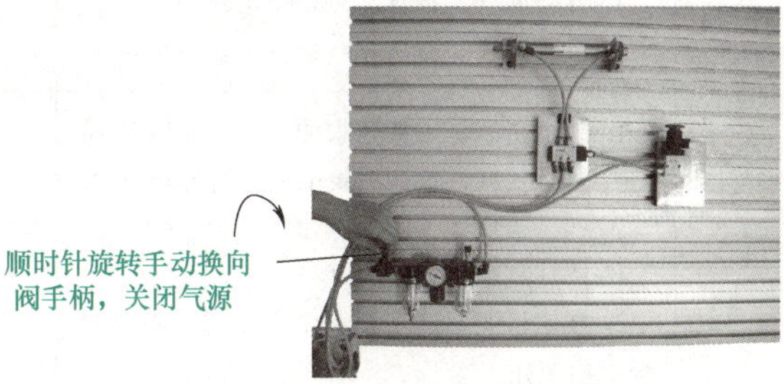	调试完毕后，顺时针旋转手动换向阀手柄，关闭气源

（续）

操作步骤	操作图示	操作说明
11	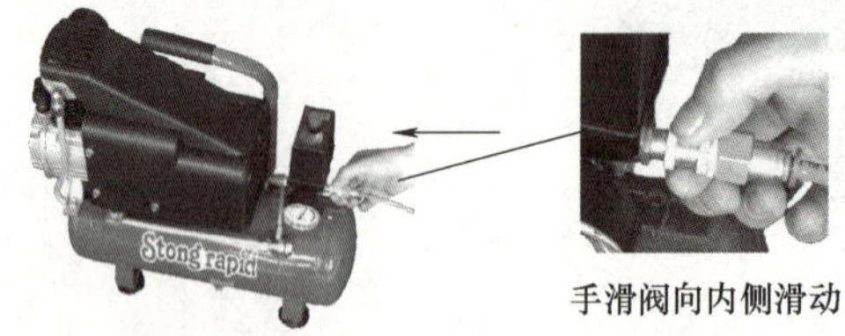 手滑阀向内侧滑动	手滑阀向内侧滑动，关闭气源系统
12	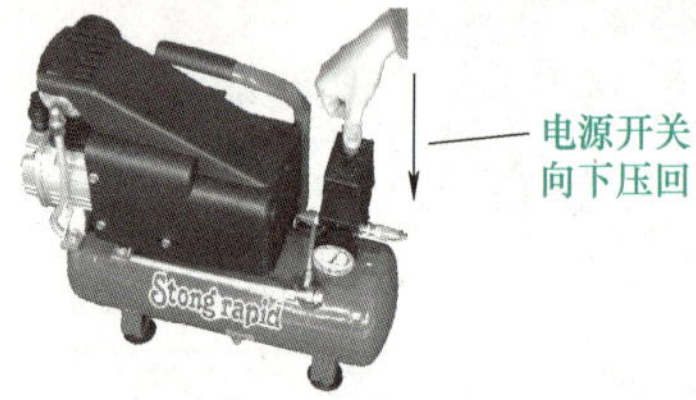 电源开关向下压回	电源开关向下压回，压缩机停止工作

4. 现场清理

设备调试完毕，要求施工者清点工量具、归类整理资料，并清扫现场卫生。

1）清点工量具。对照工量具清单清点工量具，并按要求装入工量具箱。
2）资料整理。整理归类技术说明书、设备清单、控制回路图、设备布局图等资料。
3）清扫设备周围卫生，保持环境整洁。
4）填写设备安装登记表，记载设备调试过程中出现的问题及解决的办法。

质量记录

设备质量记录见表1-14。

表1-14 设备质量记录表

验收项目及要求		配分	配分标准	扣分	得分	备注
设备组装	1. 设备部件安装可靠、正确 2. 气路连接正确，规范美观	35	1. 部件安装位置错误，每处扣5分 2. 部件安装不到位、零件松动，每处扣5分 3. 气管连接错误，每处扣5分 4. 气路漏气、掉管，每处扣5分 5. 气管过长、过短、乱接，每处扣5分			
设备功能	1. 气缸活塞杆伸出正常 2. 气缸活塞杆缩回正常	60	1. 气缸活塞杆未按要求伸出，每处扣30分 2. 气缸活塞杆未按要求缩回，每处扣30分			
设备附件	资料齐全，归类有序	5	1. 图样数缺少，扣3分 2. 技术说明书、工量具清单、设备清单缺少，扣2分			

项目一 气动平口钳控制回路的安装与调试

（续）

验收项目及要求		配分	配 分 标 准	扣分	得分	备注
安全生产	1. 自觉遵守安全文明生产规程 2. 保持现场干净整洁，工量具摆放有序		1. 每违反1项规定，扣5分 2. 发生安全事故，按0分处理 3. 现场凌乱、乱摆放工量具、乱丢杂物，完成任务后不清理现场，扣5分			
时间	1h		提前正确完成，每5min加1分 超过定额时间，每5min扣1分			
开始时间			结束时间		总分	

📝 项目拓展

图 1-3 所示的气动平口钳的气动回路图中，通过二位三通手动换向阀（阀2）间接控制二位五通单气控换向阀（阀1）的方式，驱动气缸活塞杆的伸出和缩回，实现了平口钳的夹紧与松开功能。除此之外，直接利用二位五通手动换向阀改变气流通道，同样能实现该功能，其气动直接控制回路图如图 1-30 所示。

（1）液压元件 图 1-31 所示为二位五通手动换向阀。它是一种手动控制气路换向的机械换向阀。

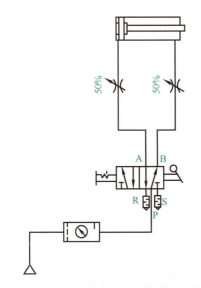

图 1-30 气动平口钳的气动直接控制回路图

图 1-31 二位五通手动换向阀

图 1-32 所示为二位五通手动换向阀的结构与符号。如图 1-32a、b 所示，二位五通手动换向阀的手柄拨在左侧时，进气口 P 与工作口 A 相通，工作口 B 与排气口 S 相通；如图 1-32d、e 所示，当拨动手柄至右侧时，进气口 P 与工作口 B 相通，工作口 A 与排气口 R 相通。

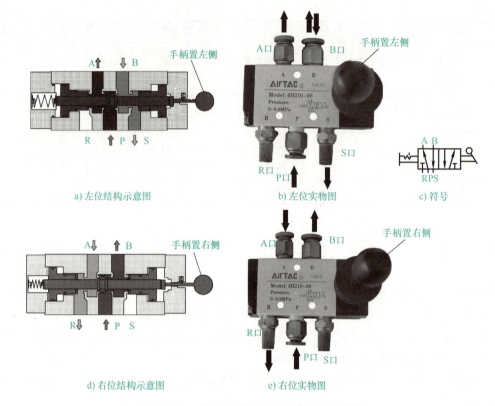

图 1-32 二位五通手动换向阀的结构与符号

（2）工作原理　手柄拨至左侧，手动换向阀左位工作，气缸活塞杆伸出，平口钳夹紧；手柄拨至右侧，手动换向阀右位工作，气缸活塞杆缩回，平口钳松开。

项目二

客车车门控制回路的安装与调试

学习目标

1. 认识先导式二位五通单电控换向阀、单向节流阀等气动控制元件，知道它们的结构和符号，并会识别、安装及使用。
2. 认识按钮、电磁阀线圈、中间继电器等电气控制元件，知道它们的结构和符号，并会识别、安装及使用。
3. 会识读客车车门控制回路图，并能说出其控制回路的动作过程。
4. 会根据客车车门控制回路图、设备布局图正确安装、调试其控制回路。
5. 拓展认识单作用气缸、二位三通双电控换向阀等气动元件，并学会其在气动控制回路中的应用。

项目简介

某品牌的客车车门结构示意图如图 2-1 所示，主要由气缸、车门等组成。它是利用压缩空气驱动气缸，带动车门的轴向左或向右转动，从而实现车门的开和关。当驾驶人按下开门按钮时，气缸活塞杆缩回，车门打开；当驾驶人按下关门按钮时，气缸活塞杆伸出，车门缓慢关闭。图 2-2 所示为客车车门控制回路图。

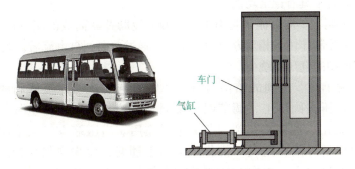

图 2-1　某品牌的客车车门结构示意图

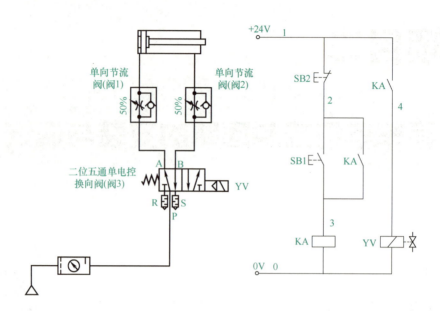

图 2-2 客车车门控制回路图

 知识储备

1. 气路元件

（1）先导式二位五通单电控换向阀　先导式二位五通单电控换向阀是电控换向阀的一种，其功能是利用电磁力来切换阀芯的工作位置，以改变气体流通的方向。

图 2-3 所示为先导式二位五通单电控换向阀的结构与符号。它由先导阀和主阀两部分组成。如图 2-3a、b 所示，常态下，电磁线圈未得电，先导阀处于排气状态，在弹簧力的作用下，主阀阀芯至右侧，P 口与 A 口相通，B 口与 S 口相通，R 口关闭。

如图 2-3d、e 所示，当电磁阀的线圈得电时，在电磁力的作用下，先导阀处于进气状态，压缩空气经先导阀的进气口，作用于主阀阀芯的右端，克服弹簧力，使阀芯左移，P 口与 B 口相通，A 口与 R 口相通，S 口关闭。当电磁线圈失电时，阀芯在弹簧力作用下回到右侧，故单电控换向阀不具有记忆功能。

（2）单向节流阀　单向节流阀是由单向阀和节流阀并联而成的流量控制阀。它只能在一个方向上起流量控制作用，相反方向的气流可以通过单向阀自由流通，故单向节流阀常用在需单方向速度控制的气压系统中。

图 2-4 所示为单向节流阀的结构与符号。压缩空气从单向节流阀的 P 口进入左腔时，单向密封圈被压在阀体上，调节螺钉可调整节流口的大小，空气便经过节流口流入右腔，由 A 口输出，此调整起到调节流量的作用。当压缩空气从单向节流阀的 A 口进入右腔时，单向密封圈在空气压力作用下向上翘起，使得空气无须通过节流口，而直接进入左腔由 P 口输出。单向节流阀的调节螺钉下方还装有锁紧螺母，用于流量调节后锁定。

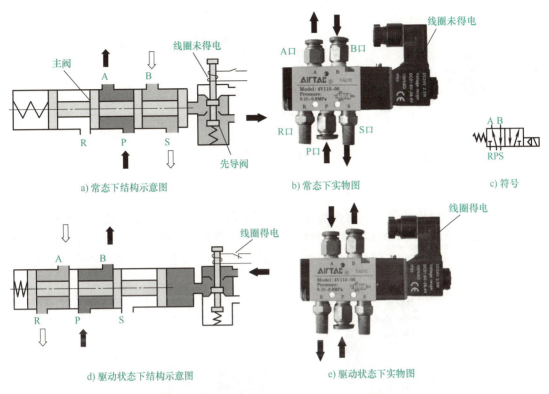

图 2-3　先导式二位五通单电控换向阀的结构与符号

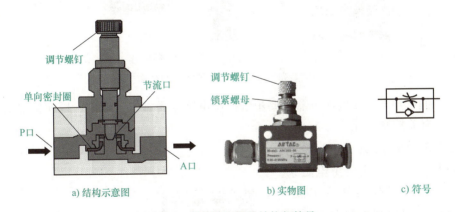

图 2-4　单向节流阀的结构与符号

2. 电路元件

（1）按钮　按钮是一种最常用的主令电器，在控制电路中用于手动发出控制信号。

图 2-5 所示为 LA 系列部分按钮的外形、结构与符号。它一般由按钮帽、复位弹簧、桥式动触头、常闭静触头、支柱连杆及外壳等组成。当按钮被按下时，按钮的常开触头闭合、常闭触头断开；松开后，在弹簧力的作用下其常开触头复位断开、常闭触头复位闭合。按钮的文字符号是 SB。

（2）电磁阀线圈　电磁阀线圈用于产生电磁力，推动阀芯进行换向。

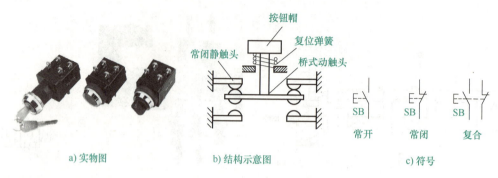

图 2-5　LA 系列部分按钮外形、结构与符号

图 2-6 所示为 4V 系列气动电控换向阀线圈的结构与符号。它由动铁心、静铁心等组成。如图 2-6a 所示，气动电控换向阀的线圈得电，在电磁力的作用下，克服弹簧力，动铁心带动密封塞向上移动，左腔与右腔相通；若线圈失电，动铁心及密封塞在弹簧力作用下复位，其文字符号是 YV。

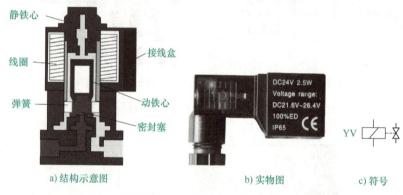

图 2-6　4V 系列气动电控换向阀线圈的结构与符号

（3）中间继电器　中间继电器主要用于控制电路中各种电压线圈，以使信号放大或将信号传递给有关控制元件。

图 2-7 所示为 JZ 系列中间继电器的外形与符号。它主要由电磁系统、触头系统和动作结构等组成。当中间继电器的线圈得电时，其衔铁和铁心吸合，从而带动常闭触头断开、常开触头闭合；一旦线圈失电，其衔铁和铁心释放，常闭触头复位闭合、常开触头复位断开，其文字符号是 KA。

3. 控制回路图

（1）气压基本回路　如图 2-2 所示，客车车门控制回路主要由二次压

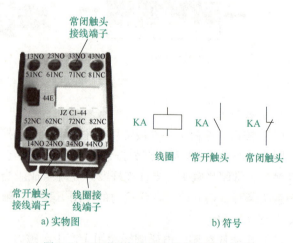

图 2-7　JZ 系列中间继电器的外形与符号

力控制、换向、节流调速三个气压基本回路组成。

1) 二次压力控制回路。客车车门工作压力由气动三联件中减压阀调整,具体详见项目一。

2) 换向回路。如图 2-2 所示状态,YV 失电,二位五通单电控换向阀(阀 3)左位工作,气缸活塞杆伸出,车门关闭;若 YV 得电,阀 3 右位工作,气缸活塞杆缩回,车门打开。

3) 节流调速回路。图 2-2 中采用单向节流阀的进气节流方式对活塞杆伸出、缩回速度进行调节。如图 2-2 所示状态,YV 失电,阀 3 左位工作,压缩空气经阀 3 左位、单向节流阀(阀 1)节流口,进入气缸无杆腔,有杆腔气体经单向节流阀(阀 2)单向阀口、阀 3 左位 B 口、S 口、消声器排出,气缸活塞杆缓慢伸出。调节阀 1 节流口开度,即可调节活塞杆伸出的运动速度,即关门速度;此时,阀 2 单向阀起背压作用,以提高活塞运动的平稳性。

同理,当活塞杆缩回,即开门时,速度由阀 2 节流阀调节,阀 1 单向阀起背压作用。

(2) 控制回路的动作过程 客车车门控制回路的动作过程见表 2-1。若动作仿真图中的电路为专色粗线,则表示此部分电路为接通状态;若电路为细线,则表示此部分电路为断开状态(后文均如此表示)。

表 2-1 客车车门控制回路的动作过程

序号	动作条件	动作仿真图
1	按下开门按钮 SB1	1) 电路。按下开门按钮 SB1→KA 得电自锁→YV 连续得电 2) 气路。YV 得电→阀 3 工作于右位 进气:气源→三联件→阀 3 P 口→阀 3 B 口→阀 2→气缸有杆腔→活塞杆缩回,车门打开 排气:气缸无杆腔→阀 1→阀 3 A 口→阀 3 R 口→消声器排出 3) 调速。调节阀 2 的开度,即可改变开门的速度

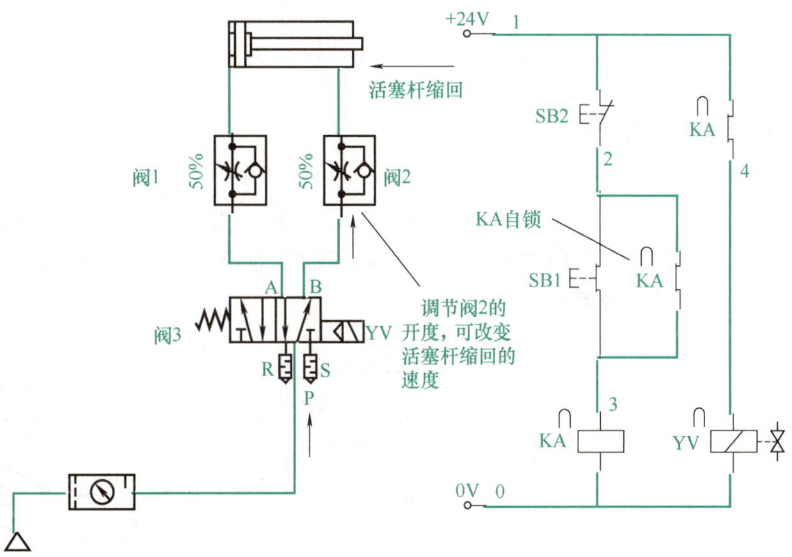

(续)

序号	动作条件	动作仿真图
2	按下关门按钮 SB2	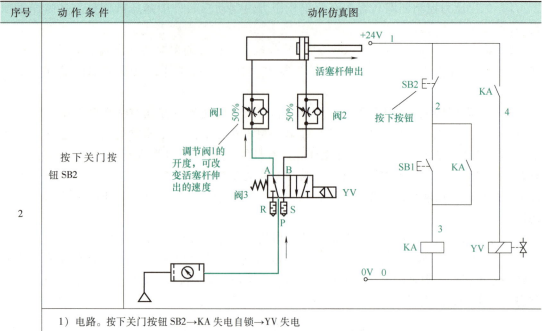

1) 电路。按下关门按钮 SB2→KA 失电自锁→YV 失电
2) 气路。YV 失电→阀 3 工作于左位
   进气：气源→三联件→阀 3 P 口→阀 3 A 口→阀 1→气缸无杆腔→活塞杆伸出，车门关闭
   排气：气缸有杆腔→阀 2→阀 3 B 口→阀 3 S 口→消声器排出
3) 调速。调节阀 1 的开度，即可改变关门的速度

操作指导

施工前，施工者应根据要求制订施工计划，合理安排进度，做到定额时间内完成施工作业。施工过程中要严格遵守安全操作规程和作业指导规范，确保安全，保证设备安装工艺和作业质量。操作流程如图 2-8 所示。

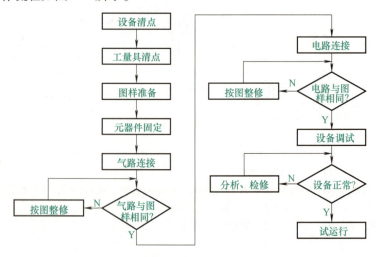

图 2-8　操作流程

1. 施工准备

1）设备清点。按表 2-2 清点设备型号规格及数量，并归类放置。

表 2-2 设备清单

序号	名称	型号规格	数量	单位	备注
1	安装平台		1	台	
2	空气压缩机	WY5.2	1	台	
3	三联件	AC2000	1	只	
4	二位五通单电控换向阀	4V110-06	1	只	
5	双作用单出杆气缸	MA20×100-S-CA	1	只	
6	单向节流阀	ASC100-06	2	只	
7	手阀	AHVSF06-01B	1	只	
8	直通接头	APC6-01	7	只	
9	直角接头	APL6-01	3	只	
10	消声器	BSL-01	2	只	
11	电源模块		1	个	
12	按钮模块		1	个	
13	中间继电器模块		1	个	
14	导线		若干	根	
15	气管	US98A-060-040	若干	m	
16	尼龙扎带	3mm×100mm	若干		
17	生料带		若干		

2）工量具清点。工量具清单见表 1-6，施工者应清点工量具的数量，同时认真检查其性能是否完好。

3）图样准备。施工前准备好设备控制回路图、设备布局图，供作业时查阅。客车车门控制回路的设备布局图如图 2-9 所示。

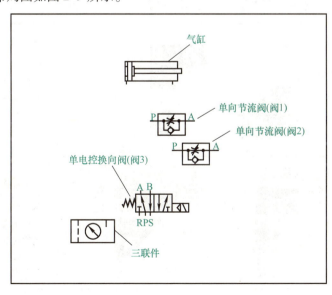

图 2-9 设备布局图

2. 气动回路安装

（1）元器件固定

1）安装固定三联件。根据表1-7安装固定三联件。

2）安装固定单电控换向阀。根据表2-3安装固定二位五通单电控换向阀。

表2-3　安装固定二位五通单电控换向阀

操作步骤	操作图示	操作说明
1	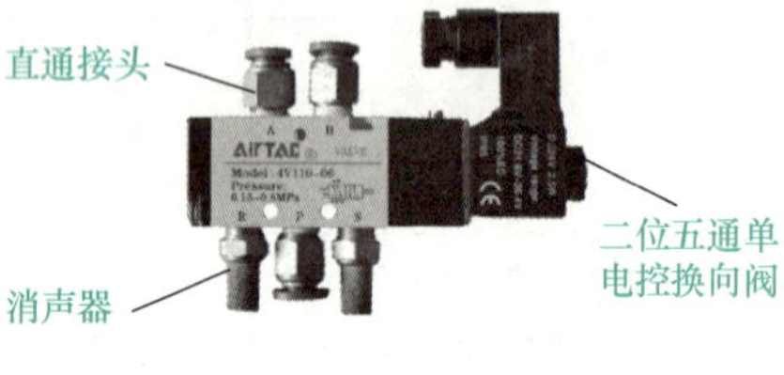 （直通接头、二位五通单电控换向阀、消声器）	准备好二位五通单电控换向阀、消声器和直通接头，并有序放置。连接固定直通接头、消声器与单电控换向阀，紧固时用力要适中，避免损坏
2	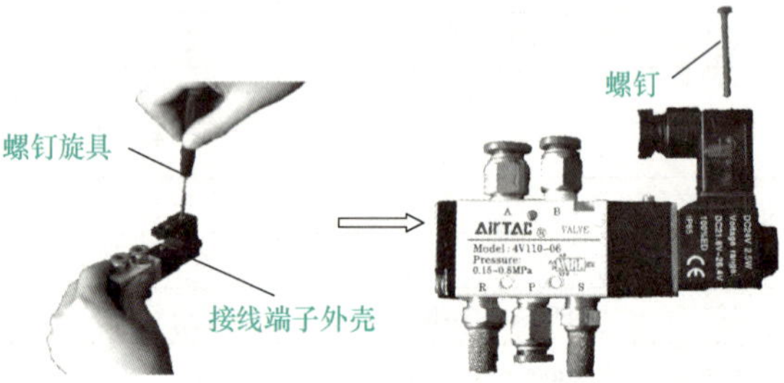 （螺钉旋具、螺钉、接线端子外壳）	用螺钉旋具旋下接线端子外壳上的螺钉后取出
3	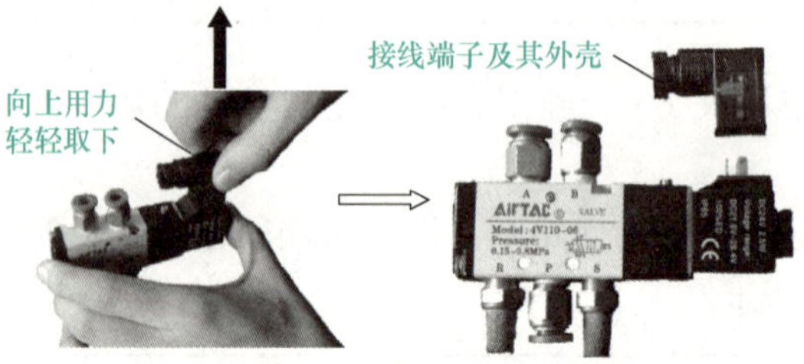 （向上用力轻轻取下、接线端子及其外壳）	向上用力，轻轻取下接线端子及其外壳
4	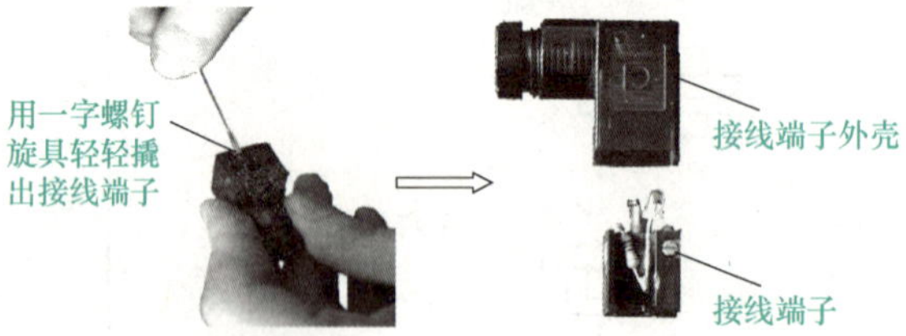 （用一字螺钉旋具轻轻撬出接线端子、接线端子外壳、接线端子）	用一字螺钉旋具轻轻将接线端子从外壳中撬出
5	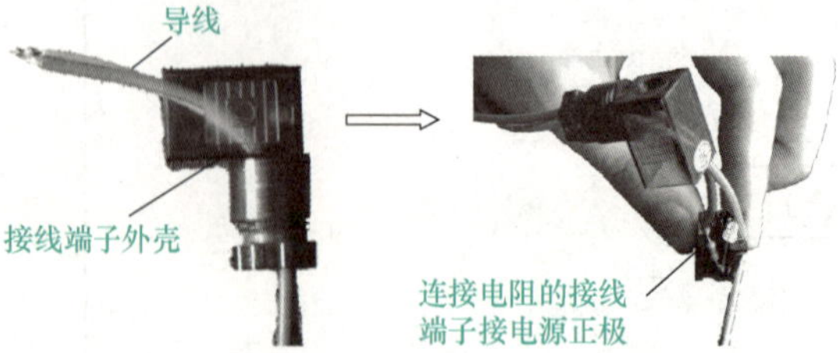 （导线、接线端子外壳、连接电阻的接线端子接电源正极）	先将导线穿过外壳，再将导线与接线端子相连，连接电阻的端子为电源正极，连接时红色线接电源正极，绿色线接电源负极

项目二 客车车门控制回路的安装与调试

(续)

操作步骤	操作图示	操作说明
6	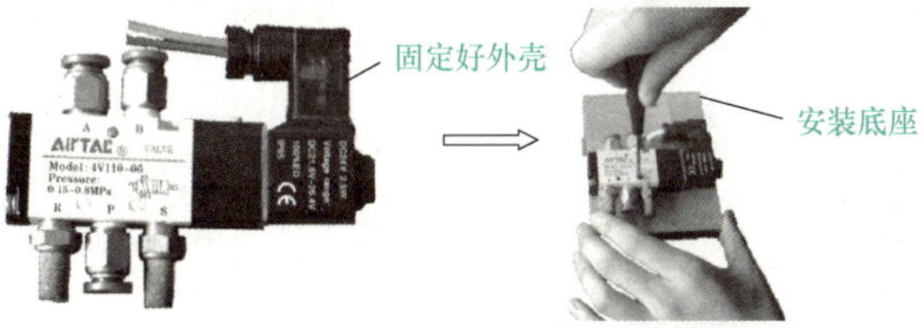 固定好外壳 → 安装底座	装好外壳后,将其固定在安装底座上
7	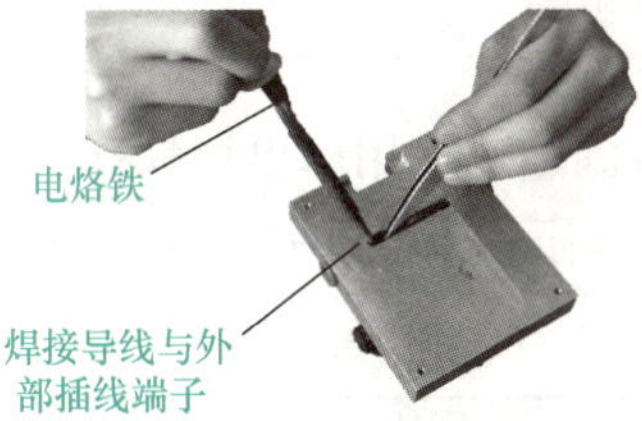 电烙铁 焊接导线与外部插线端子	将单电控换向阀线圈的连接导线与外部插线端子相连
8	 单电控换向阀 安装平台	根据设备布局图将单电控换向阀固定在安装平台上

3)安装固定单向节流阀。根据表2-4安装固定单向节流阀。

表2-4 安装固定单向节流阀

操作步骤	操作图示	操作说明
1	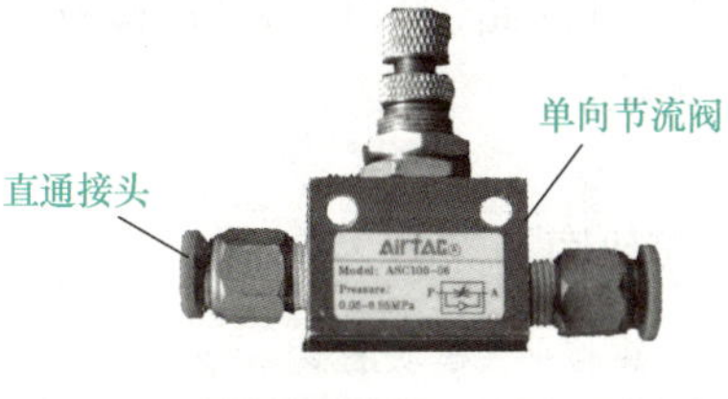 单向节流阀 直通接头	准备好单向节流阀和直通接头,并有序放置 在直通接头的螺纹上缠绕生料带后,将其与单向节流阀连接固定
2	 单向节流阀(阀1) 安装底座 单向节流阀(阀2)	在安装底座上固定单向节流阀,安装要牢固、可靠

37

(续)

操作步骤	操作图示	操作说明
3	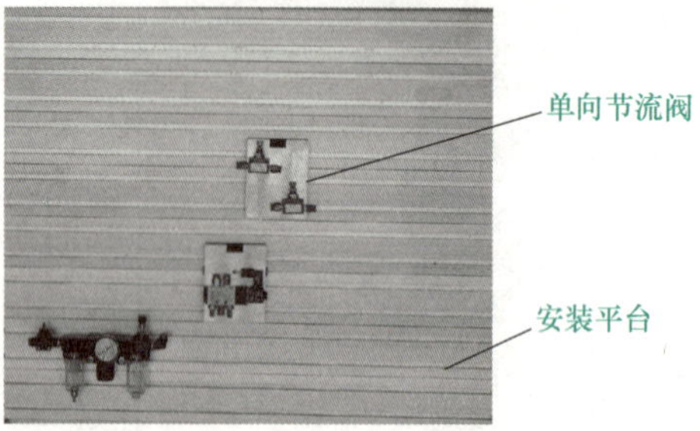 单向节流阀 安装平台	根据设备布局图将单向节流阀固定在安装平台上

4）安装固定气缸。根据表 1-10 安装固定双作用单出杆气缸。

（2）气动回路连接　根据客车车门控制回路图（图 2-2）按表 2-5 搭接气路。

表 2-5　气路搭接

操作步骤	操作图示	操作说明
1	气管的一端连接空气压缩机输出口的手滑阀，见表 1-12	
2	气管的另一端连接至三联件输入口的手阀，从而将空气压缩机的气体引至三联件	
3	气管连接三联件的出口与单电控换向阀的 P 口	
4	用气管将单电控换向阀的 A 口、B 口分别与两个单向节流阀的 P 口相连	
5	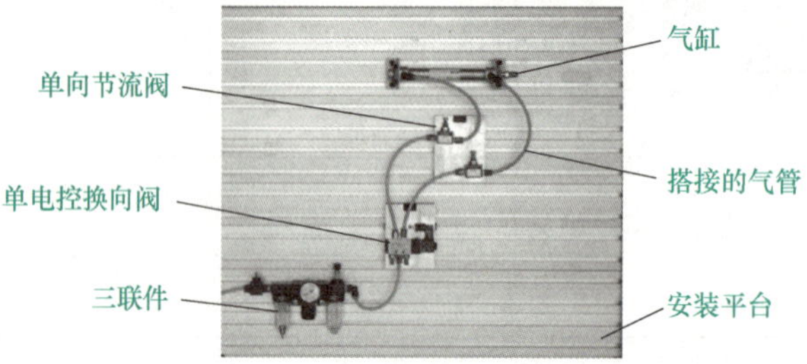 单向节流阀 单电控换向阀 三联件 气缸 搭接的气管 安装平台	一根气管将单向节流阀（阀1）的 A 口与气缸的无杆腔相连，另一根气管将单向节流阀（阀2）的 A 口与气缸的有杆腔相连，将气体引到气缸，最后整理好气管

（3）气动回路检查　对照客车车门控制回路图（图 2-2）检查气动回路的正确性、可靠性，绝不允许调试过程中有气管脱落现象。

3. 电气回路安装

（1）实验平台模块介绍　实验平台模块图释见表 2-6。

表 2-6　实验平台模块图释

序号	模块名称	模块图释
1	电源、按钮和中间继电器模块	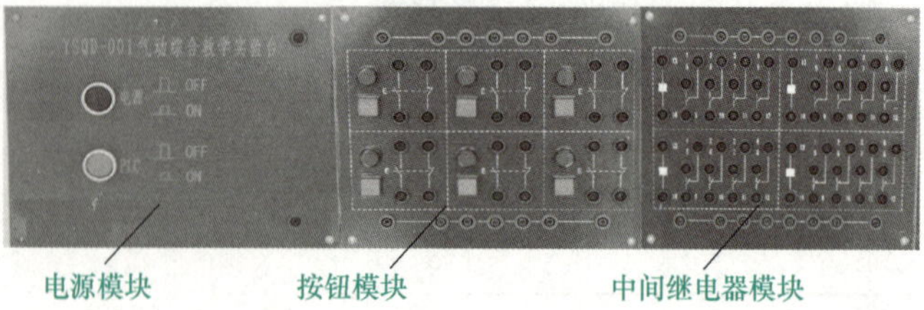 电源模块　按钮模块　中间继电器模块

项目二　客车车门控制回路的安装与调试

(续)

序号	模块名称	模块图释
2	电源模块	
3	按钮模块	
4	中间继电器模块	

（2）电气回路连接　根据客车车门控制回路图（图2-2）按表2-7搭接电路。

表2-7　电路搭接

序号	操作图示	操作说明
1	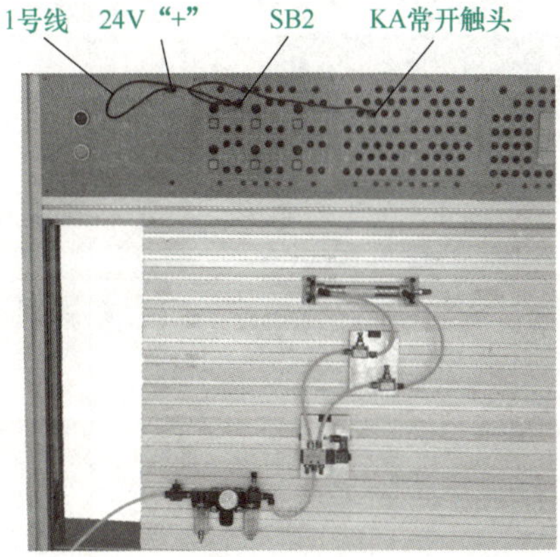	搭接1号线 顺序：24V"＋"→SB2→KA常开触头

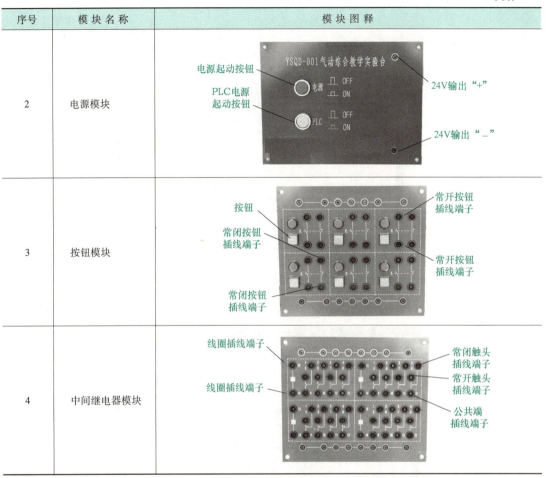

39

（续）

序 号	操 作 图 示	操 作 说 明
2	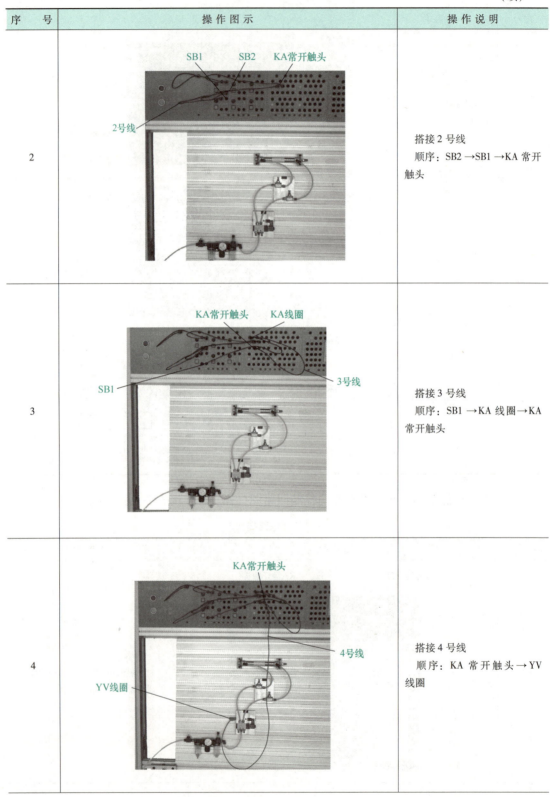	搭接 2 号线 顺序：SB2→SB1→KA 常开触头
3		搭接 3 号线 顺序：SB1→KA 线圈→KA 常开触头
4		搭接 4 号线 顺序：KA 常开触头→YV 线圈

(续)

序 号	操作图示	操作说明
5	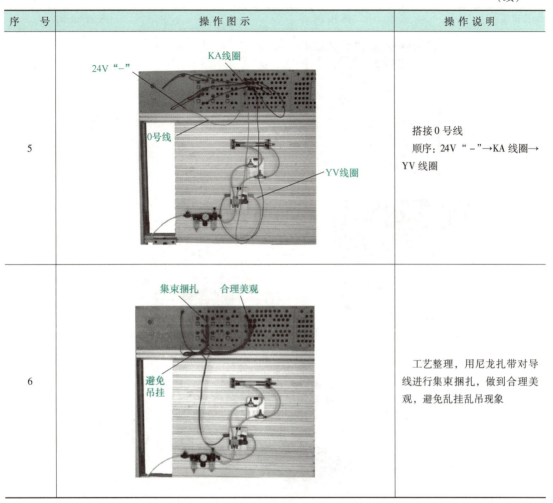	搭接0号线 顺序：24V"-"→KA 线圈→YV 线圈
6		工艺整理，用尼龙扎带对导线进行集束捆扎，做到合理美观，避免乱挂乱吊现象

（3）电气回路检查　根据客车车门控制回路图（图 2-2）检查电路是否有接错线、掉线，接线是否牢固等，严禁发生短路现象，避免因接线错误而危及人身及设备安全。

4. 设备调试

清扫设备后，在确认人身和设备安全的前提下，接通空气压缩机电源，按表 2-8 调试。调试时要认真观察设备的动作情况，若出现问题，应立即切断电源、气源，避免扩大故障范围，待调整、检修或解决后重新调试，直至设备完全实现功能。

表 2-8　设备调试

操作步骤	操作图示	操作说明
1		先打开电源开关，起动空气压缩机压缩空气，等待气源充足，再向外滑动手滑阀，输出压缩空气，见表 1-13
2		旋转手阀手柄，将气体引到三联件，并观察气路系统有无泄漏现象，若有，应立即解决，以确保调试工作在无气体泄漏条件下进行
3		先下拉三联件调压手柄，将气压调整到 0.4~0.5MPa，调整完成后，将三联件调压手柄上压锁住

（续）

操作步骤	操作图示	操作说明
4	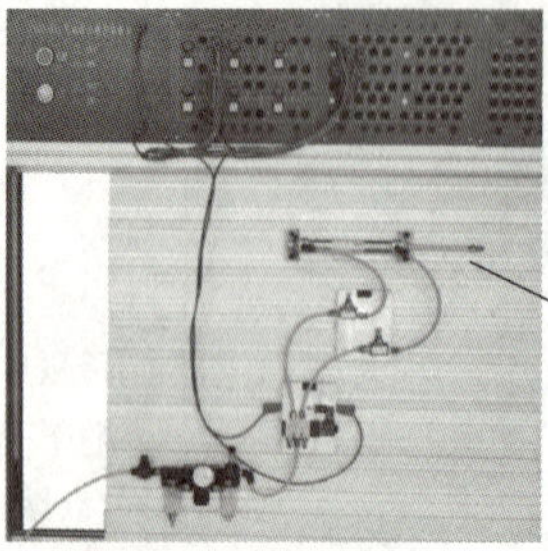 活塞杆伸出,车门关闭	气源打开后气缸活塞杆伸出,车门关闭
5	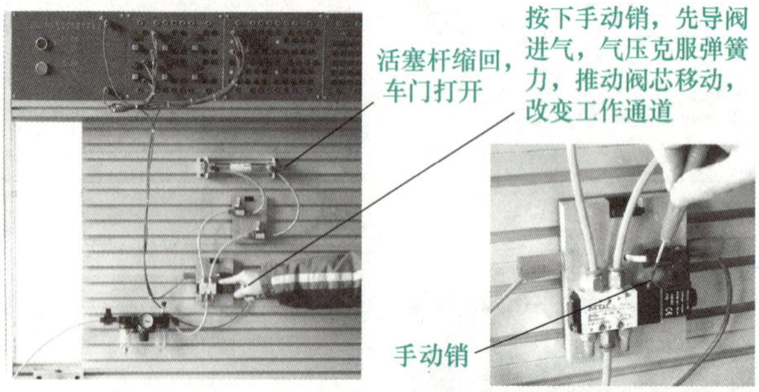 活塞杆缩回,车门打开；按下手动销,先导阀进气,气压克服弹簧力,推动阀芯移动,改变工作通道；手动销	按下单电控换向阀手动销,气缸活塞杆缩回,车门打开
6	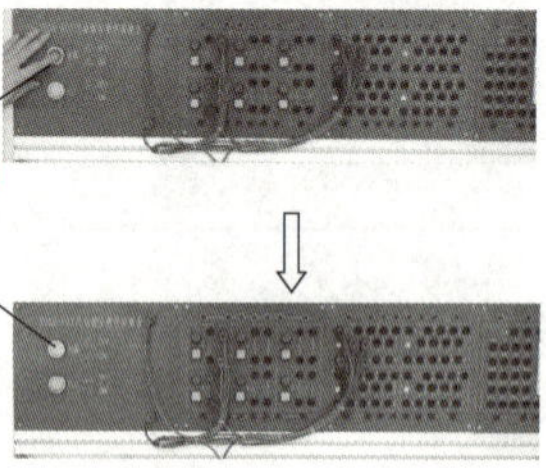 按下电源起动按钮 按钮指示灯点亮	按下电源起动按钮,其指示灯点亮,警示实验平台有电了
7	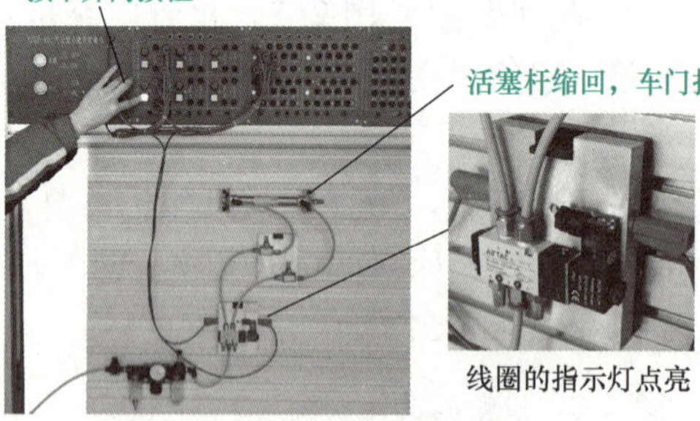 按下开门按钮；活塞杆缩回,车门打开；线圈的指示灯点亮	1）按下开门按钮 SB1 后,单电控换向阀线圈得电,气缸的活塞杆缩回,车门打开 2）电磁阀线圈得电,其发光二极管点亮
8	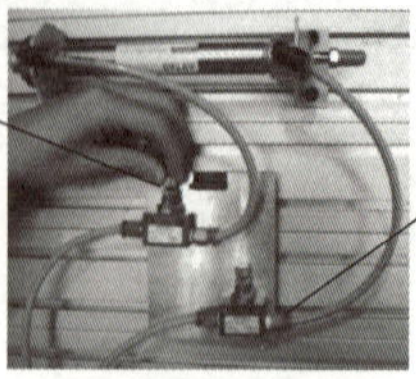 调节单向节流阀(阀1),使关门的速度缓慢；调节单向节流阀(阀2),使开门的速度合理	调整单向节流阀至合适开度,使客车关门的速度趋于缓慢、开门的速度趋于合理

项目二　客车车门控制回路的安装与调试

（续）

操作步骤	操作图示	操作说明
9	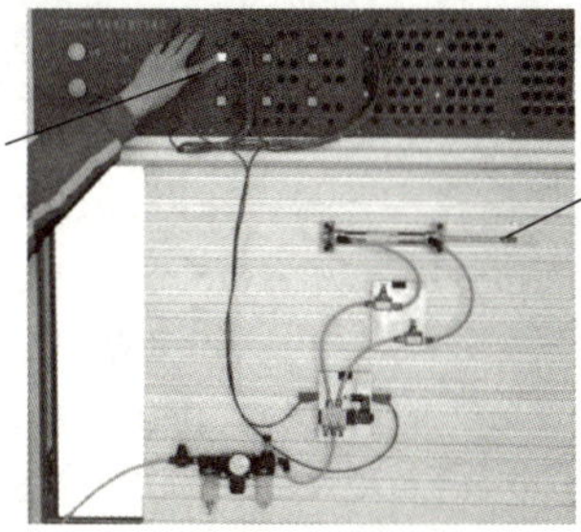 按下关门按钮　　　活塞杆伸出	按下关门按钮 SB2，气缸活塞杆伸出，车门关闭
10	试运行一段时间，观察设备运行情况，确保设备合格、稳定、可靠	
11	按下电源起动按钮后弹出，关闭电源	
12	顺时针旋转手阀手柄，关闭气源，见表1-13	
13	向内滑动手滑阀，关闭气源系统，向下压回电源开关，压缩机停止工作，见表1-13	

5. 现场清理

设备调试完毕，要求施工者清点工量具、归类整理资料，并清扫现场卫生。

1）清点工量具。对照工量具清单清点工量具，并按要求装入工量具箱。
2）资料整理。整理归类技术说明书、设备清单、控制回路图、设备布局图等资料。
3）清扫设备周围卫生，保持环境整洁。
4）填写设备安装登记表，记载设备调试过程中出现的问题及解决的办法。

质量记录

设备质量记录见表2-9。

表2-9　设备质量记录表

验收项目及要求		配分	配分标准	扣分	得分	备注
设备组装	1. 设备部件安装可靠、正确 2. 气路连接正确，规范美观 3. 电路连接正确，接线规范	35	1. 部件安装位置错误，每处扣5分 2. 部件安装不到位、零件松动，每处扣5分 3. 气管连接错误，每处扣5分 4. 气路漏气、掉管，每处扣5分 5. 气管过长、过短、乱接，每处扣5分 6. 电路连接错误，每处扣5分 7. 导线松动，布线凌乱，扣5分			
设备功能	1. 单电控换向阀得电正常 2. 单电控换向阀失电正常 3. 气缸活塞杆伸出正常 4. 气缸活塞杆缩回正常	60	1. 单电控换向阀未按要求得电，扣15分 2. 单电控换向阀未按要求失电，扣15分 3. 气缸活塞杆未按要求伸出，扣15分 4. 气缸活塞杆未按要求缩回，扣15分			

（续）

验收项目及要求		配分	配分标准	扣分	得分	备注
设备附件	资料齐全，归类有序	5	1. 图样数缺少，扣3分 2. 技术说明书、工具清单、设备清单缺少，扣2分			
安全生产	1. 自觉遵守安全文明生产规程 2. 保持现场干净整洁，工具摆放有序		1. 每违反1项规定，扣5分 2. 发生安全事故，按0分处理 3. 现场凌乱、乱摆放工量具、乱丢杂物、完成任务后不清理现场，扣5分			
时间	2h		提前正确完成，每5min加5分 超过定额时间，每5min扣2分			
开始时间			结束时间		总分	

项目拓展

图 2-2 所示为采用双作用气缸驱动客车车门的开和关，同样使用单作用气缸也可以实现车门的开关功能，如图 2-10 所示。此控制回路采用电气直接控制方式，用双电控换向阀进行换向，采用进气节流方式，从而实现慢速关门—快速开门的功能。

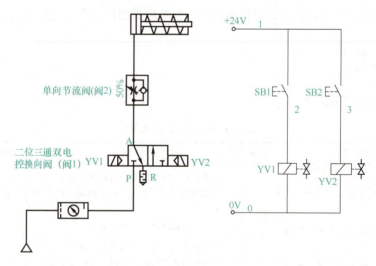

图 2-10 客车车门电气直接控制回路图

1. 气路元件

（1）单作用气缸　图 2-11 所示的单作用气缸是一种气动执行元件，其作用与双作用单出杆气缸一样，将压缩空气的压力能转换为机械能，驱动机构做直线往复运动。不同之处是单作用气缸仅一端进气，推动活塞运动，而活塞的返回需借助于其他外力，如重力、弹簧力等，其主要由活塞杆、进气口、排气口、活塞及复位弹簧等组成，较多地应用在夹紧装置中。

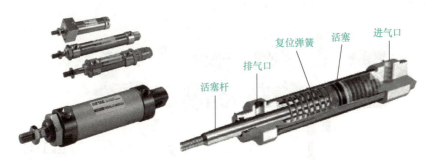

图 2-11 单作用气缸

图 2-12 所示为单作用气缸的结构与符号。当压缩空气由进气口进入无杆腔时，克服弹簧力，推动活塞向上移动，活塞杆伸出；当无杆腔内的压缩空气通过排气口排出时，活塞在弹簧力的作用下缩回至原位。单作用气缸的排气口始终与大气相通。

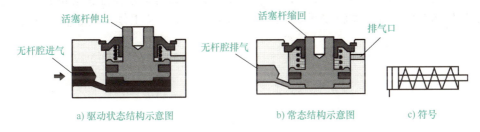

图 2-12 单作用气缸的结构与符号

这种气缸工作时，活塞杆上输出的推力必须克服弹簧力及各种阻力，推力计算公式如下：

$$F = \frac{\pi}{4} D^2 p \eta_c - F_s$$

式中　F——活塞杆上的推力（N）；

　　　D——活塞直径（m）；

　　　p——气缸工作压力（Pa）；

　　　F_s——弹簧力（N）

　　　η_c——气缸的效率，一般取 0.7~0.8，活塞运动速度小于 0.2m/s 时取大值，反之，取小值。

（2）二位三通双电控换向阀　图 2-13 所示的二位三通双电控换向阀与单电控换向阀一样，也是一种通过电磁力控制气路换向的气动控制元件。

图 2-13 二位三通双电控换向阀

如图 2-14 所示，二位三通双电控换向阀的左侧线圈得电时，工作口 A 与排气口 R 相通；右侧线圈得电时，进气口 P 与工作口 A 相通。

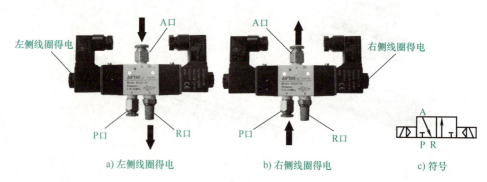

图 2-14 二位三通双电控换向阀的动作示意图与符号

2. 工作原理

按下开门按钮 SB1，YV1 得电，阀 1 左位工作，气缸活塞杆在弹簧力的作用下迅速缩回，实现快速开门；按下关门按钮 SB2，YV2 得电，阀 1 右位工作，气缸活塞杆缓慢伸出，实现慢速关门。

项目三

送料装置控制回路的安装与调试

🌱 学习目标

1. 认识先导式二位五通双电控换向阀等气动控制元件,知道它们的结构和符号,并会识别、安装及使用。
2. 认识电感式接近开关、时间继电器等电气控制元件,知道它们的结构和符号,并会识别、安装及使用。
3. 会识读送料装置控制回路图,并能说出其控制回路的动作过程。
4. 会根据送料装置控制回路图、设备布局图正确安装、调试其控制回路。
5. 拓展认识二位三通行程阀等气动元件,并学会其在气动控制回路中的应用。

📖 项目简介

某自动生产线送料装置结构示意图如图 3-1 所示,主要由推料气缸、料仓等组成。当按下起动按钮后,推料气缸活塞杆伸出,将底层的第一个物料推出料仓(此时第二个物料由设备的夹紧装置将其夹紧,使其他物料不会下落),当物料被推到指定位置 1s 后,推料气缸活塞杆快速返回(同时夹紧装置放松,料仓中的物料自然下落),当返回到位后,推料气缸再次伸出重复相同的工作。图 3-2 所示为送料装置控制回路图。

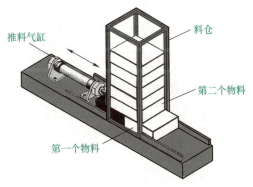

图 3-1 某自动生产线送料装置结构示意图

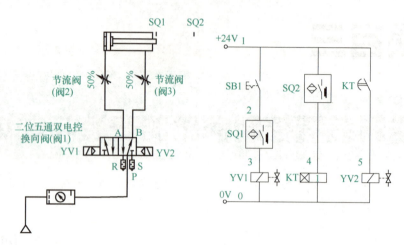

图 3-2　送料装置控制回路图

知识储备

1. 气路元件

先导式二位五通双电控换向阀是一种利用电磁力推动阀芯进行换向的气动控制元件，如图 3-3 所示。

图 3-3　先导式二位五通双电控换向阀

图 3-4 所示为先导式二位五通双电控换向阀的结构与符号。它由主阀与左右两侧先导阀组成。如图 3-4a、b 所示，当左侧的电磁线圈 YV1 得电、右侧的电磁线圈 YV2 失电时，压缩空气经左侧先导阀的进气口 P1，作用于主阀阀芯的左端，推动阀芯右移，使 P 口与 A 口相通，B 口与 S 口相通，R 口关闭。

同样，如图 3-4d、e 所示，当电磁线圈 YV1 失电，电磁线圈 YV2 得电时，压缩空气经右侧先导阀的进气口 P1，作用于主阀阀芯的右端，推动阀芯左移，从而切换气流通道，使 P 口与 B 口相通，A 口与 R 口相通，S 口关闭。

二位五通双电控换向阀具有记忆功能，阀在电磁线圈失电后仍保持失电前的状态，即若失电前工作于左位，失电后其状态位仍是左位；反之失电后其状态位是右位。

为保证主阀正常工作，两个电磁线圈不能同时得电，电路中要考虑互锁。

2. 电路元件

（1）电感式接近开关　电感式接近开关是一种利用位移传感器对接近物体的敏感特性来控制开关通或断的开关元件。

项目三　送料装置控制回路的安装与调试

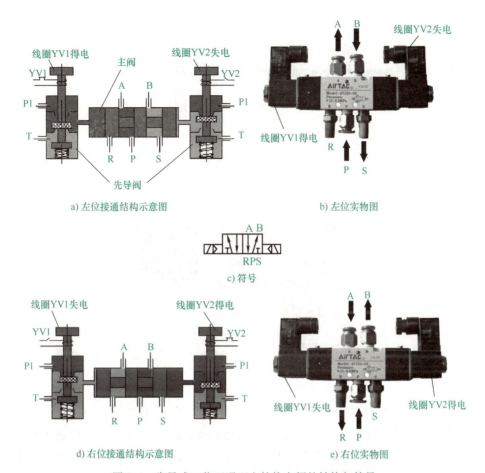

图 3-4　先导式二位五通双电控换向阀的结构与符号

电感式接近开关的分类较多，有两线、三线及四线等，有 NPN 型与 PNP 型等。两线电感式接近开关的接线方式如图 3-5 所示，棕色线接电源正极，蓝色线接电源负极。

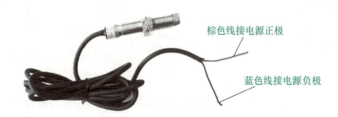

图 3-5　两线电感式接近开关的接线方式

图 3-6 所示为电感式接近开关的工作示意图与符号。它由 LC 振荡电路、信号触发器和开关放大器等组成。振荡电路的线圈产生高频交变磁场，该磁场经传感器的感应面释放。当金属材料靠近感应面时，磁场会产生涡流损耗，这样 LC 振荡电路的能量将减少，振荡减弱。当信号触发器检测到这种减弱现象时，便将其转换为开关信号，控制开关的通与断。

（2）时间继电器　图 3-7 所示为部分 JS14S 系列数显式时间继电器的外形图。它适用于交流 50Hz、380V 以下或直流 240V 以下的自动控制中，按设定的时间延时接通或断开电路，作为自动控制用。

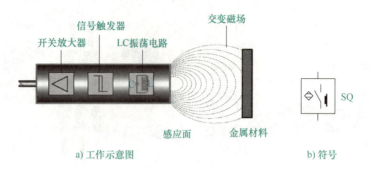

图 3-6　电感式接近开关的工作示意图与符号

图 3-7　部分 JS14S 系列数显式时间继电器的外形图

JS14S 系列数显式时间继电器，采用单片机芯片电路、LED 数字显示、数字按键开关预置，当它接通电源后，其瞬时触头立即闭合；延时一段时间后，其延时常闭触头断开、延时常开触头闭合。JS14S 系列数显式时间继电器的接线示意图及符号如图 3-8 所示。文字符号是 KT。

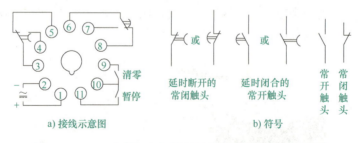

图 3-8　JS14S 系列数显式时间继电器的接线示意图及符号

3. 控制回路图

（1）气压基本回路　如图 3-2 所示，送料装置控制回路主要由二次压力控制、换向、节流调速三个气压基本回路组成。

1）二次压力控制回路。送料装置工作压力由气动三联件中减压阀调整，具体详见项目一。

2）换向回路。图 3-2 中，利用电感式接近开关 SQ1 和 SQ2 自动检测活塞杆的移动位置，分别发出伸出和缩回的信号，控制二位五通双电控换向阀（阀1）换向，从而实现活塞杆移动方向的改变。当 YV1 得电，阀 1 左位工作，活塞杆伸出，推出物料；当 YV2 得电，阀1右位工作，活塞杆返回。

3）节流调速回路。图3-2中采用进气节流调速方式，利用节流阀（阀2）对活塞杆伸出，即物料推出速度进行调节，节流阀（阀3）起背压作用；阀3对活塞杆缩回时的速度进行调节，阀2起背压作用，具体详见项目一。

（2）控制回路的动作过程　送料装置控制回路的动作过程见表3-1。

表3-1　送料装置控制回路的动作过程

序号	动作条件	动作仿真图
1	按下起动按钮SB1	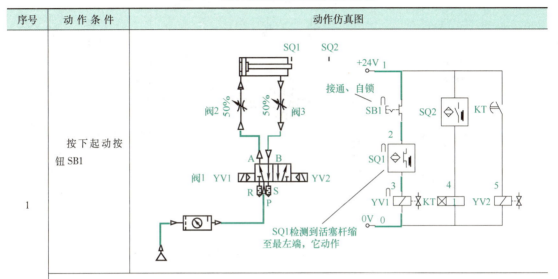

1）电路。推料气缸的活塞杆缩回到左端→接近开关SQ1动作，按下起动按钮SB1→SB1常开触头闭合→YV1得电

2）气路。YV1得电→阀1工作于左位

进气：气源→三联件→阀1 P口→阀1 A口→阀2→气缸无杆腔→活塞杆开始伸出，装置送料

排气：气缸有杆腔→阀3→阀1 B口→阀1 S口→消声器排出

2	活塞杆伸出过程中	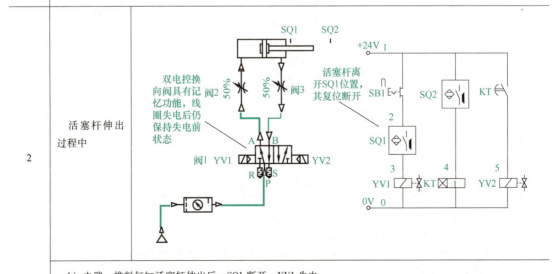

1）电路。推料气缸活塞杆伸出后→SQ1断开→YV1失电

2）气路。YV1失电，YV2未得电→阀1仍工作于左位→气缸活塞杆移动方向不变，继续送料

(续)

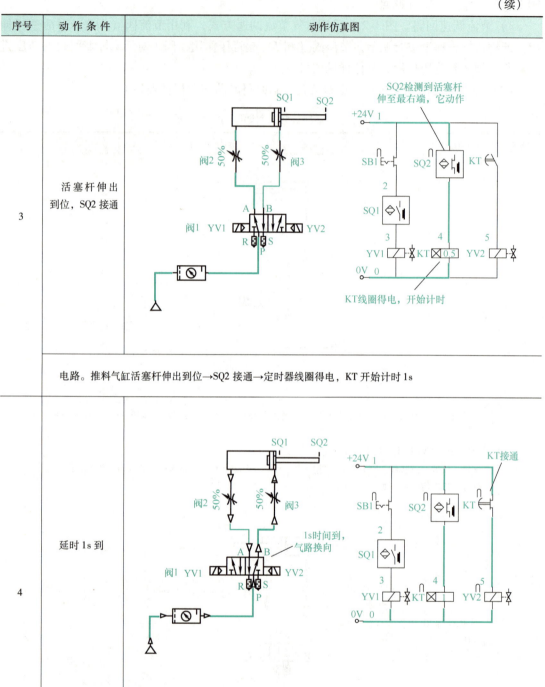

序号	动作条件	动作仿真图
3	活塞杆伸出到位，SQ2 接通	
	电路。推料气缸活塞杆伸出到位→SQ2 接通→定时器线圈得电，KT 开始计时 1s	
4	延时 1s 到	

1）电路。延时时间 1s 到→KT 延时常开触头闭合→YV2 得电
2）气路。YV2 得电→阀 1 工作于右位
进气：气源→三联件→阀 1 P 口→阀 1 B 口→阀 3→气缸有杆腔→活塞杆开始返回
排气：气缸无杆腔→阀 2→阀 1 A 口→阀 1 R 口→消声器排出

（续）

序号	动作条件	动作仿真图
5	气缸返回过程中	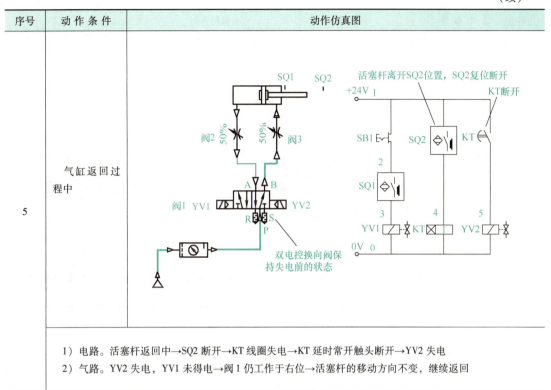

1) 电路。活塞杆返回中→SQ2 断开→KT 线圈失电→KT 延时常开触头断开→YV2 失电
2) 气路。YV2 失电，YV1 未得电→阀1 仍工作于右位→活塞杆的移动方向不变，继续返回

| 6 | 活塞杆返回到位，SQ1 接通 | 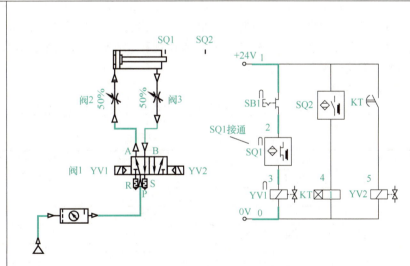 |

1) 电路。推料气缸活塞杆返回到位→SQ1 接通 →YV1 再次得电
2) 气路。YV1 得电→阀1 工作于左位
进气：气源→三联件→阀1 P 口→阀1 A 口→阀2→气缸无杆腔→气缸活塞杆再次伸出，装置重新送料
排气：气缸有杆腔→阀3→阀1 B 口→阀1 S 口→消声器排出，之后送料装置将重复上述工作过程，依次将料仓中的物料送出

(续)

序号	动作条件	动作仿真图
7	再次按下按钮SB1	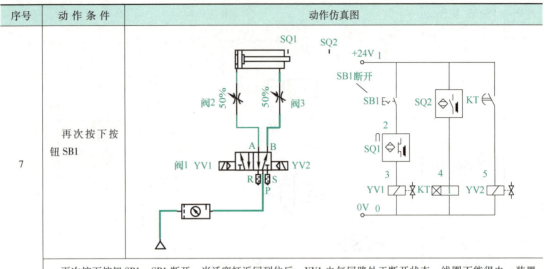 再次按下按钮SB1，SB1断开→当活塞杆返回到位后，YV1电气回路处于断开状态，线圈不能得电→装置停止工作

操作指导

施工前，施工者应总结项目二的任务实施和完成情况，分析施工中存在的问题，并找到解决的方法，再根据新项目的要求，制订施工计划，安排施工进度，做到定额时间内完成施工作业，树立安全意识，严格遵守安全操作规程和作业指导规范，确保作业安全和作业质量。操作流程如图 2-8 所示。

1. 施工准备

1) 设备清点。按表 3-2 清点设备型号规格及数量，并归类放置。

表 3-2 设备清单

序号	名称	型号规格	数量	单位	备注
1	安装平台		1	台	
2	空气压缩机	WY5.2	1	台	
3	三联件	AC2000	1	只	
4	二位五通双电控换向阀	4V120-06	1	只	
5	双作用单出杆气缸	MA20×100-S-CA	1	只	
6	单向节流阀	ASL6-01	2	只	
7	手阀	AHVSF06-01B	1	只	
8	直通接头	APC6-01	3	只	
9	消声器	BSL-01	2	只	
10	电感式接近开关	LJ12A3-4Z/EX	2	只	两线式
11	电源模块		1	个	
12	按钮模块		1	个	
13	中间继电器模块		1	个	

(续)

序 号	名 称	型号规格	数 量	单 位	备 注
14	时间继电器模块		1	个	JS14S
15	导线		若干	根	
16	气管	US98A-060-040	若干	m	
17	尼龙扎带	3mm×100mm	若干		
18	生料带		若干		

2）工量具清点。工量具清单见表 1-6，施工者应清点工量具的数量，同时认真检查其性能是否完好。

3）图样准备。施工前准备好设备控制回路图、设备布局图，供作业时查阅。送料装置的设备布局图如图 3-9 所示。

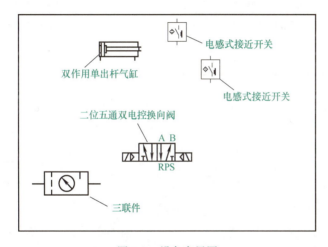

图 3-9　设备布局图

2. 气动回路安装

（1）元器件固定

1）安装固定三联件。根据表 1-7 安装固定三联件。

2）安装固定双电控换向阀。根据表 3-3 安装固定二位五通双电控换向阀。

表 3-3　安装固定二位五通双电控换向阀

操作步骤	操作图示	操作说明
1		先准备好二位五通双电控换向阀、消声器和直通接头，并有序放置 然后连接固定直通接头、消声器与二位五通双电控换向阀，紧固时用力要适中，避免损坏

（续）

操作步骤	操 作 图 示	操 作 说 明
2	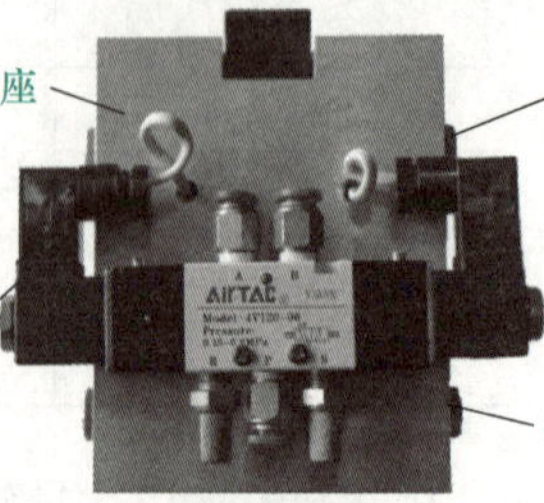 安装底座、插线端子、二位五通双电控换向阀线圈、插线端子	将二位五通双电控换向阀的线圈与外部插线端子相连后固定在安装底座上
3	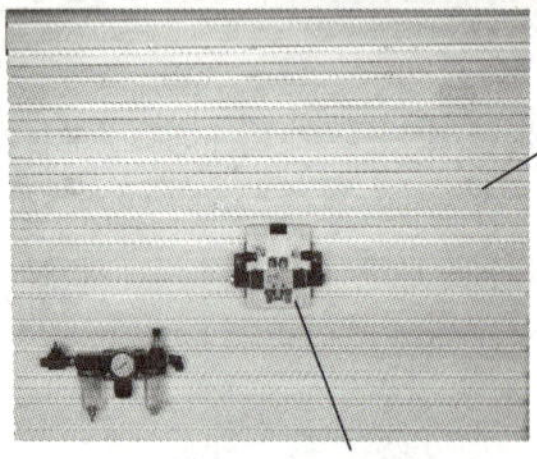 安装平台、二位五通双电控换向阀	根据设备布局图将二位五通双电控换向阀固定在安装平台上

3）安装固定气缸。根据表1-10安装固定双作用单出杆气缸。

4）安装固定接近开关。根据表3-4安装固定电感式接近开关。

表3-4 安装固定电感式接近开关

操作步骤	操 作 图 示	操 作 说 明
1	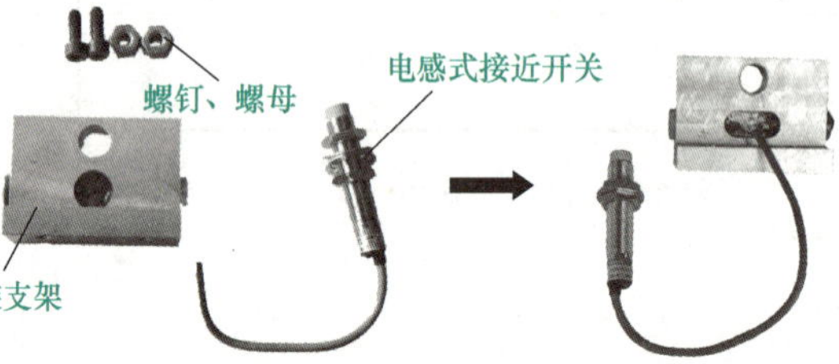 螺钉、螺母、电感式接近开关、安装支架	先准备好电感式接近开关、螺钉、螺母和安装支架，并有序放置 然后将电感式接近开关的引线焊接到插线端子上
2	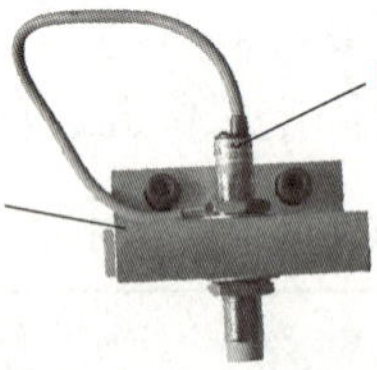 电感式接近开关、安装支架	在安装支架上固定电感式接近开关，安装要牢固、可靠
3	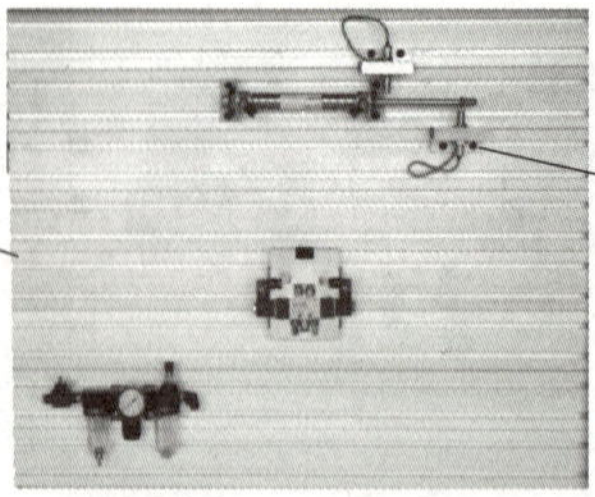 安装平台、电感式接近开关	根据设备布局图将电感式接近开关固定在安装平台上

（2）气动回路连接 根据送料装置控制回路图（图 3-2）按表 3-5 搭接气路。

表 3-5 气路搭接

操作步骤	操 作 图 示	操 作 说 明
1	气管的一端连接空气压缩机输出口的手滑阀，见表 1-12	
2	气管的另一端连接至三联件输入口的手阀，从而将空气压缩机的气体引至三联件	
3	气管连接三联件的出口和二位五通双电控换向阀的 P 口，将气体引到二位五通双电控换向阀	
4	（气缸、二位五通双电控换向阀、搭接的气管、三联件示意图）	用气管将二位五通双电控换向阀的 A 口、B 口分别连接气缸的无杆腔和有杆腔，最后整理好气管

（3）气动回路检查 对照送料装置控制回路图（图 3-2）检查气动回路的正确性、可靠性，绝不允许调试过程中有气管脱落现象。

3. 电气回路安装

（1）实验平台模块介绍 实验平台上的时间继电器模块如图 3-10 所示。

（2）电气回路连接 根据送料装置控制回路图（图 3-2）按表 3-6 搭接电路。

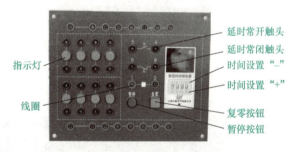

图 3-10 时间继电器模块

表 3-6 电路搭接

序　　号	操 作 图 示	操 作 说 明
1	（SB1、24V"+"、KT延时常开触头、1号线、SQ2 示意图）	搭接 1 号线 顺序：SB1→24V"+"→SQ2→KT 延时常开触头

(续)

序号	操作图示	操作说明
2	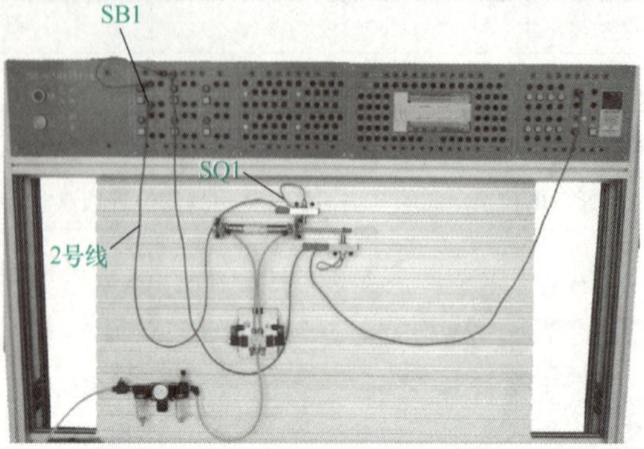	搭接 2 号线 顺序：SB1 → SQ1
3	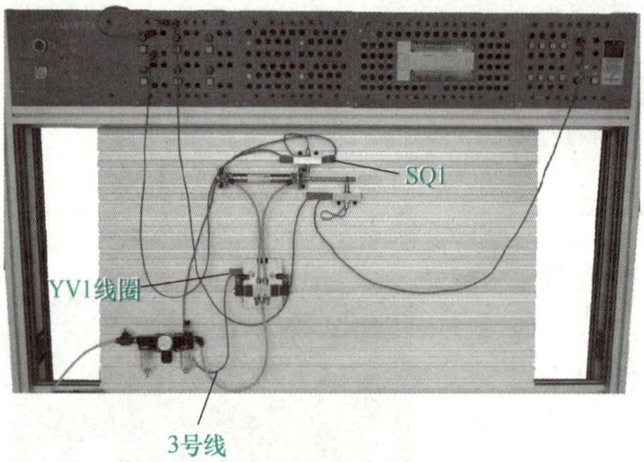	搭接 3 号线 顺序：SQ1 → YV1 线圈
4	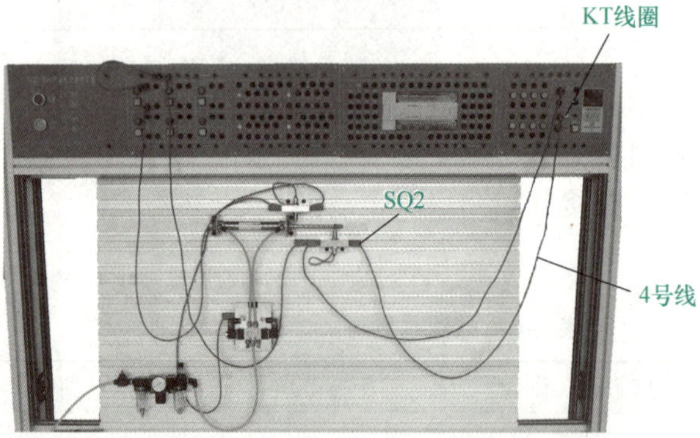	搭接 4 号线 顺序：SQ2 → KT 线圈
5	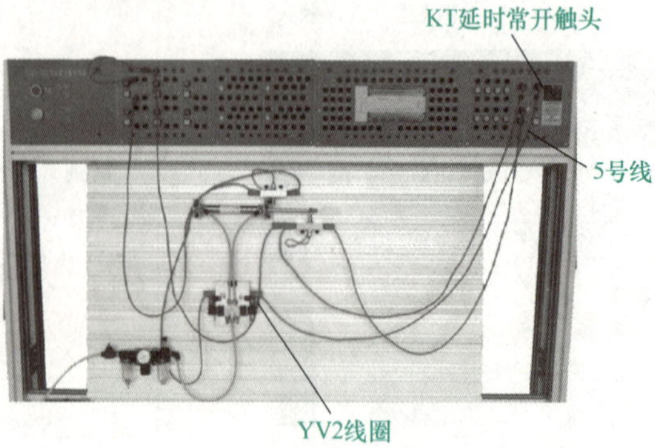	搭接 5 号线 顺序：KT 延时常开触头 → YV2 线圈

项目三　送料装置控制回路的安装与调试

（续）

序　号	操　作　图　示	操 作 说 明
6	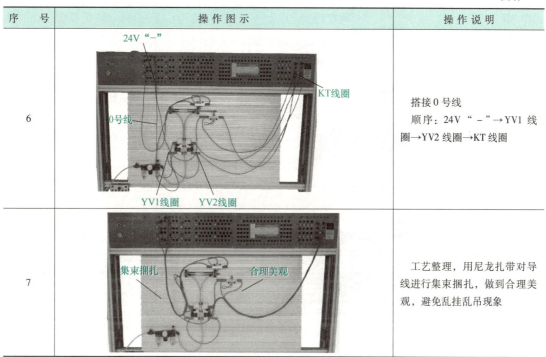	搭接 0 号线 顺序：24V "－"→YV1 线圈→YV2 线圈→KT 线圈
7		工艺整理，用尼龙扎带对导线进行集束捆扎，做到合理美观，避免乱挂乱吊现象

（3）电气回路检查　根据送料装置控制回路图（图 3-2）检查电路是否有接错线、掉线，接线是否牢固等，严禁出现短路现象，避免因接线错误而危及人身和设备安全。

4. 设备调试

清扫设备后，在确认人身和设备安全的前提下，接通空气压缩机电源，按表 3-7 调试。调试时要认真观察设备的动作情况，若出现问题，应立即切断电源、气源，避免扩大故障范围，待调整、检修或解决后重新调试，直至设备完全实现功能。

表 3-7　设备调试

操作步骤	操　作　图　示	操 作 说 明
1		先打开电源开关，起动空气压缩机压缩空气，等待气源充足，再向外滑动手滑阀，输出压缩空气，见表 1-13
2		旋转手阀手柄，将气体引到三联件，并观察气路系统有无泄漏现象，若有，应立即解决，以确保调试工作在无气体泄漏条件下进行
3		先下拉三联件调压手柄，将气压调整到 0.4～0.5MPa，调整完成后，将三联件调压手柄上压锁住
4		手动调试气动回路：按下双电控换向阀左侧的手动销，气缸活塞杆伸出

59

（续）

操作步骤	操作图示	操作说明
5	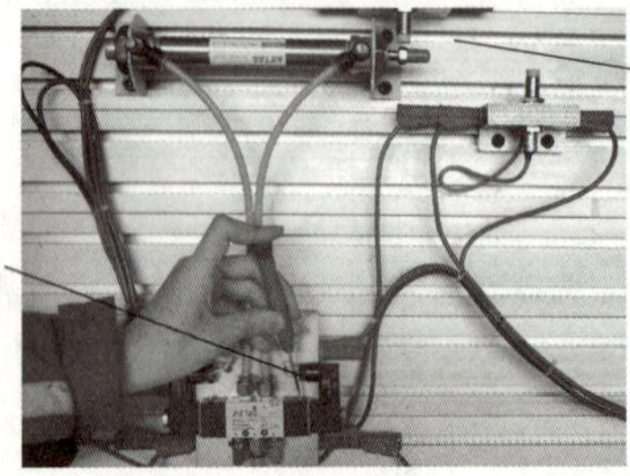 按下双电控换向阀右侧的手动销；气缸活塞杆缩回	按下双电控换向阀右侧的手动销，气缸活塞杆缩回
6	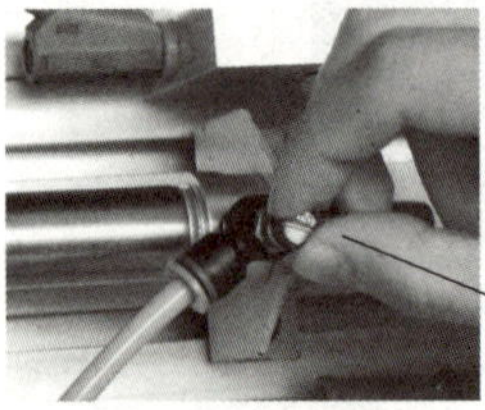 调节节流阀至合适开度	调节节流阀至合适开度，使气缸的运动速度趋于合理，避免送料装置动作速度过快而产生较大冲击
7	气路手动调试完成后，顺时针旋转手阀手柄，关闭气源	
8	按下电源起动按钮，实验平台电源接通，电源指示灯点亮	
9	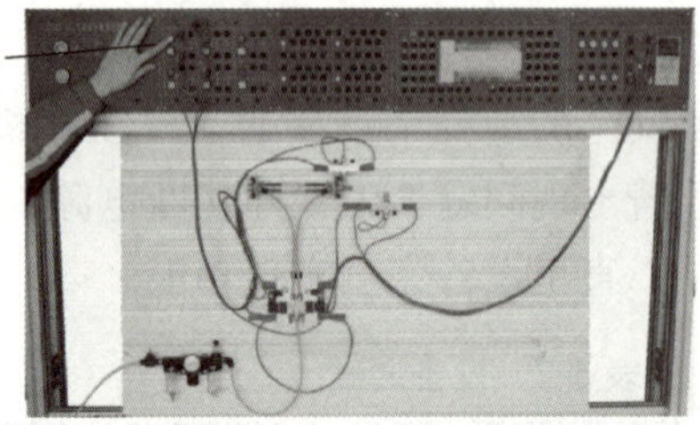 按下起动按钮	按下起动按钮 SB1，为传感器位置调整提供电源
10	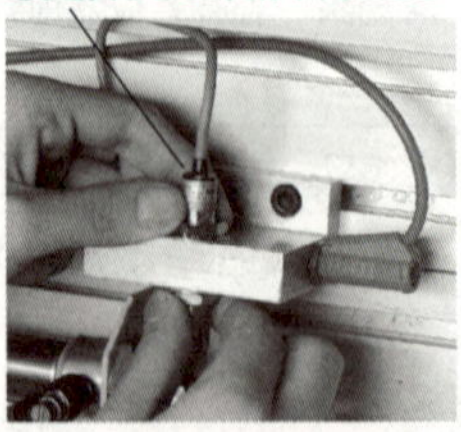 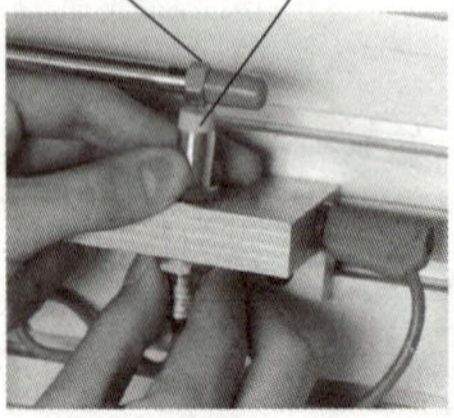 旋松螺母，调整接近开关与活塞杆之间的感应距离，直至接近开关尾部指示灯点亮；接近开关感应面；活塞杆	接近开关位置的调整：调整接近开关 SQ1 和 SQ2 与活塞杆之间的感应距离，使接近开关能正常检测到活塞杆伸出到位位置和缩回到位位置
11	设定时间的调整：手按时间继电器上的"+"和"-"键，将延时时间调整到 1s	
12	电路元件调整完成后，顺时针旋转手阀手柄，接通气源	
13	按下 SB1，气缸活塞杆伸出，送料装置开始送料	

项目三　送料装置控制回路的安装与调试

（续）

操作步骤	操作图示	操作说明
14	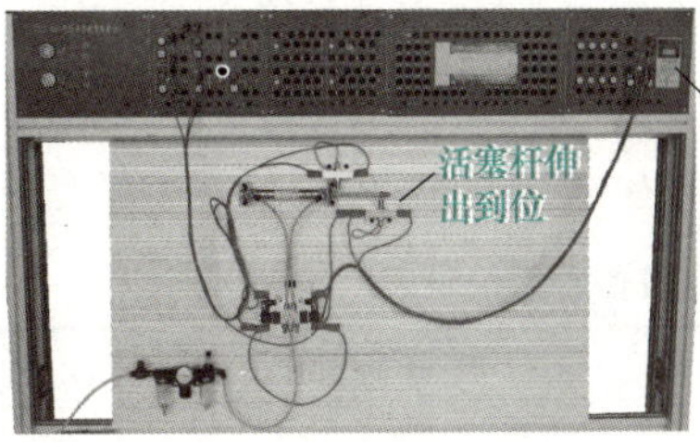	推料到位后，接近开关 SQ2 接通，时间继电器 KT 得电，开始计时
15	延时 1s 到，气缸活塞杆开始返回	
16	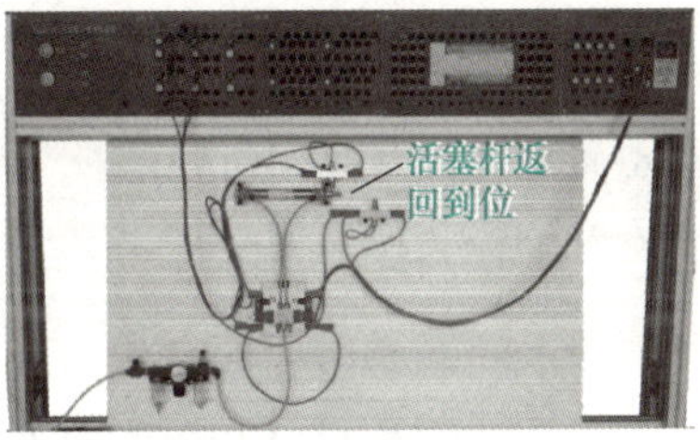	气缸活塞杆返回到位后，SQ1 接通，装置推送下一个物料，如此往复
17	试运行一段时间，观察设备运行情况，确保设备合格、稳定、可靠	
18	再次按下 SB1，YV1 线圈回路断开	
19	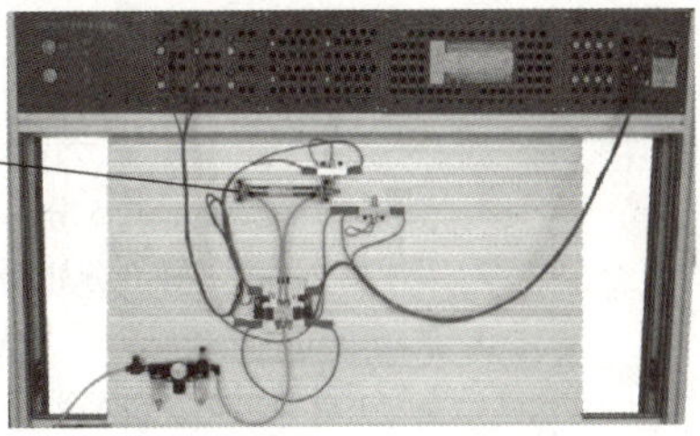	气缸活塞杆返回到位后，设备停止工作
20	试运行一段时间，观察设备运行情况，确保设备合格、稳定、可靠	
21	按下电源起动按钮后，关闭电源	
22	顺时针旋转手阀手柄，关闭气源，见表 1-13	
23	向内滑动手滑阀，关闭气源系统，向下压回电源开关，压缩机停止工作，见表 1-13	

5. 现场清理

设备调试完毕，要求施工者清点工量具、归类整理资料，并清扫现场卫生。

1）清点工量具。对照工量具清单清点工量具，并按要求装入工量具箱。

2）资料整理。整理归类技术说明书、设备清单、控制回路图、设备布局图等资料。

3）清扫设备周围卫生，保持环境整洁。
4）填写设备安装登记表，记载设备调试过程中出现的问题及解决的办法。

质量记录

设备质量记录表见表3-8。

表3-8 设备质量记录表

验收项目及要求		配分	配 分 标 准	扣分	得分	备注
设备组装	1. 设备部件安装可靠、正确 2. 气路连接正确，规范美观 3. 电路连接正确，接线规范	35	1. 部件安装位置错误，每处扣5分 2. 部件安装不到位、零件松动，每处扣5分 3. 气管连接错误，每处扣5分 4. 气路漏气、掉管，每处扣5分 5. 气管过长、过短、乱接，每处扣5分 6. 电路连接错误，每处扣5分 7. 导线松动，布线变乱，扣5分			
设备功能	1. 电控换向阀得电正常 2. 电控换向阀失电正常 3. 气缸活塞杆伸出正常 4. 气缸活塞杆返回正常 5. 定时正常	60	1. 电控换向阀未按要求得电，扣15分 2. 电控换向阀未按要求失电，扣15分 3. 气缸活塞杆未按要求伸出，扣15分 4. 气缸活塞杆未按要求返回，扣10分 5. 装置未按要求延时动作，扣5分			
设备附件	资料齐全，归类有序	5	1. 图样数缺少，扣3分 2. 技术说明书、工量具清单、设备清单缺少，扣2分			
安全生产	1. 自觉遵守安全文明生产规程 2. 保持现场干净整洁，工具摆放有序		1. 每违反1项规定，扣5分 2. 发生安全事故，按0分处理 3. 现场凌乱、乱摆放工具、乱丢杂物、完成任务后不清理现场，扣5分			
时间	2h		提前正确完成，每5min 加1分 超过定额时间，每5min 扣1分			
开始时间			结束时间	总分		

项目拓展

图3-2采用电-气控制方式实现了送料装置的送料功能，其位置控制使用的是接近开关，而图3-11则为气压间接控制方式。它是通过两个行程阀检测活塞杆行程的起点和终点，从而控制阀1换向，实现上料装置的一次推料功能。

1. 气路元件

（1）二位三通行程阀　图3-12所示为二位三通行程阀，是一种利用行程挡块碰压其滚轮，由滚轮杆压下使阀产生切换动作的机械阀。

图3-13所示为二位三通行程阀的结构与符号。常态时P口关闭，A口与R口相通，工作口A无气压信号输出；当其滚轮杆被外力压下时，R口关闭，P口与A口相通，工作口A输出气压信号。当外力被解除时，滚轮杆被复位弹簧推回原位，信号终止。因此行程阀是用来检测气缸是否到位，并发出气压控制信号的控制元件。

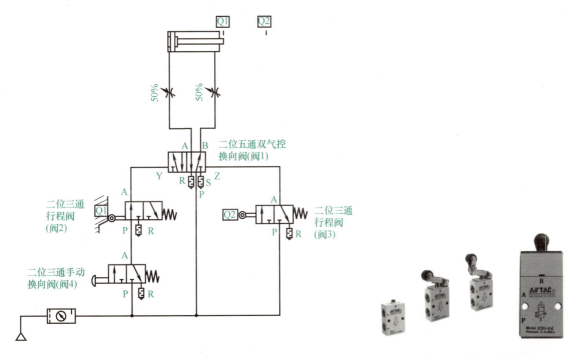

图3-11　送料装置的气压间接控制回路图　　　　图3-12　二位三通行程阀

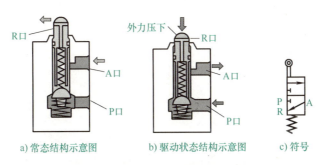

图3-13　二位三通行程阀的结构与符号

（2）二位五通双气控换向阀　二位五通双气控换向阀具有记忆功能。它的结构及其工作原理见项目四。

2. 气压间接控制原理

图3-11所示状态，当阀2滚轮被挡块压下时，阀2左位工作。按下阀4按钮，阀4左

位工作，阀1控制口Y口有信号输入，阀1左位工作，气缸活塞杆伸出，装置开始推料。活塞杆伸出后，阀2的滚轮因离开挡块而复位，阀2右位工作；松开阀4按钮，阀4右位工作，阀1控制口Y口输入信号终止；因阀1有记忆功能，活塞杆继续伸出，装置继续推料。当活塞杆伸出到位后，推料结束，碰到挡块，压下阀3滚轮，阀3左位工作，阀1控制口Z口有信号输入，阀1右位工作，活塞杆开始返回。活塞杆返回，阀3滚轮离开挡块复位，阀3右位工作，阀1控制口Z口输入信号终止；活塞杆继续返回直至到位后压下阀2滚轮，为下次推料做准备。

项目四

切割机控制回路的安装与调试

学习目标

1. 认识二位五通双气控换向阀、双压阀、二位三通气动延时阀等气动控制元件，了解它们的结构和符号，并会识别、安装及使用。
2. 会识读切割机控制回路图，并能说出其控制回路的动作过程。
3. 会根据切割机控制回路图、设备布局图正确安装、调试其控制回路。
4. 拓展识读气、电直接控制的切割机控制回路。

项目简介

某气动切割机结构示意图如图 4-1 所示，主要由气缸、切割刀具等组成。为了操作者的安全，设备在其防护罩上设置了安全开关，只有当防护罩处于关闭状态时，切割机才能起动，从而避免了事故的发生。切割机的气缸活塞杆缩回会带动切割刀具向下缓慢切割物料。为达到有效切断物料，切割刀具必须在切断位置处停留 2s，然后气缸的活塞杆快速伸出，带动切割刀具返回原位。另外，要求切割机的切割速度可调，以适应不同的切割物料。图 4-2 所示为切割机控制回路图。

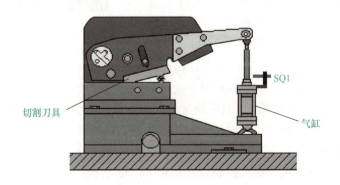

图 4-1 某气动切割机结构示意图

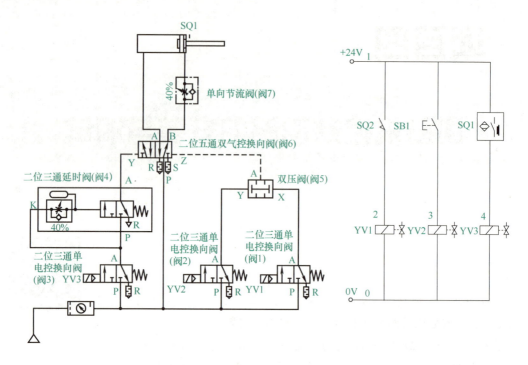

图 4-2　切割机控制回路图

 知识储备

1. 气路元件

（1）二位五通双气控换向阀　图 4-3 所示为二位五通双气控换向阀。它是一种以压缩空气为动力推动阀芯移动，产生气路切换的换向阀。

图 4-4 所示为 Y 口有气控信号时二位五通双气控换向阀的结构与符号。当双气控换向阀的控制口 Y 口有气控信号输入、Z 口无气控信号输入时，气压作用于阀芯的左端，推动阀芯右移，P 口与 A 口相通，B 口与 S 口相通。同样，如图 4-5 所示，当控制口 Z 口有气控信号输入、Y 口无气控信号输入时，气压作用

图 4-3　二位五通双气控换向阀

于阀芯的右端，推动阀芯左移，P 口与 B 口相通，A 口与 R 口相通；当 Y 口、Z 口均无气控信号时，换向阀保持当前状态，即此阀具有记忆功能。

（2）双压阀　如图 4-6 所示，双压阀是单向阀的派生阀，具有"与"逻辑功能，其逻辑含义是只有当它的两个输入口同时输入气控信号时，输出口才有信号输出。它主要用于互锁控制、安全控制及截止控制等场合。

如图 4-7 所示，它有两个输入控制口（X 和 Y）和一个信号输出口（A）。如图 4-7a、b 所示，当双压阀的输入口仅有一个有气控信号时，压缩空气将推动阀芯，封锁其气流通道，输出口 A 无气压信号输出。

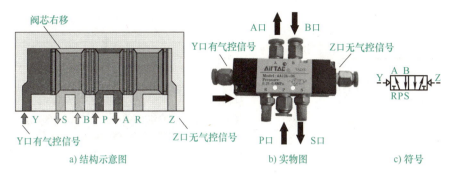

图 4-4 Y 口有气控信号时二位五通双气控换向阀的结构与符号

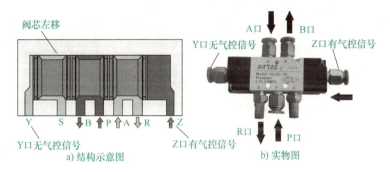

图 4-5 Z 口有气控信号时二位五通双气控换向阀的结构

图 4-6 双压阀

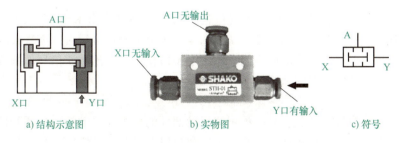

图 4-7 只有一个输入口有信号时的双压阀结构与符号

如图 4-8a 所示,当双压阀的两个输入口输入压力相等的气控信号时,输出口 A 有气压信号输出。如图 4-8b 所示,当双压阀的两个输入口输入压力不相等的气控信号时,压力高的那一侧推动阀芯移动,封锁其气流通道,使压力低的输入口与输出口相通,输出低压力的压缩空气。

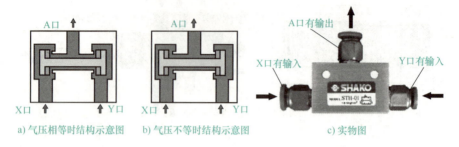

图 4-8 两个输入口同时输入信号时的双压阀结构

（3）二位三通延时阀　图 4-9 所示为二位三通延时阀，其是气动系统中的一种时间控制元件。它是通过节流阀调节气室充气压力的上升速度来实现延时的。

图 4-10 所示为二位三通延时阀常态下的结构与符号。它由单向节流阀、气室和二位三通换向阀组合而成。常态下，控制口 K 无气控

图 4-9 二位三通延时阀

信号输入时，弹簧力作用使阀芯移至上侧，P 口关断，A 口和 R 口相通，工作口 A 无输出。

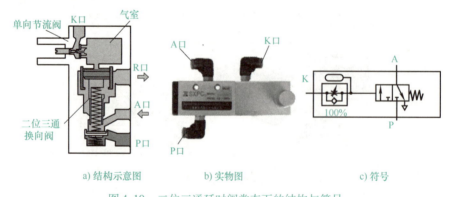

图 4-10 二位三通延时阀常态下的结构与符号

如图 4-11 所示，当控制口 K 输入气控信号时，压缩空气由 K 口经单向节流阀进入气室，由于单向节流阀的节流作用，使气室内的空气压力上升速度缓慢。当气室内压力能克服弹簧力时，阀芯向下移动，换向阀换向，P 口与 A 口相通，输出气压信号。调节节流阀的开度，即可改变延时换向的时间。

2. 电路元件

行程开关也称为位置开关，是一种根据运动部件的位置而自动接通或断开控制电路的开关电器，主要用于检测工作机械的位置，发出命令以控制其运动方向或行程长短。

如图 4-12 所示，行程开关一般由触头系统、操作机构和外壳等组成。当生产机械运动部件碰压行程开关时，其常闭触头断开，常开触头闭合。

3. 控制回路图

（1）气压基本回路　如图 4-2 所示，切割机控制回路主要由二次压力控制、节流调速、

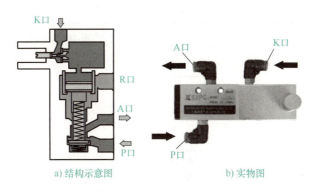

图 4-11 二位三通延时阀驱动状态下的结构

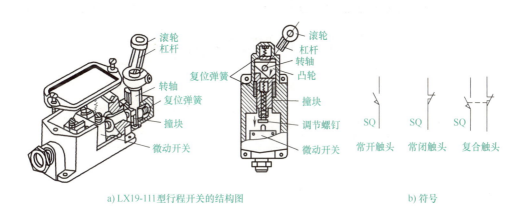

图 4-12 行程开关的结构与符号

换向、延时、慢进—快退和互锁 6 个气压基本回路组成。

1)二次压力控制回路。切割机工作压力由气动三联件中减压阀调整,具体详见项目一。

2)节流调速回路。图 4-2 中采用进气节流调速方式,利用单向节流阀(阀 7)调节进入气缸气体的流量,从而控制活塞杆缩回的运动速度,即切割物料的速度,具体详见项目二。

3)换向回路。在图 4-2 中,当 YV1、YV2 同时得电时,双压阀(阀 5)输出气压信号,二位五通双气控换向阀(阀 6)控制口 Z 口有气控信号输入,阀 6 右位工作,气缸活塞杆缩回,带动切割刀具切割物料;当接近开关 SQ1 检测到活塞杆缩回到位后,YV3 得电,阀 6 控制口 Y 口有气控信号输入,阀 6 左位工作,活塞杆伸出,切割刀具返回。

4)延时回路。延时控制回路属于具有特殊功能的控制回路,其核心元件为延时阀。在图 4-2 中,当 YV3 得电后,压缩空气经二位三通单电控换向阀(阀 3)进入二位三通延时阀(阀 4),延时时间到,阀 4 输出气压信号,阀 6 才换向,以达到有效切断物料的目的。

5)慢进—快退回路。慢进—快退回路属于速度控制回路中的速度换接回路。在图 4-2 中,当阀 6 右位工作时,压缩空气经阀 7 节流口进入有杆腔,实现慢进,使气缸活塞杆缓慢缩回,切割物料;当阀 6 左位工作时,有杆腔气体经阀 7 单向阀快速排出,实现快退,使活塞快速返回。

6)互锁回路。图 4-2 中采用"与"逻辑功能的双压阀组成安全互锁回路,只有防护罩在关闭状态下方能起动,确保操作者的安全。

(2)控制回路的动作过程 切割机控制回路的动作过程见表 4-1。

表 4-1 切割机控制回路的动作过程

序号	动作条件	动作仿真图
1	接通电源、气源	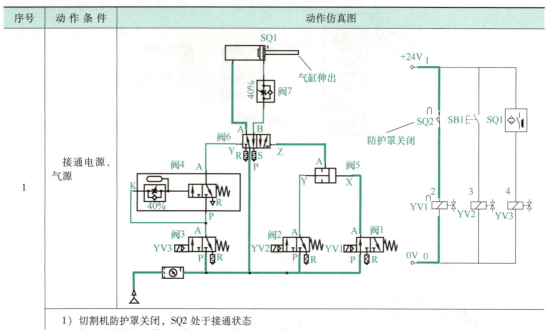 1）切割机防护罩关闭，SQ2 处于接通状态 2）气缸活塞杆处于伸出状态，切割机铡口为打开状态
2	按下起动按钮 SB1	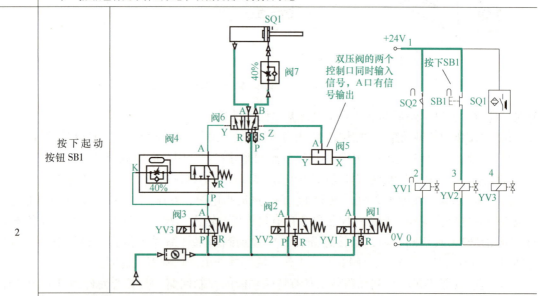 1）电路。 按下起动按钮 SB1→SB1 常开触头接通→YV2 得电 安全罩关闭→行程开关 SQ2 接通→YV1 得电 2）气路。YV1 得电→阀 1 工作于左位；YV2 得电→阀 2 工作于左位 信号回路 气源→三联件→阀 1 P 口→阀 1 A 口→阀 5 X 口→阀 5 A 口→阀 6 Z 口→阀 6 工作于右位 气源→三联件→阀 2 P 口→阀 2 A 口→阀 5 Y 口 主回路进气：气源→三联件→阀 6 P 口→阀 6 B 口→阀 7（节流阀）→气缸有杆腔→活塞杆慢速缩回，开始切割物料 主回路排气：气缸无杆腔→阀 6 A 口→阀 6 R 口→消声器排出

（续）

序号	动 作 条 件	动 作 仿 真 图
3	松开起动按钮 SB1，气缸活塞杆缩回过程中	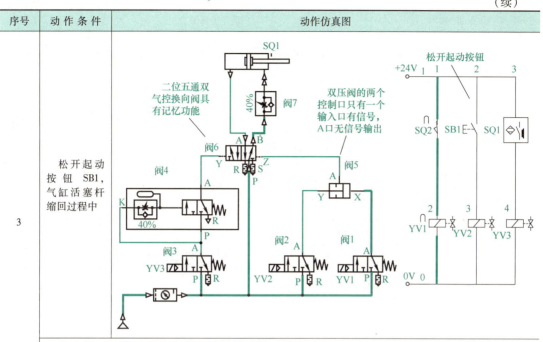

1）电路。松开按钮 SB1→SB1 常开触头断开→YV2 失电。
2）气路。
信号回路：YV2 失电→阀 2 工作于右位→阀 2 A 口停止输出→阀 5 关闭→阀 6 Z 口输入信号终止
主回路：阀 6 Z 口输入信号终止、Y 口无信号输入→阀 6 维持原有状态→活塞杆移动方向不变，继续切割物料

| 4 | 气缸活塞杆缩回到位，SQ1 动作 | 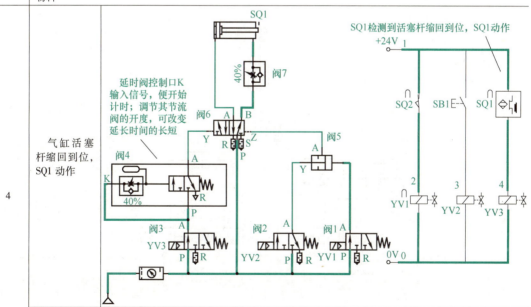 |

1）电路。气缸活塞杆缩回到位，SQ1 动作→SQ1 常开触头接通→YV3 得电
2）气路。YV3 得电→阀 3 工作于左位
信号回路：气源→三联件→阀 3 P 口→阀 3 A 口→阀 4 K 口、P 口→阀 4 开始计时
主回路：阀 6 Z 口、Y 口均无信号输入→阀 6 维持原有状态→气缸活塞杆到位暂停 2s，有效切断物料

(续)

序号	动作条件	动作仿真图
5	计时2s到	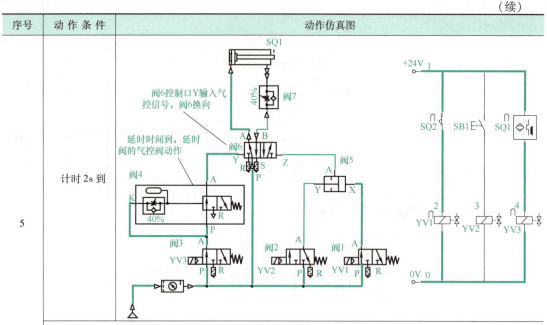

1)电路。电路未发生状态变化
2)气路。计时2s到→阀4工作于左位
　信号回路：气源→三联件→阀3 P口→阀3 A口→阀4 P口→阀4 A口→阀6 Y口→阀6工作于左位
　主回路进气：气源→三联件→阀6 P口→阀6 A口→气缸无杆腔→气缸活塞杆快速伸出，切割刀具开始返回
　主回路排气：气缸有杆腔→阀7（单向阀）→阀6 B口→阀6 S口→消声器排出

序号	动作条件	动作仿真图
6	气缸活塞杆伸出后	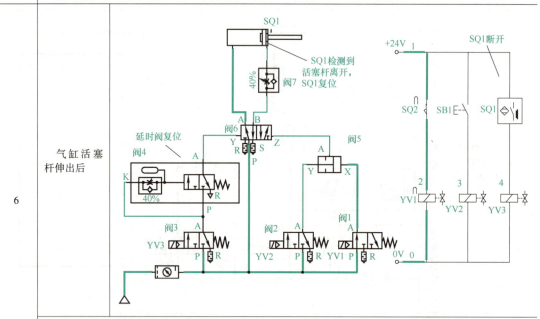

1)电路。气缸活塞杆伸出后→接近开关SQ1断开→YV3失电
2)气路。
　信号回路：YV3失电→阀3工作于右位，A口输出关闭→阀4复位，A口输出关闭→阀6 Y口输入信号终止
　主回路：阀6 Y口输入信号终止、Z口无信号输入→阀6维持原有状态→活塞杆移动方向不变，继续伸出直至到位完成一次物料切割，等待下一次起动

项目四　切割机控制回路的安装与调试

操作指导

施工前,施工者应根据要求制订施工计划,合理安排进度,做到定额时间内完成施工作业。施工过程中要严格遵守安全操作规程和作业指导规范,确保安全,保证设备安装工艺和作业质量。操作流程如图 2-8 所示。

1. 施工准备

1)设备清点。按表 4-2 清点设备型号规格及数量,并归类放置。

表 4-2　设备清单

序号	名　称	型号规格	数量	单位	备注
1	安装平台		1	台	
2	空气压缩机	WY5.2	1	台	
3	三联件	AC2000	1	只	
4	双作用单出杆气缸	MA20×100-S-CA	1	只	磁性
5	二位五通双气控换向阀	4A120-06	1	只	
6	双压阀	STH-01	1	只	
7	单电控换向阀	3V110-06-NC	3	只	
8	二位三通延时阀	XQ23-04-50	1	只	
9	单向节流阀	ASC100-06	1	只	
10	手阀	AHVSF06-01B	1	只	
11	直角接头	APL6-01	2	只	
12	直通接头	APC6-01	若干	只	
13	三通接头	APE6	若干	只	
14	消声器	BSL-01	6	只	
15	电感式接近开关	LJ12A3-4-Z/EX	1	只	
16	行程开关	LX19-111	1	只	
17	电源模块		1	个	
18	按钮模块		1	个	
19	导线		若干	根	
20	气管	US98A-060-040	若干	m	
21	尼龙扎带	3mm×100mm	若干		
22	生料带		若干		

2)工量具清点。工量具清单见表 1-6,施工者应清点工量具的数量,同时认真检查其性能是否完好。

3)图样准备。施工前准备好设备控制回路图、设备布局图,供作业时查阅。切割机控制回路的设备布局图如图 4-13 所示。

2. 气动回路安装

(1)元器件固定

1)安装固定三联件。根据表 1-7 安装固定三联件。

73

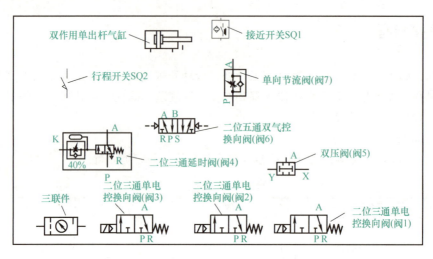

图 4-13 设备布局图

2) 安装固定单电控换向阀。根据表4-3安装固定二位三通单电控换向阀。

表 4-3 安装固定二位三通单电控换向阀

操作步骤	操作图示	操作说明
1		准备好二位三通单电控换向阀、消声器和直通接头，并有序放置；连接固定直通接头、消声器与二位三通单电控换向阀，紧固时用力要适中，避免损坏
2		将二位三通单电控换向阀线圈的连接导线与外部插线端子相连，并将它安装于底座上
3		根据设备布局图将三个二位三通单电控换向阀固定在安装平台上

项目四 切割机控制回路的安装与调试

3) 安装固定双气控换向阀。根据表4-4安装固定二位五通双气控换向阀。

表4-4 安装固定二位五通双气控换向阀

操作步骤	操作图示	操作说明
1	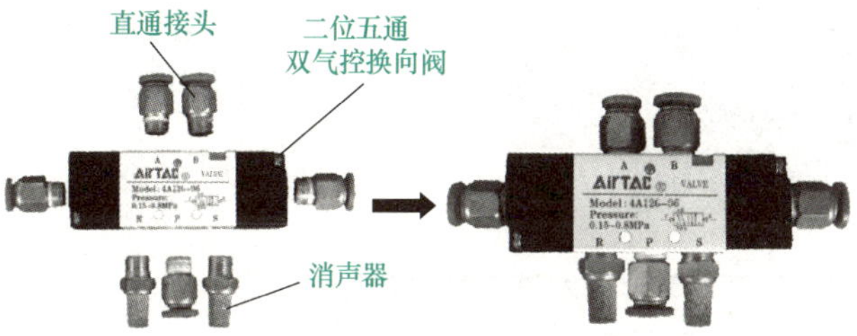	准备好二位五通双气控换向阀、消声器和直通接头，并有序放置；连接固定直通接头、消声器与二位五通双气控换向阀，紧固时用力要适中，避免损坏
2	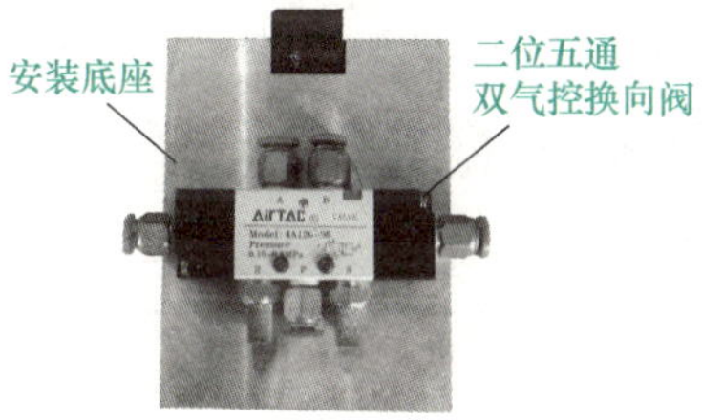	在安装底座上固定二位五通双气控换向阀，安装要牢固、可靠
3	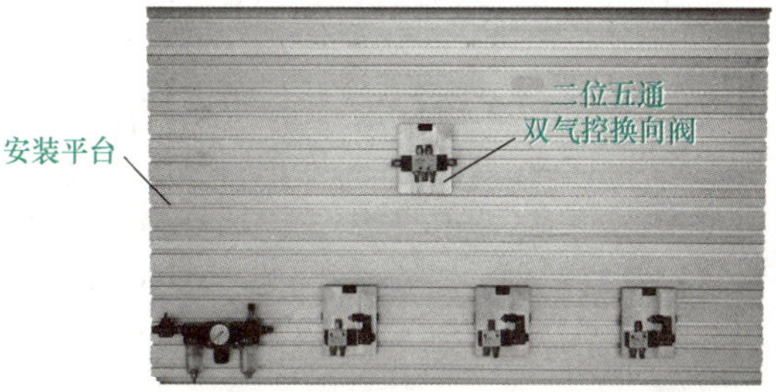	根据设备布局图将二位五通双气控换向阀固定在安装平台上

4) 安装固定延时阀。根据表4-5安装固定二位三通延时阀。

表4-5 安装固定二位三通延时阀

操作步骤	操作图示	操作说明
1	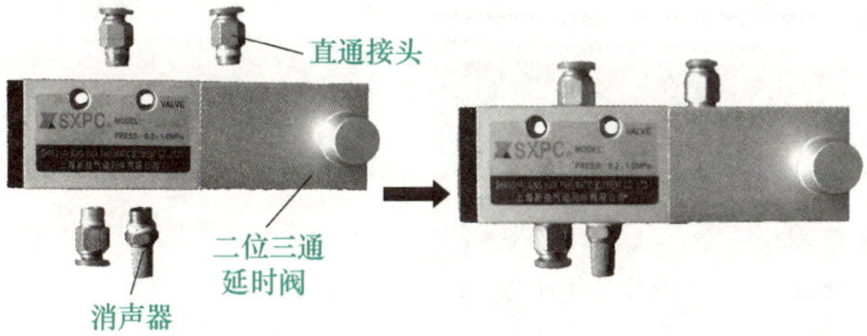	准备好二位三通延时阀、直通接头和消声器，并有序放置；连接固定二位三通延时阀、直通接头和消声器，紧固时用力要适中，避免损坏

75

（续）

操作步骤	操作图示	操作说明
2	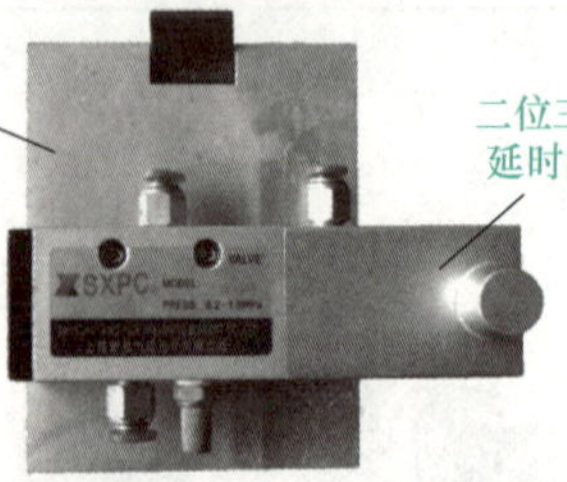 安装底座　二位三通延时阀	在安装底座上固定二位三通延时阀，安装要牢固、可靠
3	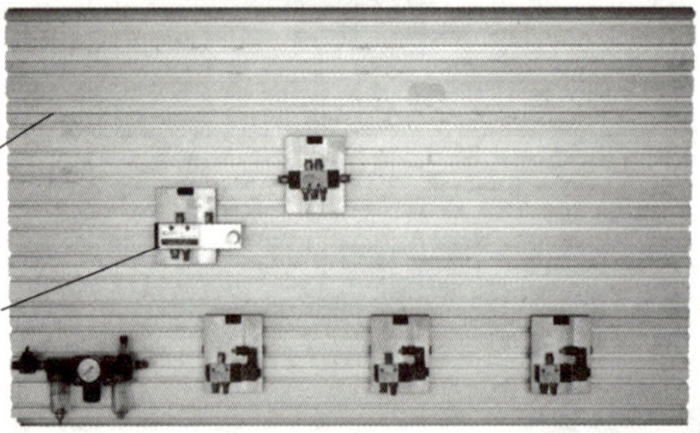 安装平台　二位三通延时阀	根据设备布局图将二位三通延时阀固定在安装平台上

5）安装固定双压阀。根据表4-6安装固定双压阀。

表4-6　安装固定双压阀

操作步骤	操作图示	操作说明
1	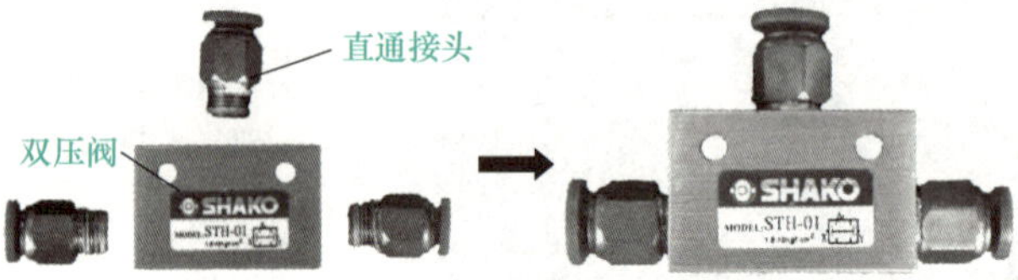 双压阀　直通接头	准备好双压阀和直通接头，并有序放置；连接固定双压阀和直通接头，紧固时用力要适中，避免损坏
2	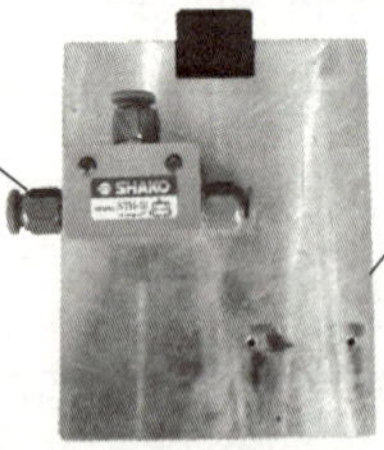 双压阀　安装底座	在安装底座上固定双压阀，安装要牢固、可靠
3	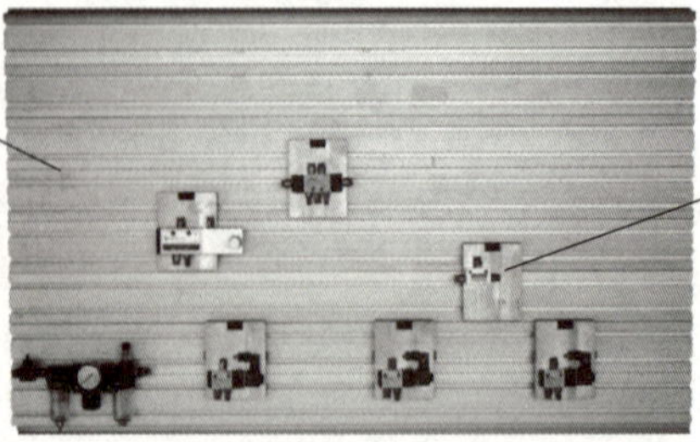 安装平台　双压阀	根据设备布局图将双压阀固定在安装平台上

项目四 切割机控制回路的安装与调试

6）安装固定单向节流阀。根据表4-7安装固定单向节流阀。

表4-7 安装固定单向节流阀

操作步骤	操 作 图 示	操 作 说 明
1	准备好单向节流阀和直通接头，并有序放置，见表2-4	
2	连接单向节流阀和直通接头，紧固时用力要适中，避免损坏	
3	在安装底座上固定单向节流阀，安装要牢固、可靠	
4		根据设备布局图将单向节流阀固定在安装平台上

7）安装固定气缸。根据表4-8安装固定双作用单出杆气缸。

表4-8 安装固定双作用单出杆气缸

操作步骤	操 作 图 示	操 作 说 明
1	准备好双作用单出杆气缸和直通接头，并有序放置	
2	连接双作用单出杆气缸和直通接头，紧固时用力要适中，避免损坏	
3	在安装支架上固定双作用单出杆气缸，安装要牢固、可靠	
4		根据设备布局图将双作用单出杆气缸固定在安装平台上

8）安装固定接近开关。根据表4-9安装固定电感式接近开关。

表4-9 安装固定电感式接近开关

操作步骤	操 作 图 示	操 作 说 明
1	准备好电感式接近开关、螺钉、螺母和安装支架，并有序放置	
2	接近开关的引线焊接到插线端子上，再将其固定在安装底座上，安装要牢固、可靠	
3		根据设备布局图将电感式接近开关固定在安装平台上

77

9）安装固定行程开关。根据表4-10安装固定行程开关。

表4-10 安装固定行程开关

操作步骤	操作图示	操作说明
1	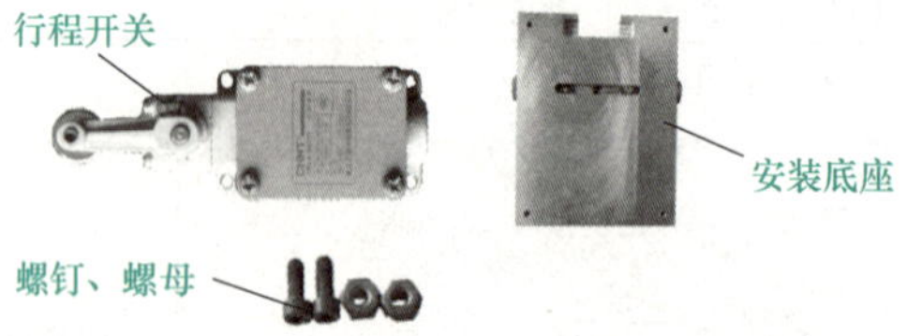	准备好行程开关、螺钉、螺母和安装底座，并有序放置
2	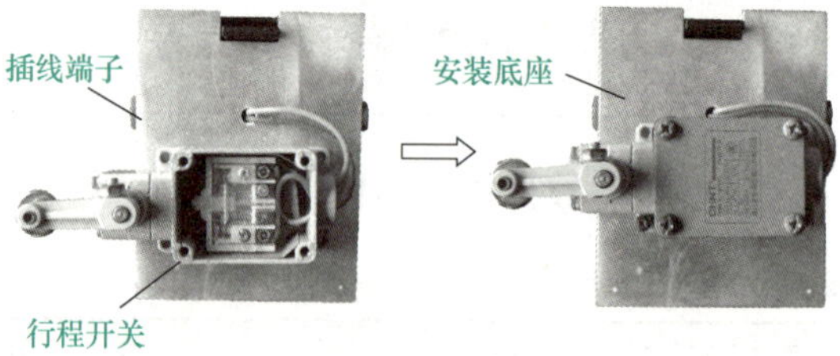	将行程开关的引线焊接到插线端子上，再将其固定于安装底座上，安装要牢固、可靠
3	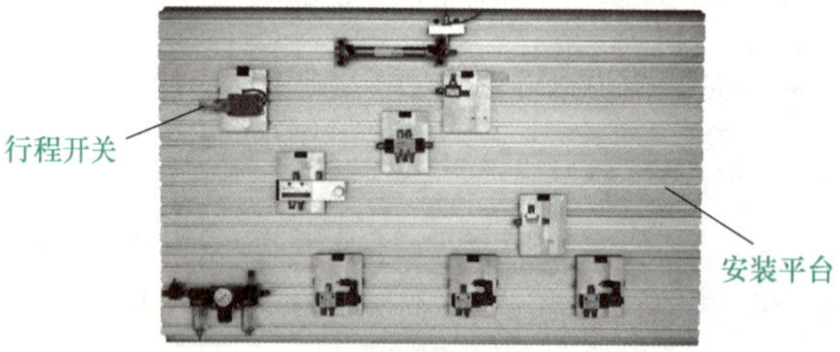	根据设备布局图将行程开关固定在安装平台上

（2）气动回路连接 根据切割机控制回路图（图4-2）按表4-11搭接气路。

表4-11 气路搭接

操作步骤	操作图示	操作说明
1	气管的一端连接空气压缩机输出口上的手滑阀，另一端连接三联件输入口的手阀，将气体引至三联件	
2	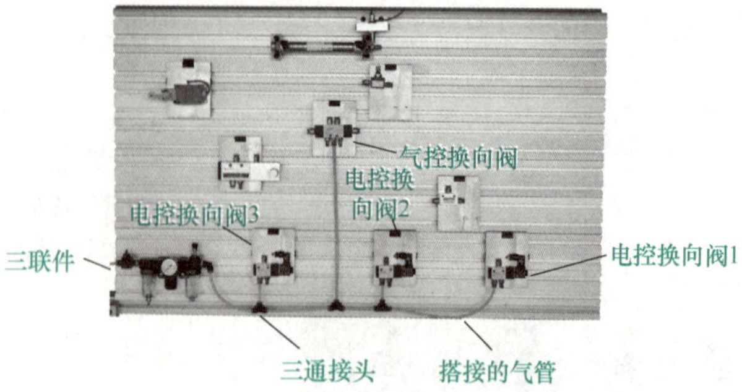	气管通过三通接头连接三联件的出口与三个电控换向阀和一个气控换向阀的P口，将气体引到电控换向阀与气控换向阀

项目四　切割机控制回路的安装与调试

（续）

操作步骤	操作图示	操作说明
3	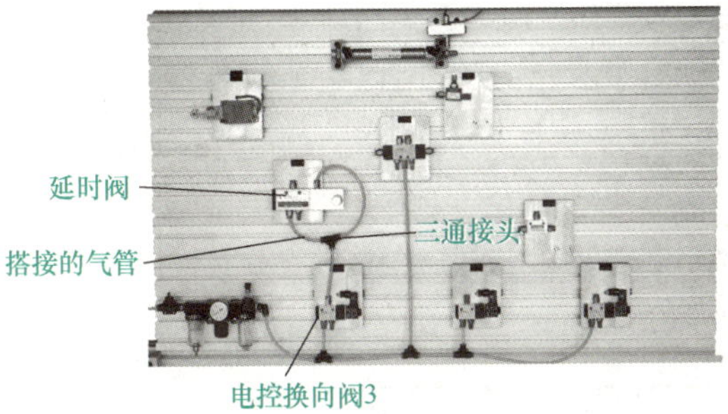	气管通过三通接头连接电控换向阀3的A口与延时阀的P口、K口，将气体引到延时阀
4	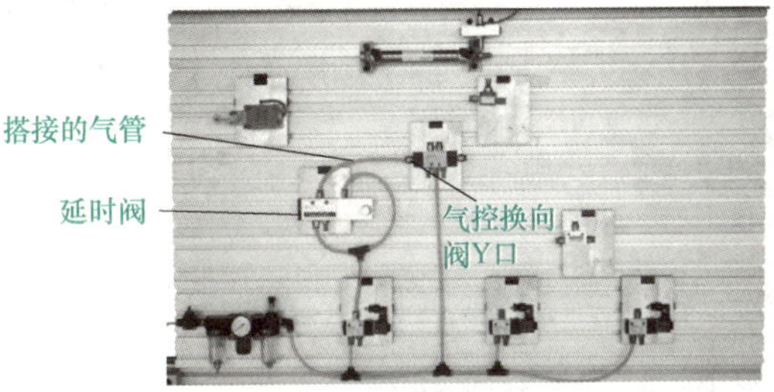	用气管连接延时阀的A口和气控换向阀的Y口，将气控信号引到气控换向阀的控制口Y
5	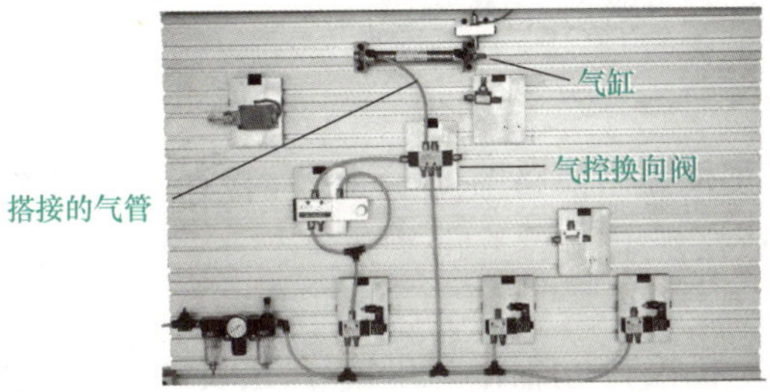	用气管连接气控换向阀的A口和气缸无杆腔的进气口，将压缩空气引到气缸无杆腔
6	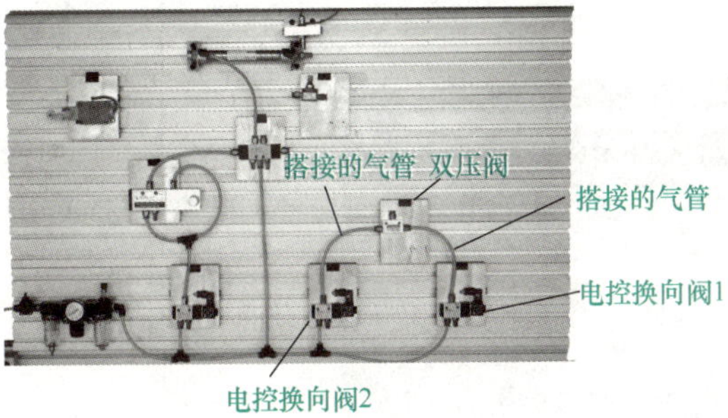	两根气管分别连接电控换向阀1和电控换向阀2的A口和双压阀的X口、Y口，将气控信号引到双压阀的控制口

（续）

操作步骤	操作图示	操作说明
7	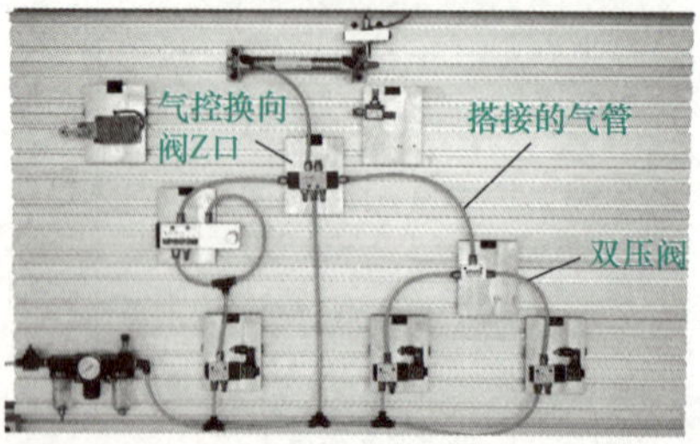 气控换向阀Z口／搭接的气管／双压阀	用气管连接双压阀的A口和气控换向阀的Z口，将气控信号引到气控换向阀的控制口Z
8	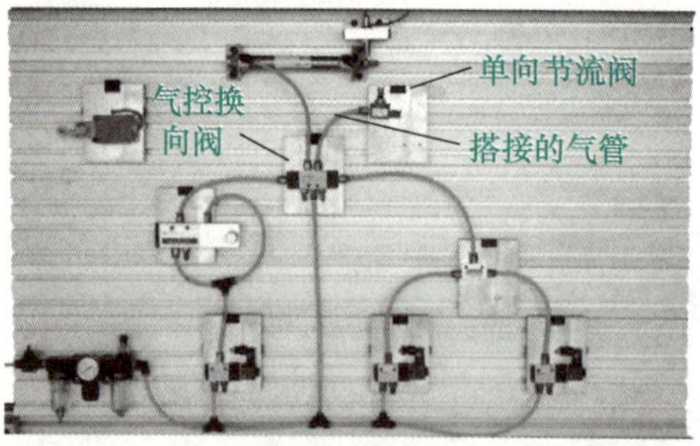 气控换向阀／单向节流阀／搭接的气管	用气管连接气控换向阀的B口和单向节流阀的P口，将压缩空气引至单向节流阀
9	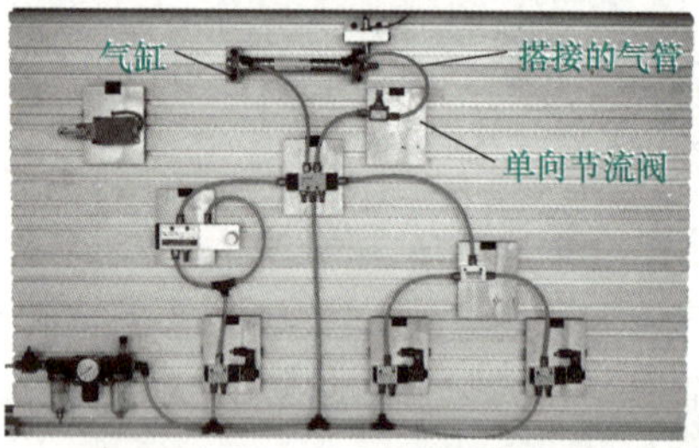 气缸／搭接的气管／单向节流阀	用气管连接单向节流阀的A口和气缸有杆腔的进气口，将压缩空气引到气缸有杆腔，最后整理气管

（3）气动回路检查 对照切割机控制回路图（图4-2）检查气动回路的正确性、可靠性，绝不允许调试过程中有气管脱落现象。

3. 电气回路安装

（1）电气回路连接 根据切割机控制回路图（图4-2）按表4-12搭接电路。

表4-12 电路搭接

序号	操作图示	操作说明
1	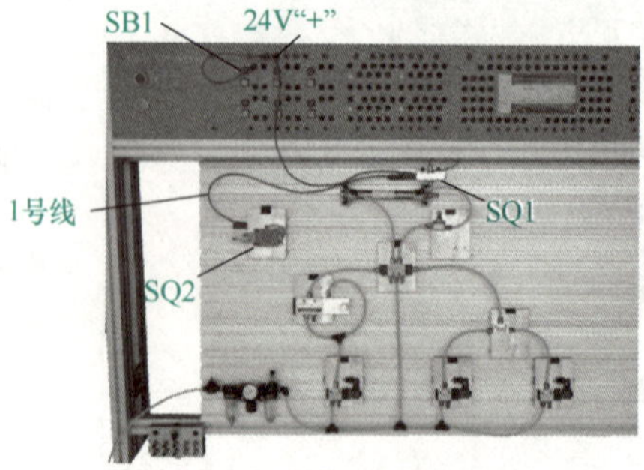 SB1／24V"+"／1号线／SQ1／SQ2	搭接1号线 顺序：SB1→24V"+"→SQ1→SQ2

项目四　切割机控制回路的安装与调试

（续）

序　号	操作图示	操作说明
2	(图示：SQ2、2号线、YV1线圈)	搭接2号线 顺序：SQ2→YV1线圈
3	(图示：SB1、3号线、YV2线圈)	搭接3号线 顺序：SB1→YV2线圈
4	(图示：SQ1、4号线、YV3线圈)	搭接4号线 顺序：SQ1→YV3线圈
5	(图示：24V"-"、0号线、YV3线圈、YV2线圈、YV1线圈)	搭接0号线 顺序：24V"-"→YV3线圈→YV2线圈→YV1线圈

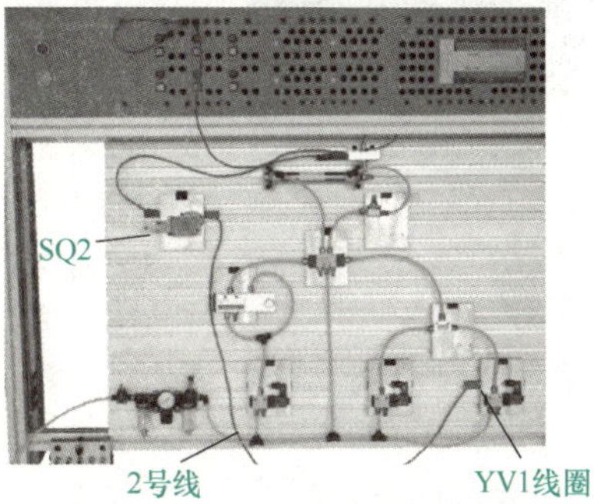

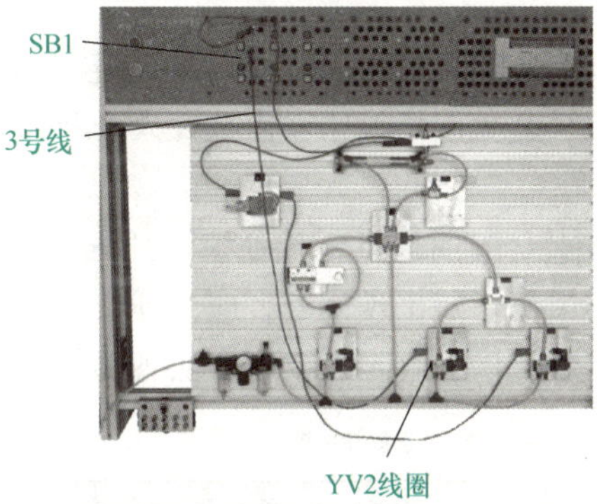

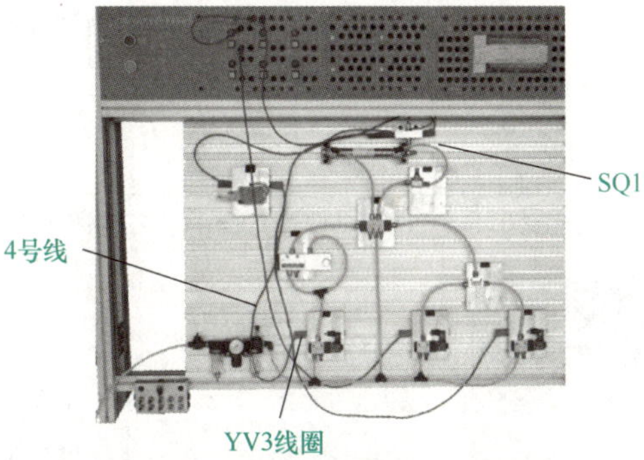

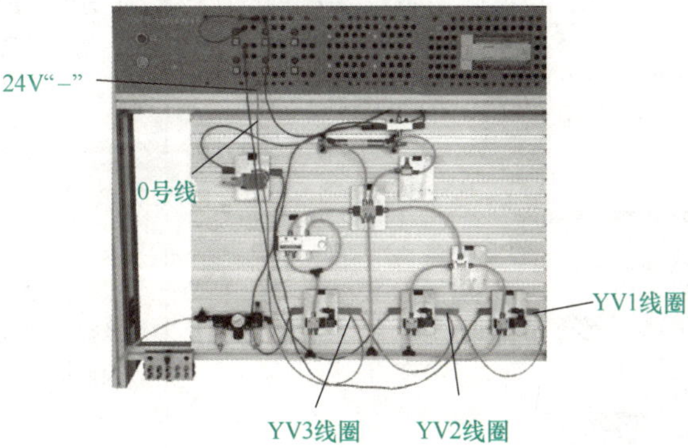

序 号	操作图示	操作说明
6	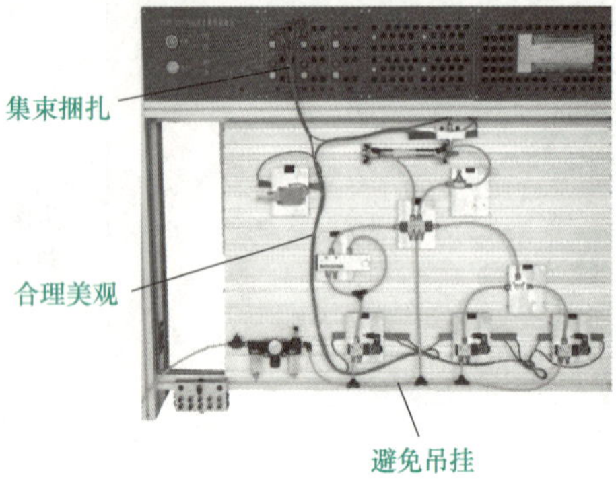 集束捆扎　合理美观　避免吊挂	工艺整理，用尼龙扎带对导线进行集束捆扎，做到合理美观，避免乱挂乱吊现象

（2）电气回路检查　根据切割机控制回路图（图 4-2）检查电路是否有接错线、掉线，接线是否牢固等，严禁出现短路现象，避免因接线错误而危及人身及设备安全。

4. 设备调试

清扫设备后，在确认人身和设备安全的前提下，接通空气压缩机电源，按表 4-13 调试设备。调试时要认真观察设备的动作情况，若出现问题，应立即切断电源、气源，避免扩大故障范围，待调整、检修或解决后重新调试，直至设备完全实现功能。

表 4-13　设备调试

操作步骤	操作图示	操作说明
1	先打开电源开关，起动空气压缩机压缩空气，等待气源充足，再向外滑动手滑阀，输出压缩空气，见表 1-13	
2	旋转手阀手柄，将气体引到三联件，并观察气路系统有无泄漏现象，若有，应立即解决，以确保调试工作在无气体泄漏条件下进行	
3	先下拉三联件调压手柄，将气压调整到 0.4~0.5MPa，调整完成后，将三联件调压手柄上压锁住	
4	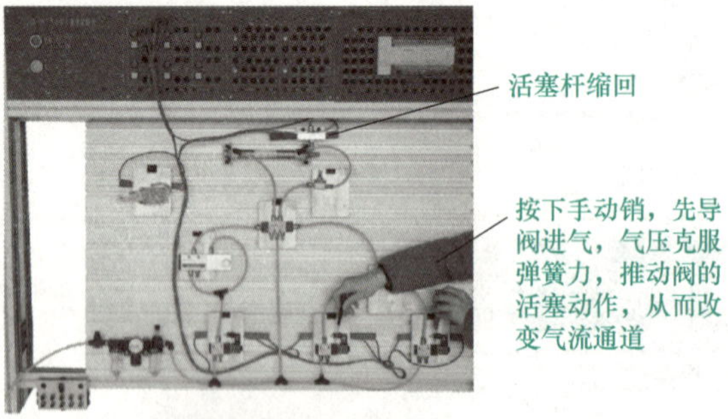 活塞杆缩回　按下手动销，先导阀进气，气压克服弹簧力，推动阀的活塞动作，从而改变气流通道	手动调试气动回路：同时按下电控换向阀 1 和电控换向阀 2 上的手动销，气缸活塞杆缩回，切割刀具下降，切割物料
5	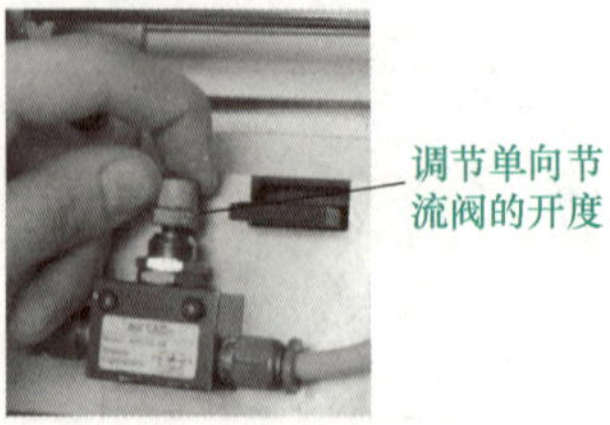 调节单向节流阀的开度	采用的是进气节流方式，调节单向节流阀的开度，使切割物料时的速度缓慢

(续)

操作步骤	操作图示	操作说明
6	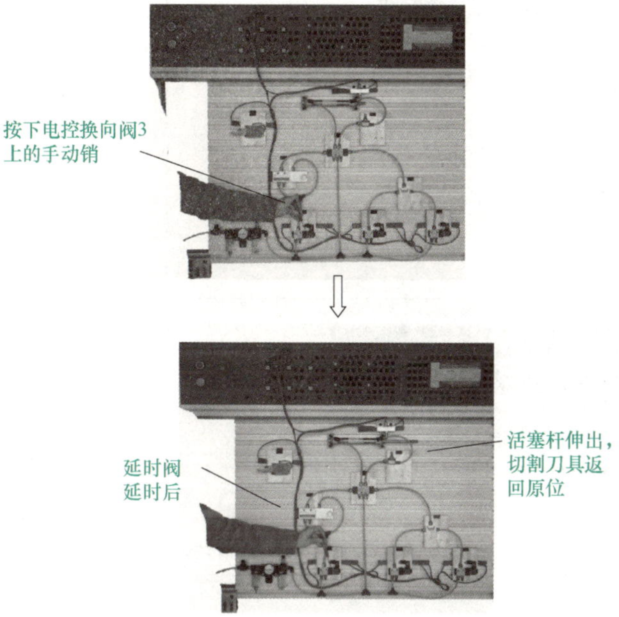 按下电控换向阀3上的手动销 延时阀延时后　　活塞杆伸出，切割刀具返回原位	按下电控换向阀3上的手动销，延时阀延时后，切割刀具上升，返回原位
7	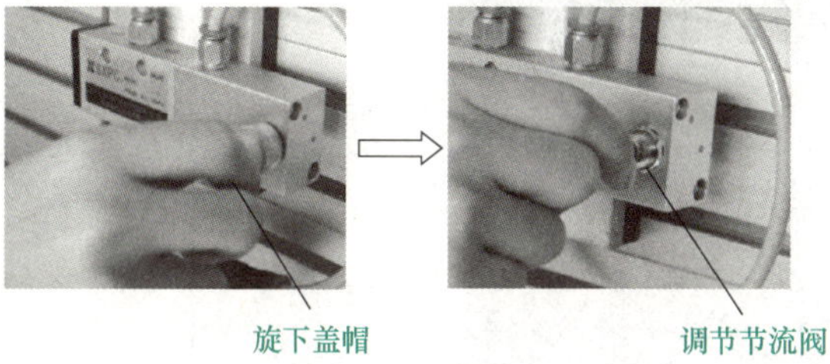 旋下盖帽　　调节节流阀	旋下延时阀上盖帽，调节节流阀开度，设定延时时间为2s
8	气路手动调试完毕后，顺时针旋转手阀手柄，关闭气源	
9	传感器调整步骤：按下电源起动按钮，其指示灯点亮，警示实验平台有电了	
10	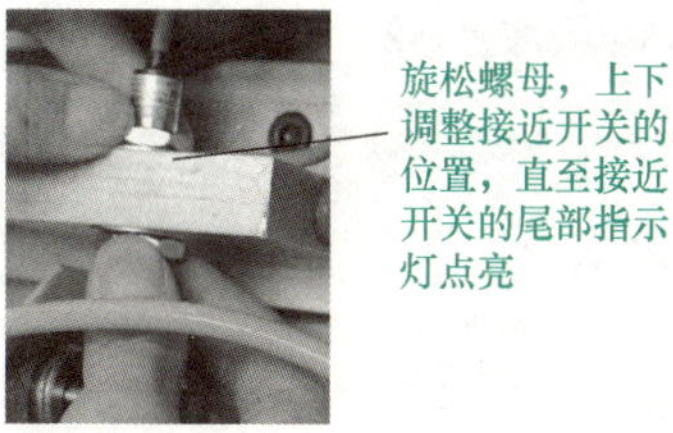 旋松螺母，上下调整接近开关的位置，直至接近开关的尾部指示灯点亮	将气缸活塞杆缩回到位，旋松接近开关的螺母，上下调整位置，直至接近开关感应到为止
11	传感器位置调整完成后，逆时针旋转手阀手柄，接通气源	

（续）

操作步骤	操 作 图 示	操 作 说 明
12	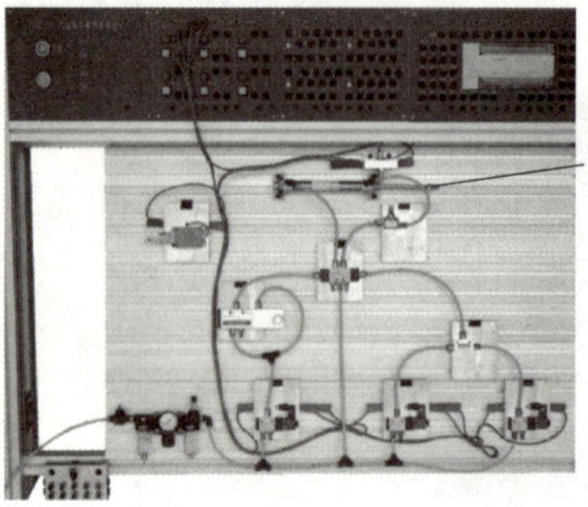	气源接通后，气缸活塞杆伸出，切割刀具返回原位
13	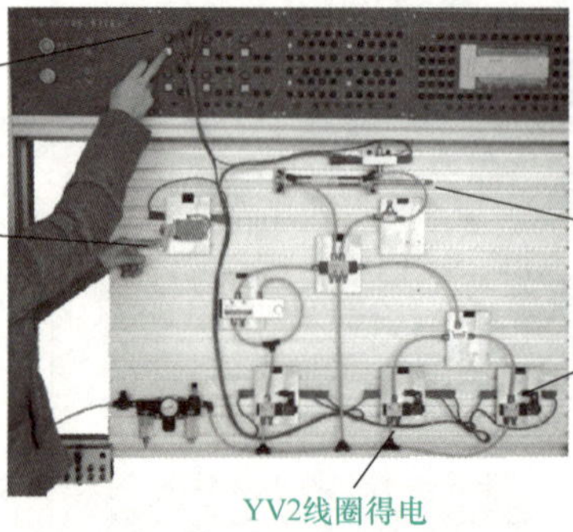	按下行程开关 SQ2（模拟盖上安全罩），YV1 线圈得电 再按下 SB1，YV2 线圈得电，气缸活塞杆开始缩回，缓慢切割物料
14	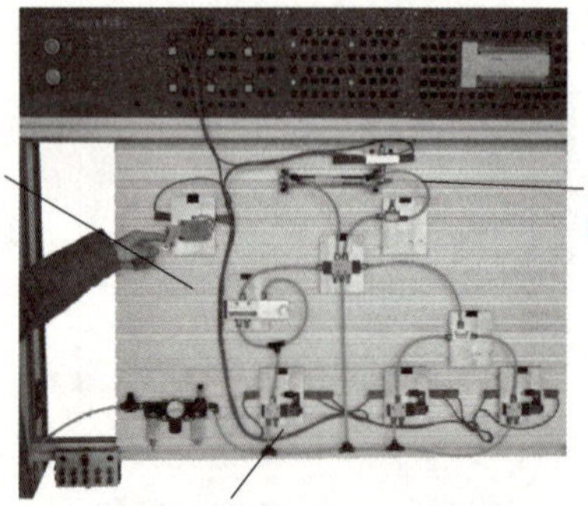	当刀具切割到底后，到位开关 SQ1 动作，YV3 线圈得电，延时阀开始延时
15	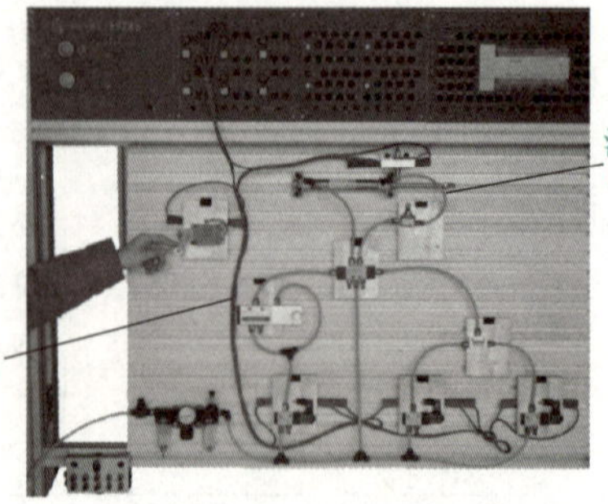	延时阀延时 2s 后，活塞杆伸出，切割机快速复位，准备下次切割

（续）

操作步骤	操作图示	操作说明
16	试运行几次，观察设备运行情况，确保设备合格、稳定、可靠	
17	按下电源起动按钮后弹出，关闭电源	
18	顺时针旋转手阀手柄，关闭气源	
19	向内滑动手滑阀，关闭气源系统，向下压回电源开关，压缩机停止工作	

5. 现场清理

设备调试完毕，要求施工者清点工量具、归类整理资料，并清扫现场卫生。

1）清点工量具。对照工量具清单清点工量具，并按要求装入工量具箱。
2）资料整理。整理归类技术说明书、设备清单、控制回路图、设备布局图等资料。
3）清扫设备周围卫生，保持环境整洁。
4）填写设备安装登记表，记载设备调试过程中出现的问题及解决的办法。

质量记录

设备质量记录表见表4-14。

表4-14 设备质量记录表

验收项目及要求		配分	配分标准	扣分	得分	备注
设备组装	1. 设备部件安装可靠、正确 2. 气路连接正确，规范美观 3. 电路连接正确，接线规范	35	1. 部件安装位置错误，每处扣5分 2. 部件安装不到位、零件松动，每处扣5分 3. 气管连接错误，每处扣5分 4. 气路漏气、掉管，每处扣5分 5. 气管过长、过短、乱接，每处扣5分 6. 电路连接错误，每处扣5分 7. 导线松动，布线凌乱，扣5分			
设备功能	1. 电控换向阀1得电、失电正常 2. 电控换向阀2得电、失电正常 3. 电控换向阀3得电、失电正常 4. 气缸活塞杆伸缩正常 5. 活塞杆缩回速度调整正常 6. 延时阀延时调整正常	60	1. 电控换向阀1未按要求工作，扣10分 2. 电控换向阀2未按要求工作，扣10分 3. 电控换向阀3未按要求工作，扣10分 4. 气缸活塞杆未按要求伸出、缩回，扣20分 5. 切割速度未按要求调整，扣5分 6. 延时阀未按要求调整，扣5分			
设备附件	资料齐全，归类有序	5	1. 图样数缺少，扣3分 2. 技术说明书、工量具清单、设备清单缺少，扣2分			

(续)

验收项目及要求		配分	配分标准	扣分	得分	备注
安全生产	1. 自觉遵守安全文明生产规程 2. 保持现场干净整洁，工具摆放有序		1. 每违反1项规定，扣5分 2. 发生安全事故，按0分处理 3. 现场凌乱、乱摆放工具、乱丢杂物、完成任务后不清理现场，扣5分			
时间	2h		提前正确完成，每5min加1分 超过定额时间，每5min扣1分			
开始时间			结束时间		总分	

项目拓展

图4-2采用电、气间接控制方式实现了切割机切割物料的控制功能。图4-14则选用气、电直接控制方式实现切割机慢速切割物料、快速返回功能，其主控阀为二位五通双电控换向阀，时间控制用定时器来完成。

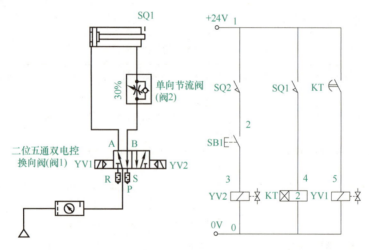

图4-14 切割机的气、电直接控制回路图

SQ2动作，切割机防护罩关闭，气缸活塞杆处于伸出状态，切割机铡口打开。按下起动按钮SB1，YV2得电，阀1右位工作，活塞杆慢速缩回，带动切割刀具切割物料；活塞杆缩回到位，接近开关SQ1动作，KT线圈得电，计时开始。计时结束，KT常开触头关闭，YV1得电，阀1左位工作，活塞杆快速伸出，切割刀具返回。活塞杆伸出后，SQ1断开，KT线圈失电，KT常开触头断开，YV1失电，一次物料切割完成，等待下次起动。

项目五

压装装置控制回路的安装与调试

学习目标

1. 认识快速排气阀、压力控制器等气动控制元件，知道它们的结构和符号，并会识别、安装及使用。
2. 认识 PLC，了解它的结构，并会识别、安装及使用。
3. 认识磁性开关等电气元件，了解它们的结构和符号，并会识别、安装及使用。
4. 会识读压装装置控制回路图，并能说出其控制回路的动作过程。
5. 会根据压装装置控制回路图、设备布局图正确安装、调试其控制回路。
6. 拓展认识梭阀和压力顺序阀等气动元件，并学会其在气动控制回路中的应用。

项目简介

全自动包装机的压装装置结构示意图如图 5-1 所示，其工作要求：当按下起动按钮 SB1 后，气缸活塞杆伸出，对物品进行压装，压实物品后仍停留 3.5s，然后气缸活塞杆快速返回，到位后活塞杆重新伸出对物料进行压装，如此往复循环，直至按下停止按钮 SB2，压装装置才停止工作。为了保证气缸活塞杆在压装过程中运行平稳，要求下压运行速度可以调节。同时要求，若工作区间内没有压装的物品，则当气缸活塞移到 SQ2 位置时，活塞杆快速返回。由于压装物品的不同，有时还需要对系统的压力进行调整。图 5-2 所示为压装装置控制回路图和梯形图。

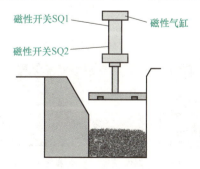

图 5-1　全自动包装机的压装装置结构示意图

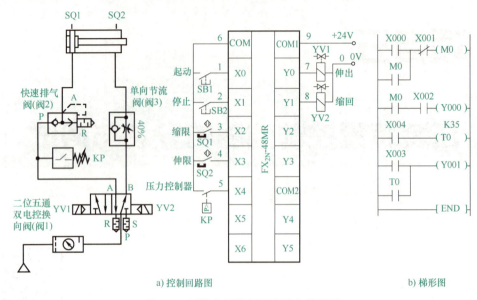

a) 控制回路图　　　　　　　　　　　　　　b) 梯形图

图 5-2　压装装置控制回路图和梯形图

 知识储备

1. 气路元件

（1）快速排气阀　也称为快排阀，常安装在换向阀和气缸之间，使气缸的排气不通过换向阀而直接快速排出，从而达到迅速提高气缸活塞杆运动速度的目的。

图 5-3 所示为快速排气阀的结构与符号。它主要由阀体、阀盘等组成。如图 5-3a、b 所示，当气流从进气口 P 流入时，气流作用下阀盘右移，排气口 R 口封闭，气流从工作口 A 口正常通过，快速排气阀处于正常供气状态。

a) 供气状态时的结构示意图　　b) 供气状态时的实物图　　c) 符号

d) 排气状态时的结构示意图　　e) 排气状态时的实物图

图 5-3　快速排气阀的结构与符号

如图 5-3d、e 所示，若压缩空气从工作口 A 输入，阀盘便将 P 口封闭，空气从排气口 R 迅速排空，此时快速排气阀处于迅速排气状态。

（2）压力控制器　图 5-4 所示为压力控制器。它是一种将气压信号转换成电信号的元件，主要用于检测压力的大小或有无，并发出电信号给控制回路。

图 5-4　压力控制器

图 5-5 所示为压力控制器的结构与符号。它主要由感受压力变化的压力敏感元件、压力调整装置和电气开关等组成。当高压气体进入 A 室后，膜片受压产生推力，推动圆盘和顶杆克服弹簧力向上移动，同时带动爪枢，使微动开关接通或断开。

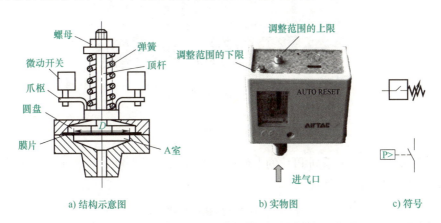

a) 结构示意图　　　　b) 实物图　　　　c) 符号

图 5-5　压力控制器的结构与符号

2. 电路元件

（1）可编程控制器（PLC）　可编程控制器是一种专门为工业环境下应用而设计的数字运算操作的电子装置，简称为 PC 或 PLC，人们习惯称它为 PLC。图 5-6 所示为日本三菱公司生产的 FX 系列 PLC。

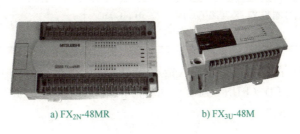

a) FX_{2N}-48MR　　　　b) FX_{3U}-48M

图 5-6　日本三菱公司生产的 FX 系列 PLC

1）面板组成。FX 系列 PLC 的面板主要由外部接线端子、指示部分和接口部分等组成，如图 5-7 所示。

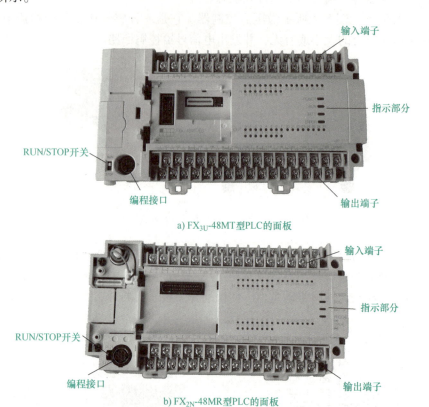

a) FX$_{3U}$-48MT型PLC的面板

b) FX$_{2N}$-48MR型PLC的面板

图 5-7　面板组成

① 外部接线端子。FX 系列 PLC 的上侧端子为输入端子，PLC 的下侧端子为输出端子。外部接线端子及其用途见表 5-1。

表 5-1　外部接线端子及其用途

端子分类	端子名称	用　途
输入端子	电源端子（L、N）、接地端子⏚	用于 PLC 引入外部电源
	输入信号端子 X、公共端子 COM	用于连接 PLC 与输入设备
输出端子	电源端子（+24、COM）	用于 PLC 提供 24V 直流电源输出，常作为外部传感器的电源使用
	输出信号端子 Y，公共端子 COM0、COM1、COM2、COM3	用于连接 PLC 与输出设备

② 指示部分。PLC 的指示部分由输入指示 LED、输出指示 LED、电源指示 LED（POWER LED）、运行指示 LED（RUN LED）和程序出错指示 LED（ERROR LED）等组成，各部分的动作情况见表 5-2。

表 5-2 指示 LED 及其动作情况

LED 名称	动作情况
输入指示 LED	外部输入开关闭合时，对应的 LED 点亮
输出指示 LED	程序驱动输出继电器动作时，对应的 LED 点亮
电源指示 LED	PLC 处于通电状态时，LED 点亮
运行指示 LED	PLC 运行时，LED 点亮
程序出错指示 LED	程序错误时，LED 闪烁；CPU 错误时，LED 点亮

③ 接口部分。打开 PLC 的接口盖板和面板盖板，可看到常用的外部接口。常用外部接口及其用途见表 5-3。

表 5-3 常用外部接口及其用途

接口名称	用途
选件连接用接口	用于连接存储卡盒、功能扩展板
扩展连接用接口	用于连接输入、输出扩展单元
编程设备连接用接口	用于连接 PLC 与手持编程器或计算机
RUN/STOP 开关	将其拨至"RUN"位置时，PLC 运行；拨至"STOP"位置时，PLC 停止运行，用户可以进行程序的读写、编辑和修改

2) 软元件。编写 PLC 的用户程序时，需要借助指令和编程元件表达，考虑到工程人员的习惯，部分编程元件（又称为软元件）按类似于继电器电路中的元器件分类，如输入继电器、输出继电器、辅助继电器、定时器等。

① 输入继电器。PLC 每一个输入点都有一个对应的输入继电器，用编号 X□□□ 表示。PLC 输入点的状态由输入信号决定，即输入继电器的线圈只能由输入设备驱动，当某一输入点端子与公共端 COM 点接通时，该输入继电器线圈得电，其常开触头接通，常闭触头断开；反之该输入继电器线圈失电，其触头恢复常态。故程序中不会出现输入继电器的线圈，编程时使用其常开、常闭触头即可。

编号：三菱 FX 系列 PLC 输入继电器的编号从 X000 开始，采用八进制。必须注意的是，程序设计使用的输入继电器编号不得超过所用 PLC 输入点的范围，否则无效。

符号：输入继电器的符号如图 5-8 所示。

② 输出继电器。PLC 每一个输出点都有一个对应的输出继电器，用编号 Y□□□ 表示。输出继电器主要用于驱动外部负载，当某一输出继电器线圈接通时，与之连接的外部负载接通电源工作；反之该负载断电停止工作，所以输出继电器的线圈只能由用户程序驱动，其常开、常闭触头只作为其他软元件的工作条件在程序中出现。

编号：FX 系列 PLC 输出继电器的编号从 Y000 开始，采用八进制编号。与输入继电器一样，进行程序设计时，使用的输出继电器编号不得超过所用 PLC 输出点的范围。

符号：输出继电器的符号如图 5-9 所示。

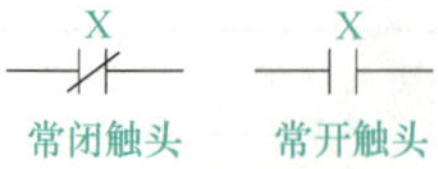

X
X
常闭触头
常开触头

图 5-8 输入继电器的符号

Y
Y
Y
常闭触头
常开触头
线圈

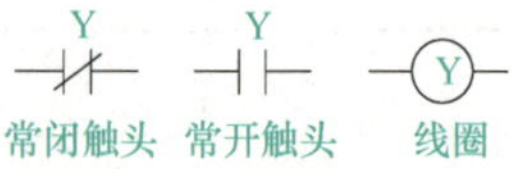

图 5-9 输出继电器的符号

③ 通用型辅助继电器。通用型辅助继电器的用途与继电器电路中的中间继电器相似，常用于中间状态的存储及信号类型的变换，作为程序辅助运算用。

编号：FX 系列 PLC 通用型辅助继电器的编号从 M0 开始，采用十进制编号，其编号范围要根据 PLC 系列的不同而定。

符号：辅助继电器的符号如图 5-10 所示。与输出继电器一样，辅助继电器的线圈只能由程序驱动。编程时，其触头可以任意使用，但不能用它直接驱动输出设备。

④ 100ms 定时器。定时器相当于继电器电路中的时间继电器，在程序中主要用作时间控制。

编号：FX 系列 PLC 的 100ms 定时器编号从 T0 开始，采用十进制编号，其编号范围要根据 PLC 系列的不同而定。

符号：定时器的符号如图 5-11 所示。

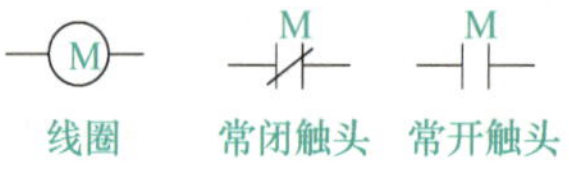

M
M
M
线圈
常闭触头
常开触头

图 5-10 辅助继电器的符号

T
K?
T
T
线圈
常闭触头
常开触头

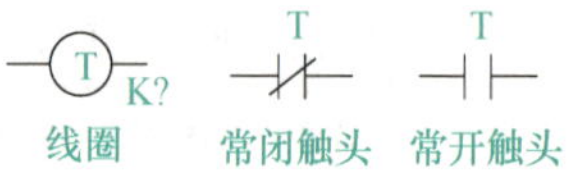

图 5-11 定时器的符号

定时时间的计算：定时时间 $t = 100\text{ms} \times \text{K?}$（“K?”称为设定值），其中“K?”的设定范围为 0～32767。如设定值为 K20，则定时时间 $t = 100\text{ms} \times 20 = 2\text{s}$。

⑤ 通用型计数器。

编号：FX 系列 PLC 的通用型计数器的编号从 C0 开始，采用十进制编号，其编号范围要根据 PLC 系列的不同而定。

C
K?
C
C
线圈
常闭触头
常开触头

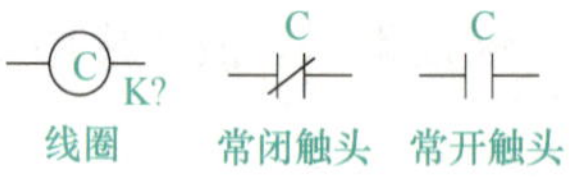

图 5-12 计数器的符号

符号：计数器的符号如图 5-12 所示，与定时器类似，“K?”是计数器的设定值，其设定范围是 0～32767。

（2）磁性开关 磁性开关是利用磁性物体的磁场作用来实现对物体感应的，从而检测气缸活塞的位置。

图 5-13 所示为磁性开关的结构与符号。当带磁环的气缸活塞移动到磁性开关所在的位置时，磁性开关的两个金属簧片（舌簧开关）在磁环磁场的作用下吸合，发出一电信号；当活塞移开，舌簧开关离开磁场，触头自动脱开。磁性开关一般与磁性气缸配套使用。

项目五 压装装置控制回路的安装与调试

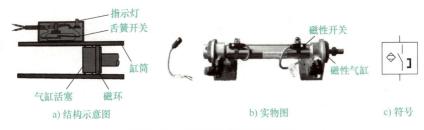

图 5-13 磁性开关的结构与符号

3. 控制回路图

（1）气压基本回路 如图 5-2 所示，压装装置控制回路主要由二次压力控制、换向、节流调速、慢进—快退和往复动作五个气压基本回路组成。

1）二次压力控制回路。压装装置工作压力由气动三联件中减压阀调整，具体详见项目一。

2）换向回路。图 5-2 中，换向原理与项目三类似，此处利用磁性开关 SQ1 和 SQ2 检测活塞杆的移动位置，并发出电信号，使二位五通双电控换向阀（阀 1）换向，从而实现活塞杆移动方向的改变。具体换向过程详见项目三。

3）节流调速回路。图 5-2 中采用排气节流方式，即节流阀串接在气缸排气路上，对气缸排气进行节流。当 YV1 得电时，阀 1 左位工作，气源装置输出的压缩空气经三联件、阀 1 左位、快速排气阀（阀 2）P 口、A 口，进入气缸无杆腔；有杆腔气体经单向节流阀（阀 3）的节流口、阀 1 左位 S 口、消声器排出，气缸活塞杆缓慢伸出。此时调节阀 3 节流口开度，就可调节活塞杆伸出速度，即压装物品的速度。

与进气节流方式相比，由于排气节流方式的节流阀串接在气缸排气路上，具有一定的背压力，速度稳定性好，故气压系统大多数采用此种方式。

4）慢进—快退回路。图 5-2 中，当 YV1 得电、YV2 失电时，气缸活塞杆在阀 3 节流口的作用下，实现慢进，使活塞杆缓慢伸出压装物品；当 YV2 得电、YV1 失电时，阀 1 右位工作，气源装置输出的压缩空气经三联件、阀 1 右位、阀 3 的单向阀口，进入有杆腔，无杆腔的气体经阀 2 的 A 口、R 口迅速排气，实现快退，使物品压实后活塞杆快速返回。

5）往复动作回路。在气压系统中，为提高自动化程度，常采用往复动作回路。常用的往复动作回路有单往复和连续往复之分，此处采用的是连续往复动作回路。按下起动按钮，YV1 得电，气缸活塞杆开始伸出，离开磁性开关 SQ1，YV1 失电；当活塞杆伸出到位后，磁性开关 SQ2 发出电信号，YV2 得电，活塞杆开始缩回，离开磁性开关 SQ2，YV2 失电；当活塞杆缩回到位后，磁性开关 SQ1 发出电信号，YV1 得电，活塞杆又开始伸出，如此往复循环动作，只有按下停止按钮，活塞杆才停止运动。

（2）控制回路的动作过程 压装装置控制回路的动作过程见表 5-4。若仿真梯形图中的某触头显示黑色底纹，说明该触头处于接通状态，反之为断开状态；若某线圈显示黑色底纹，说明该线圈已动作，反之说明线圈未动作。表 5-4 序号 1 的一栏中的 X001 表示 X1 的常闭触头为接通状态；X002 表示 X2 的常开触头为接通状态；表 5-4 序号 2 的一栏中的 M0 表示线圈 M0 已动作（后文均如此表示）。

表 5-4 压装置控制回路的动作过程

序号	动作条件	动作仿真图
1	接通电源、气源	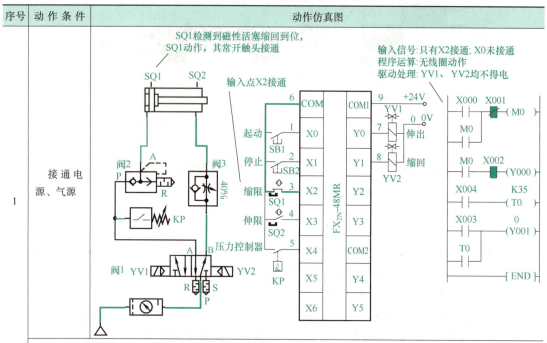 1）电路及程序。气缸活塞杆缩回到位，磁性开关 SQ1 动作→输入点 X2 接通 2）气路。电控阀 1 工作于右位→气缸活塞杆缩回到位
2	按下起动按钮 SB1	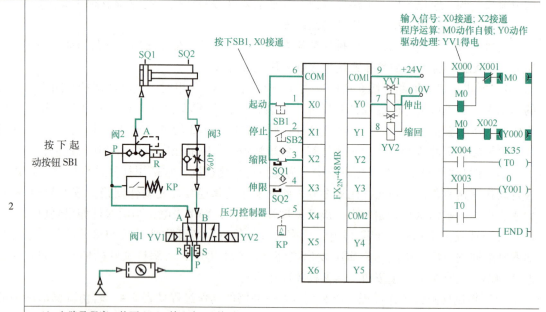 1）电路及程序。按下 SB1→输入点 X0 接通 起动标志 M0：X0 常开触头接通→M0 动作且保持 输出点 Y0：M0 常开触头接通→Y0 动作→YV1 得电 2）气路。YV1 得电→阀 1 工作于左位 进气：气源→三联件→阀 1 P 口→阀 1 A 口→阀 2 P 口→阀 2 A 口→气缸无杆腔→气缸活塞杆开始伸出 排气：气缸有杆腔→阀 3（节流阀）→阀 1 B 口→阀 1 S 口→消声器排出

项目五 压装装置控制回路的安装与调试

（续）

序号	动作条件	动作仿真图
3	松开按钮，气缸活塞杆伸出过程中	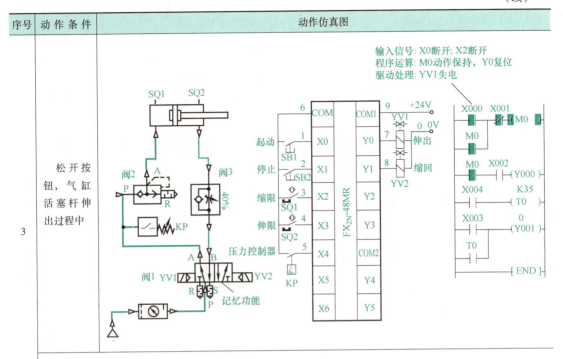
	1）电路及程序。松开按钮 SB1→输入点 X0 断开→X0 常开触头断开 活塞杆伸出后，SQ1 复位→输入点 X2 断开→X2 常开触头断开→Y0 复位→YV1 失电 2）气路。YV1 失电、YV2 未得电→阀 1 维持原有状态，气缸活塞杆移动方向不变，继续伸出	
4	若无物料，气缸活塞杆伸出到位，SQ2 动作	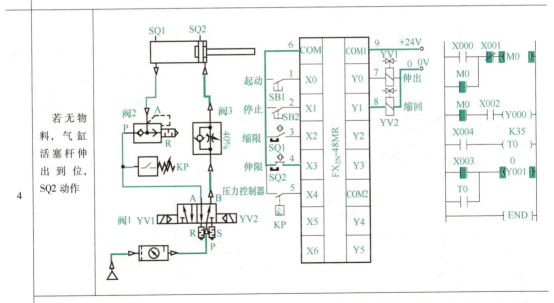
	1）电路及程序。气缸活塞杆伸出到位，SQ2 动作→输入点 X3 接通→X3 常开触头接通→Y1 动作→YV2 得电 2）气路。YV2 得电→阀 1 工作于右位。 进气：气源→三联件→阀 1 P 口→阀 1 B 口→阀 3（单向阀）→气缸有杆腔→气缸活塞杆开始缩回 排气：气缸无杆腔→阀 2 A 口→阀 2 R 口→消声器排出	

95

(续)

序号	动作条件	动作仿真图
5	缩回过程中	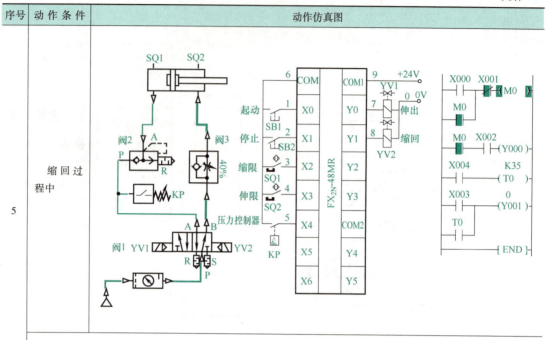

1) 电路及程序。气缸活塞杆缩回后,SQ2 复位→输入点 X3 断开→X3 常开触头断开→Y1 复位→YV2 失电

2) 气路。YV2 失电、YV1 未得电→阀1 维持原有状态→气缸活塞杆移动方向不变,继续缩回

序号	动作条件	动作仿真图
6	气缸活塞杆缩回到位,SQ1 动作	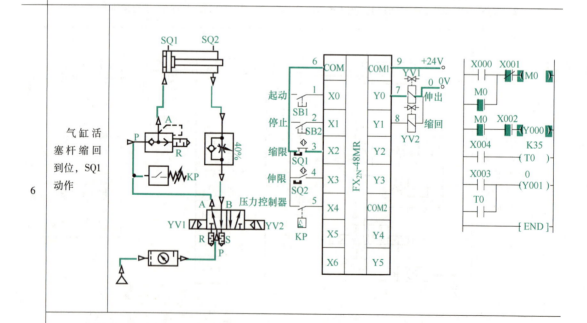

1) 电路及程序。气缸活塞杆缩回到位,SQ1 动作→输入点 X2 接通→X2 常开触头接通→Y0 动作→YV1 得电

2) 气路。YV1 得电→阀1 工作于左位→压缩空气又一次引至气缸无杆腔→气缸活塞杆再次伸出,压装物料

(续)

序号	动作条件	动作仿真图
7	压实物料	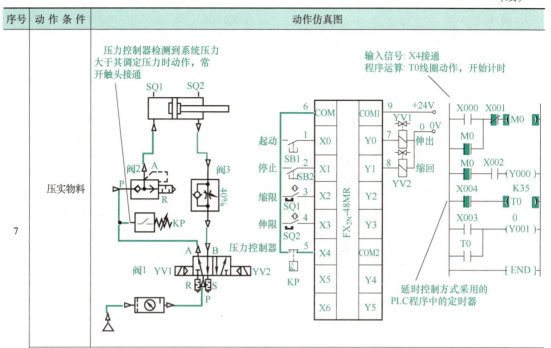

压装装置压实物料后，气缸活塞杆停止伸出，从而使气缸无杆腔中的气压增高。当此压力大于压力控制器调定压力时发出电信号，其常开触头 KP 接通

1）电路及程序。KP 常开触头接通→X4 输入点接通→X4 常开触头接通→T0 动作，开始计时

2）气路。YV1 未得电、YV2 未得电→阀1 维持原状态→装置压实物料停留 3.5s

序号	动作条件	动作仿真图
8	计时3.5s到	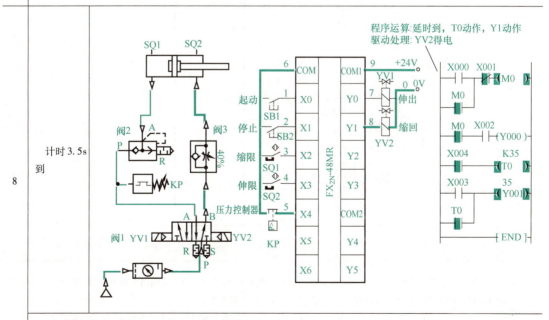

1）电路及程序。计时 3.5s 到→T0 常开触头接通→Y1 动作→YV2 得电

2）气路。YV2 得电→阀1 工作于右位→压缩空气引至气缸有杆腔→气缸活塞杆开始缩回

（续）

序号	动作条件	动作仿真图
9	气缸活塞杆缩回到位后，SQ1动作	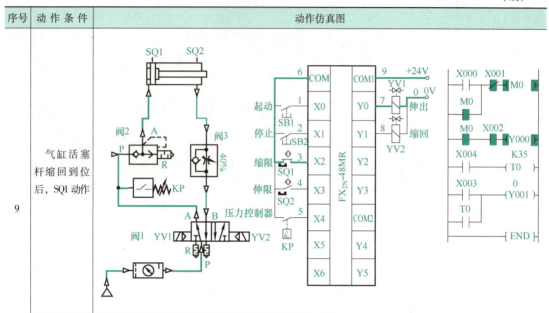

1）电路及程序。气缸活塞杆缩回到位，SQ1动作→输入点X2接通→X2常开触头接通→Y0动作→YV1得电

2）气路。YV1得电→阀1工作于左位→压缩空气又一次引至气缸无杆腔→气缸活塞杆再次伸出，压装物料如此循环，重复进行压装物料工作

序号	动作条件	动作仿真图
10	按下停止按钮SB2	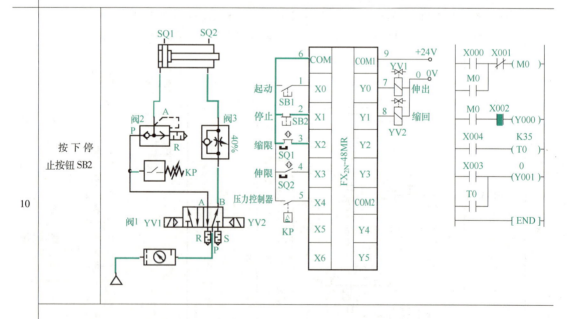

1）电路及程序。按下SB2后，SB2常开触头接通→输入点X1接通→X1常闭触头断开→M0复位失自锁→Y0动作条件取消，当气缸活塞杆缩回到位后将无法接通→YV1将无法得电

松开SB2后，SB2常开触头断开→输入点X1断开→X1常闭触头接通→为下一次起动M0动作提供条件

2）气路。气缸活塞杆缩回到位后，YV1将无法得电→阀1仍工作于左位→压装装置在原位等待下一次起动

操作指导

施工前,施工者应认真阅读控制回路图及 PLC 使用的相关知识,理清气路图、电路图及梯形图之间的控制关系,再根据要求,制定施工方案。施工过程中要严格遵守安全操作规程和作业指导规范,确保作业安全和作业质量。操作流程如图 5-14 所示。

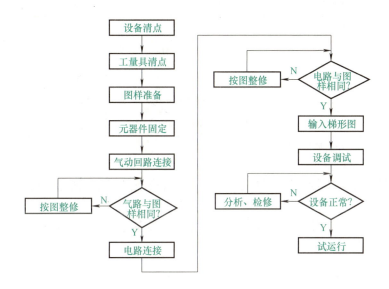

图 5-14 操作流程

1. 施工准备

1)设备清点。按表 5-5 清点设备型号规格及数量,并归类放置。

表 5-5 设备清单

序号	名称	型号规格	数量	单位	备注
1	安装平台		1	台	
2	空气压缩机	WY5.2	1	台	
3	三联件	AC2000	1	只	
4	双作用单出杆气缸	MA20×100-S-CA	1	只	磁性
5	二位五通双电控换向阀	4V120-06	1	只	
6	单向节流阀	ASC100-06	1	只	
7	快速排气阀	Q-01	1	只	
8	压力控制器	PK-501	1	只	
9	手阀	AHVSF06-01B	1	只	
10	直角接头	APL6-01	3	只	
11	直通接头	APC6-01	8	只	

(续)

序 号	名 称	型号规格	数 量	单 位	备 注
12	三通接头	APE6	1	只	
13	消声器	BSL-01	3	只	
14	磁性开关及固定弹簧片	CS1-M	2	只	
15	电源模块		1	个	
16	按钮模块		1	个	
17	PLC 模块	FX_{2N}-48MR	1	个	
18	导线		若干	根	
19	气管	US98A-060-040	若干	m	
20	尼龙扎带	3mm×100mm	若干		
21	生料带		若干		

2)工量具清点。工量具清单见表 1-6，施工者应清点工量具的数量，同时认真检查其性能是否完好。

3)图样准备。施工前准备好设备控制回路图、设备布局图，供作业时查阅。压装装置的设备布局图如图 5-15 所示。

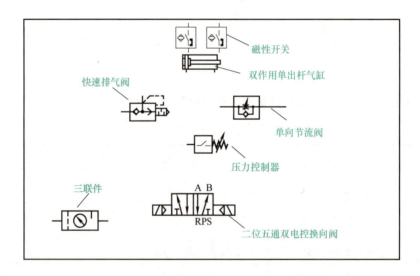

图 5-15　设备布局图

2. 气动回路安装

（1）元器件固定

1)安装固定三联件。根据图 5-15 安装固定三联件。

2)安装固定双电控换向阀。根据图 5-15 安装固定二位五通双电控换向阀。

3)安装固定压力控制器。根据表 5-6 安装固定压力控制器。

项目五 压装装置控制回路的安装与调试

表 5-6 安装固定压力控制器

操作步骤	操作图示	操作说明
1	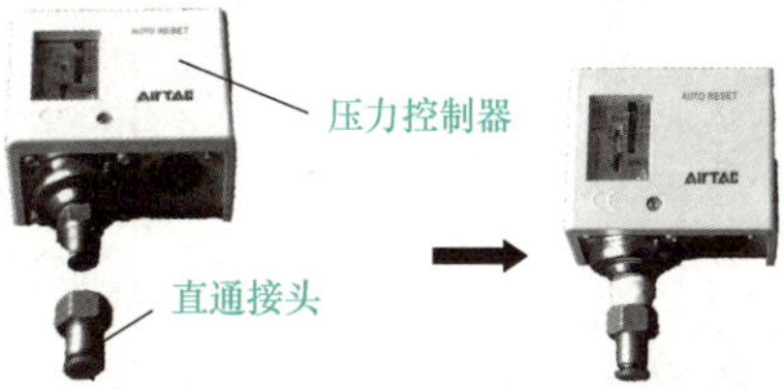 压力控制器、直通接头	先准备好压力控制器和直通接头，并有序放置，再连接固定直通接头与压力控制器，紧固时用力要适中，避免损坏
2	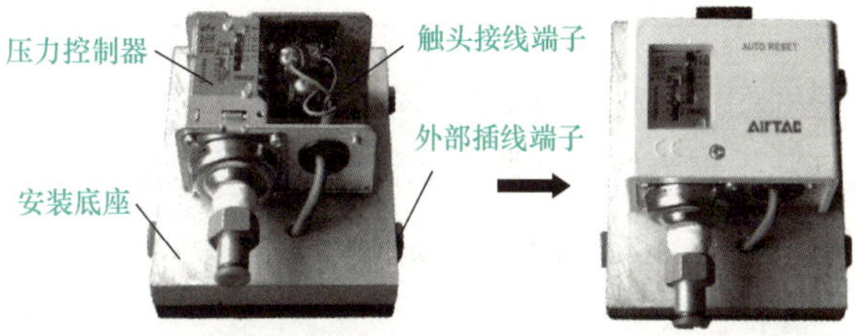 压力控制器、触头接线端子、外部插线端子、安装底座	先将压力控制器的常开触头与外部插线端子相连，再在安装底座上固定压力控制器，安装要牢固、可靠
3	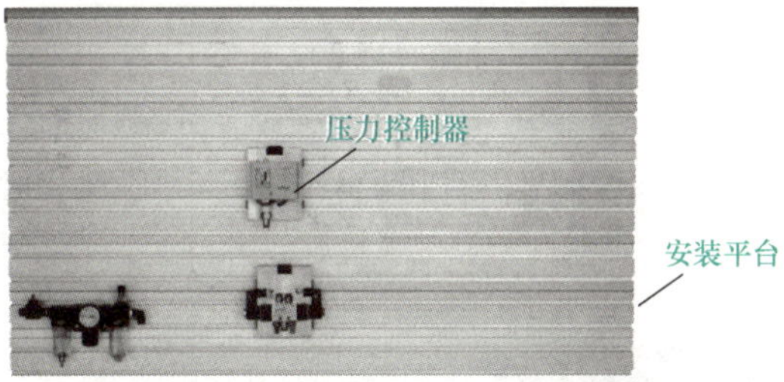 压力控制器、安装平台	根据设备布局图将压力控制器固定在安装平台上

4）安装固定快速排气阀。根据表 5-7 安装固定快速排气阀。

表 5-7 安装固定快速排气阀

操作步骤	操作图示	操作说明
1	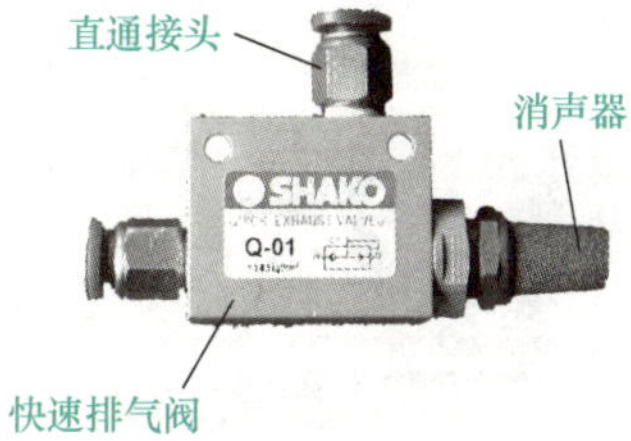 直通接头、消声器、快速排气阀	准备好快速排气阀、直通接头和消声器，并有序放置。连接固定直通接头、消声器与快速排气阀，紧固时用力要适中，避免损坏
2	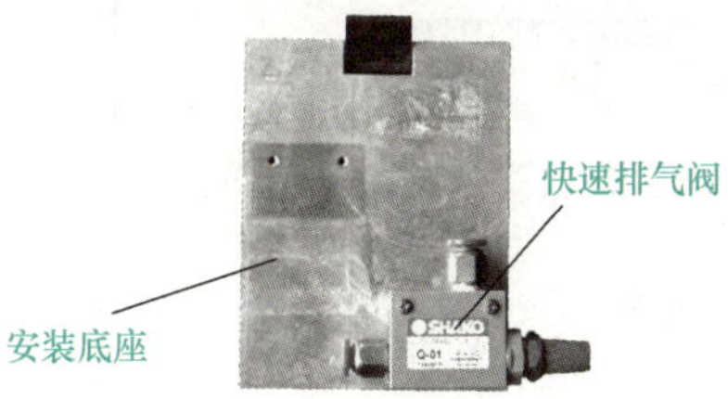 快速排气阀、安装底座	将快速排气阀固定在底座上，固定要牢固、可靠

101

(续)

操作步骤	操作图示	操作说明
3	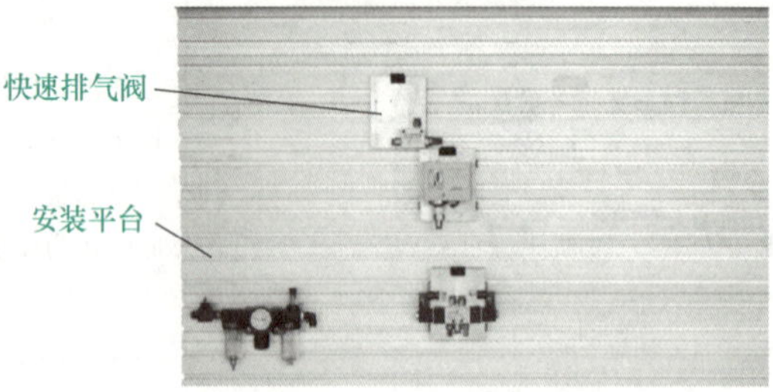 快速排气阀 安装平台	根据设备布局图将快速排气阀固定在安装平台上

5）安装固定单向节流阀。根据图 5-15 安装固定单向节流阀。

6）安装固定磁性开关及气缸。根据表 5-8 安装固定磁性开关及气缸。

表 5-8　安装固定磁性开关及气缸

操作步骤	操作图示	操作说明
1	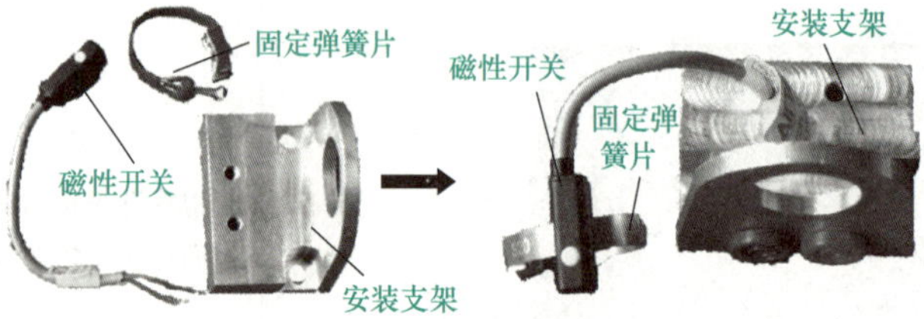 固定弹簧片、磁性开关、安装支架、磁性开关、固定弹簧片、安装支架	准备好磁性开关、固定弹簧片和安装支架，并有序放置。将磁性开关的连接导线与外部插线端子相连，并将其固定在固定弹簧片上
2	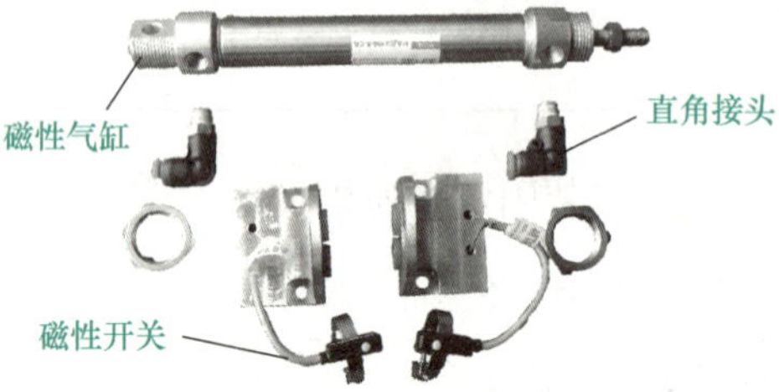 磁性气缸、直角接头、磁性开关	准备双作用单出杆磁性气缸、磁性开关、直角接头、螺母和安装支架等，并有序放置
3	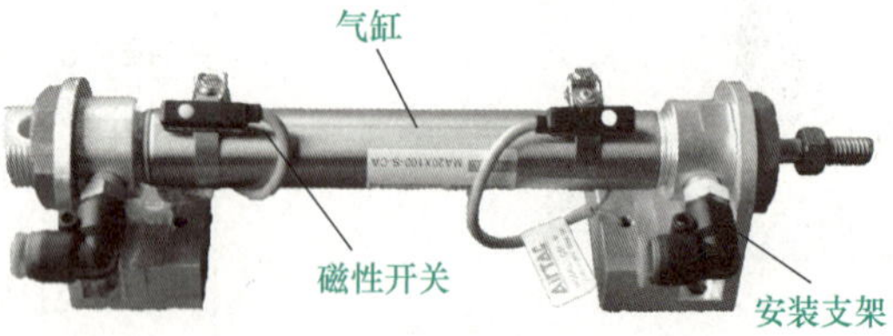 气缸、磁性开关、安装支架	连接固定直角接头与磁性气缸，紧固时用力要适中，避免损坏，在安装支架上固定气缸，并在气缸上安装磁性开关，安装要牢固、可靠
4	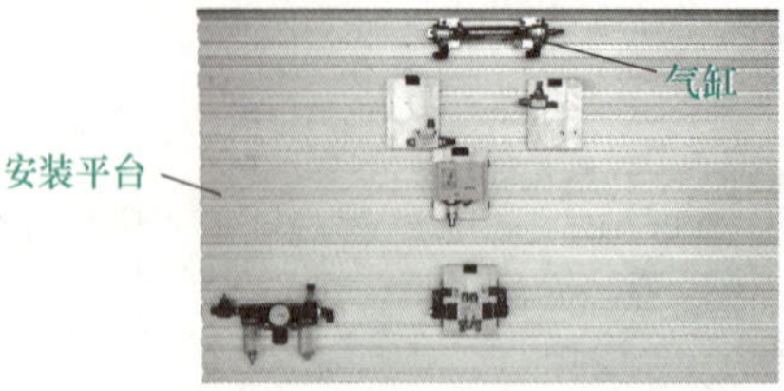 安装平台、气缸	根据设备布局图将气缸固定在安装平台上

项目五 压装装置控制回路的安装与调试

（2）气动回路连接　根据压装装置控制回路图（图5-2），按表5-9搭接气路。

表5-9　气路搭接

操作步骤	操 作 图 示	操 作 说 明
1	气管的一端连接空气压缩机输出口的手滑阀，另一端连接三联件输入口的手阀，将气体引至三联件	
2	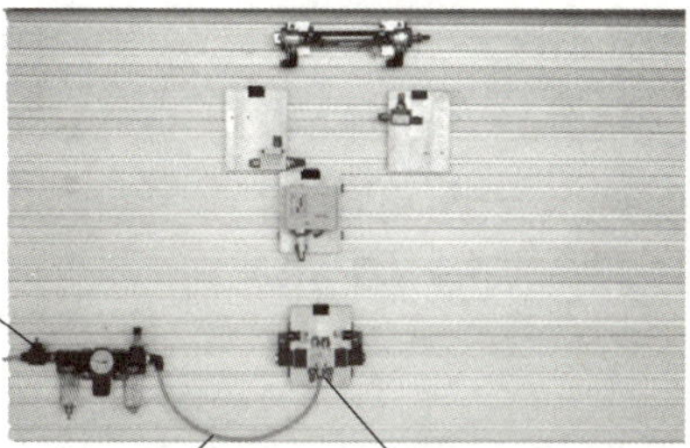	气管连接三联件的出口和电控换向阀的P口，将气体引到电控换向阀
3	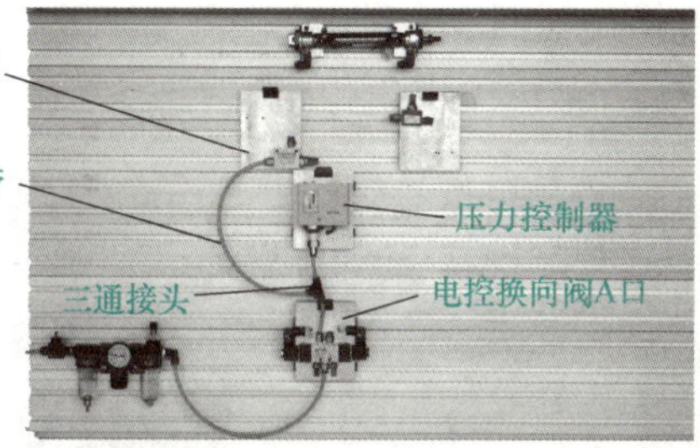	用气管和三通接头将电控换向阀的A口与压力控制器的P口、快速排气阀的P口相连，将气体引到压力控制器和快速排气阀
4	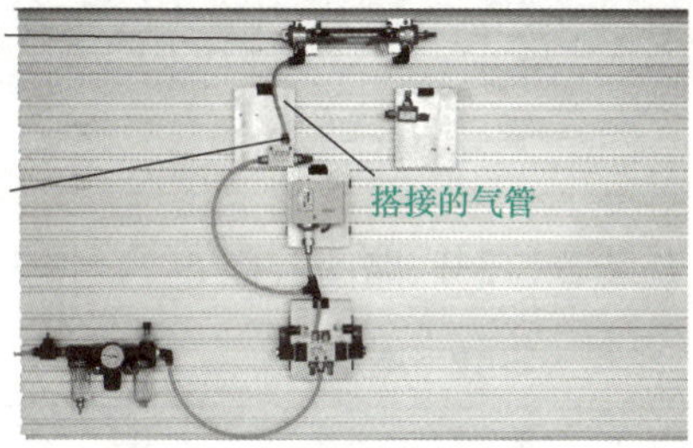	用气管连接快速排气阀的A口和气缸无杆腔，将气体引到气缸无杆腔
5	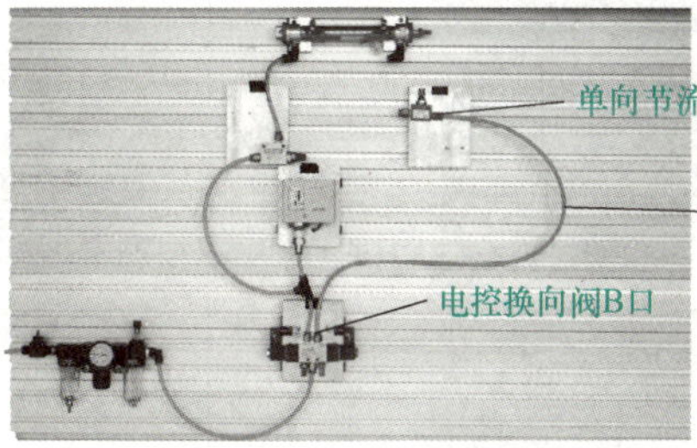	用气管将电控换向阀的B口和单向节流阀的B口相连，将气体引到单向节流阀

操作步骤	操作图示	操作说明
6		用气管将单向节流阀的A口和气缸有杆腔相连,将气体引到气缸有杆腔,最后整理好气管

(3) 气动回路检查 对照压装装置控制回路图(图5-2)检查气动回路的正确性、可靠性,绝不允许调试过程中有气管脱落现象。

3. 电气回路安装

(1) 实验平台模块介绍 PLC模块如图5-16所示。

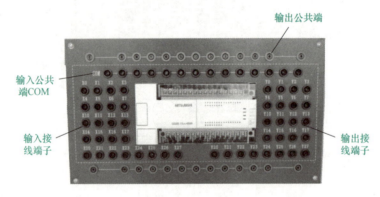

图5-16 PLC模块

(2) 电气回路连接 根据压装装置控制回路图(图5-2)按表5-10搭接电路。

表5-10 电路搭接

序号	操作图示	操作说明
1		搭接1号线 顺序:SB1常开触头→X0

（续）

序号	操作图示	操作说明
2	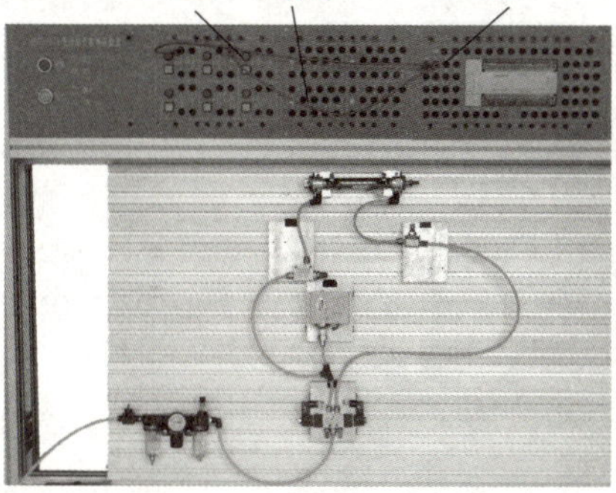	搭接 2 号线 顺序：SB2 常开触头→X1
3	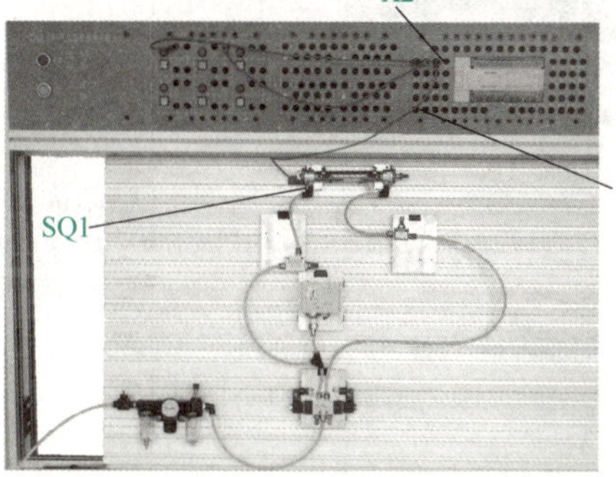	搭接 3 号线 顺序：SQ1 常开触头→X2
4	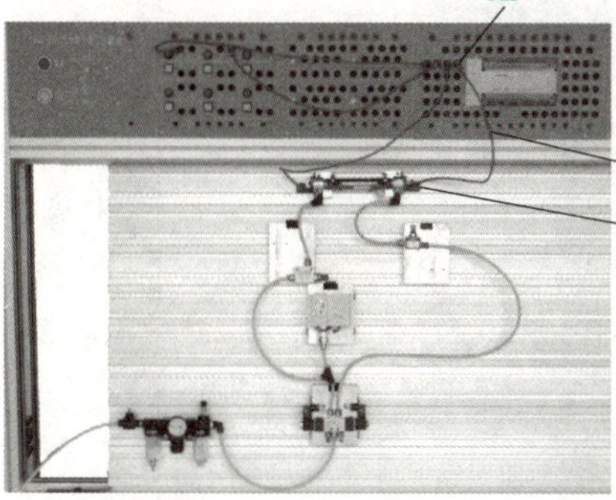	搭接 4 号线 顺序：SQ2 常开触头→X3
5	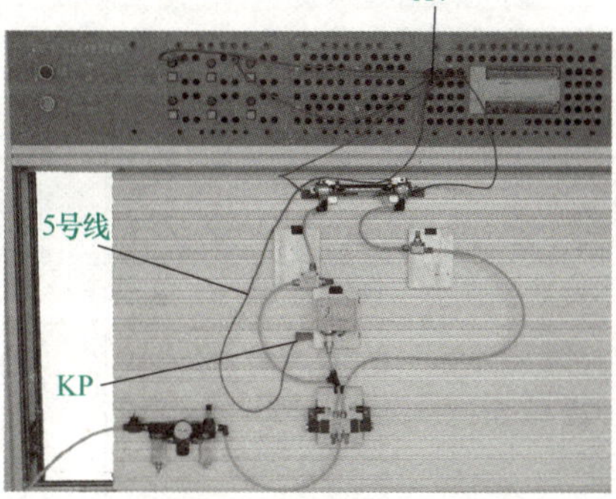	搭接 5 号线 顺序：KP 常开触头→X4

（续）

序　号	操作图示	操作说明
6	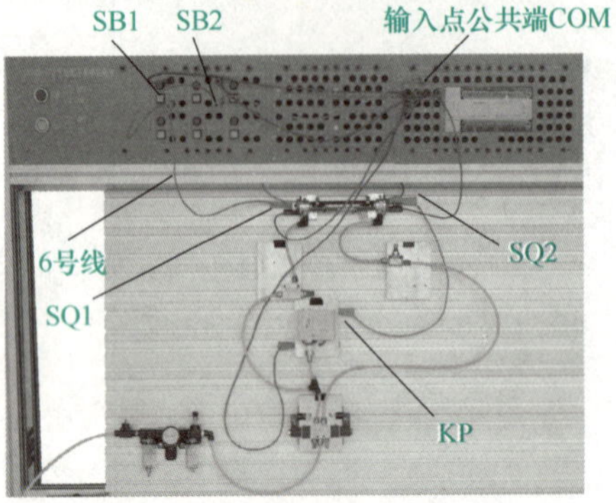	搭接 6 号线 顺序：输入点公共端 COM→SB2→SB1→SQ1 常开触头→SQ2 常开触头→KP 常开触头
7	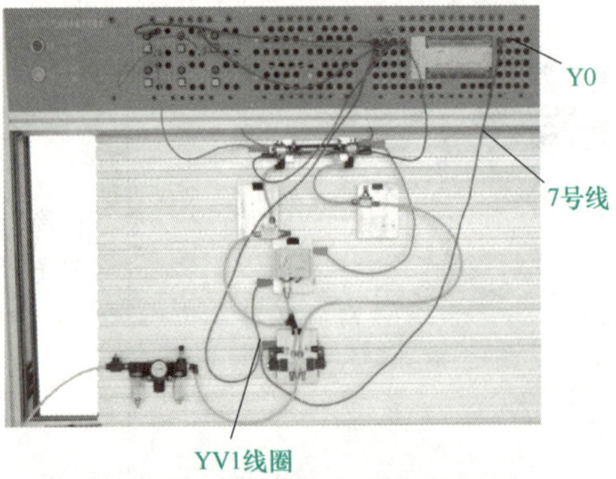	搭接 7 号线 顺序：Y0→YV1 线圈
8	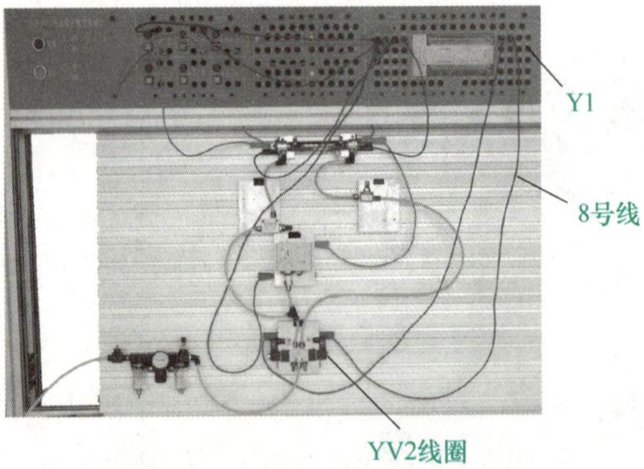	搭接 8 号线 顺序：Y1→YV2 线圈
9	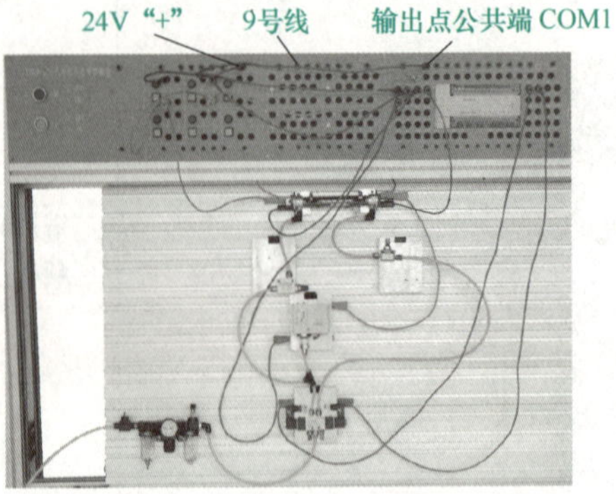	搭接 9 号线 顺序：24V " + "→COM1

项目五 压装装置控制回路的安装与调试

(续)

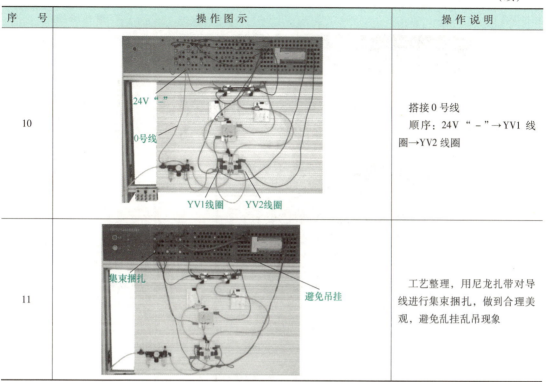

序 号	操 作 图 示	操 作 说 明
10		搭接 0 号线 顺序：24V "－"→YV1 线圈→YV2 线圈
11		工艺整理，用尼龙扎带对导线进行集束捆扎，做到合理美观，避免乱挂乱吊现象

(3) 电气回路检查 根据压装装置控制回路图（图 5-2）检查电路是否有接错线、掉线，接线是否牢固等，严禁出现短路现象，避免因接线错误而危及人身及设备安全。

4. 输入梯形图

启动三菱 GX 编程软件，根据表 5-11 输入梯形图。

表 5-11 输入梯形图

操作步骤	操 作 图 示	操 作 说 明
1	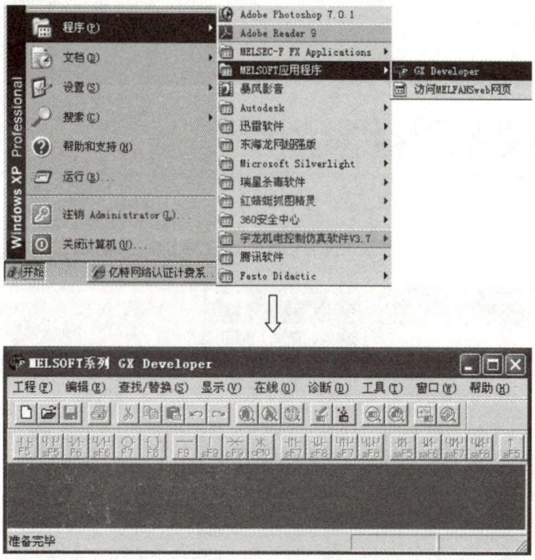	单击【程序】→【MELSOFT 应用程序】→【GX Developer】命令，启动三菱 GX 编程软件

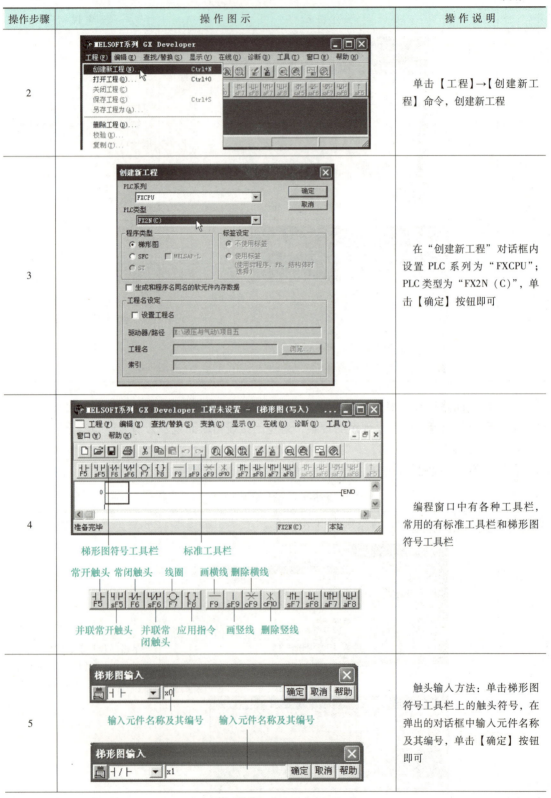

（续）

操作步骤	操作图示	操作说明
6		线圈输入方法：单击线圈符号，在弹出的对话框中输入元件名称及其编号，计数器和定时器还需输入设定常数，完成后单击【确定】按钮即可
7		根据上述方法输入压装装置梯形图
8		单击【变换】→【变换】命令，转换梯形图

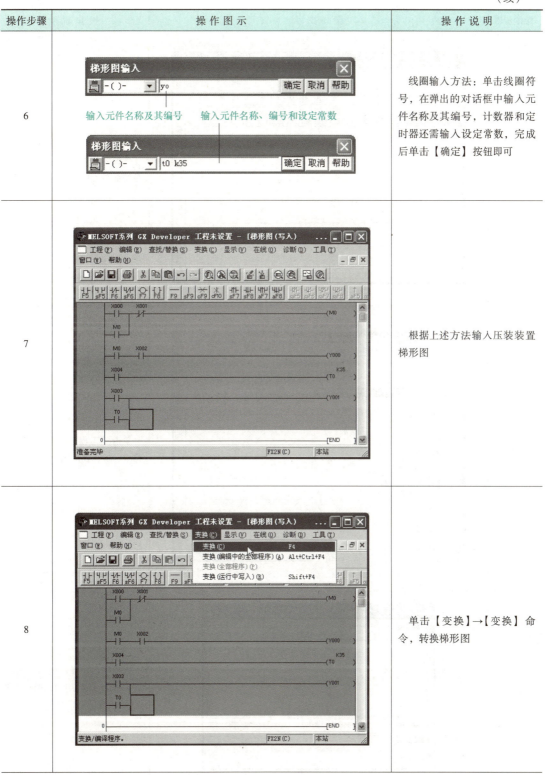

（续）

操作步骤	操作图示	操作说明
9		变换完成后的梯形图，由灰色底面转为白色底面
10		单击【工程】→【保存工程】命令，保存梯形图
11		选择存盘路径，输入工程名后，单击【保存】按钮便完成了本工程的创建和保存

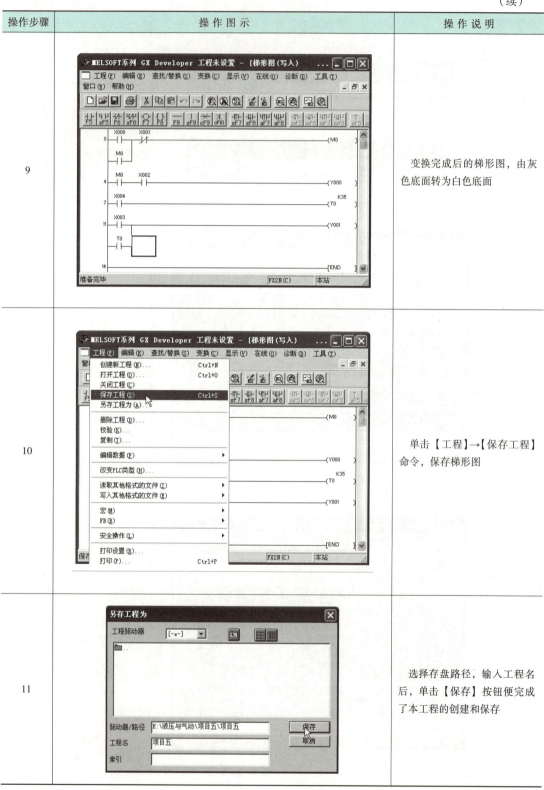

5. 设备调试

清扫设备后，在确认人身和设备安全的前提下，接通空气压缩机电源，按表5-12调试。调试时要认真观察设备的动作情况，若出现问题，应立即切断电源、气源，避免扩大故障范围，待调整、检修或解决后重新调试，直至设备完全实现功能。

表 5-12　设备调试

操作步骤	操作图示	操作说明
1		用 SC-9 通信线缆连接 PLC 编程接口和计算机串行口
2	打开电源开关，起动空气压缩机压缩空气，等待气源充足，再向外滑动手滑阀，输出压缩空气	
3	旋转手阀手柄，将气体引到三联件，并观察气路系统有无泄漏现象，若有，应立即解决，以确保调试工作在无气体泄漏条件下进行	
4	先下拉三联件调压手柄，将气压调整到 0.4~0.5MPa，调整完成后，将三联件调压手柄上压锁住	
5		手动调试气动回路：按下电控换向阀左位的手动销，气缸活塞杆伸出

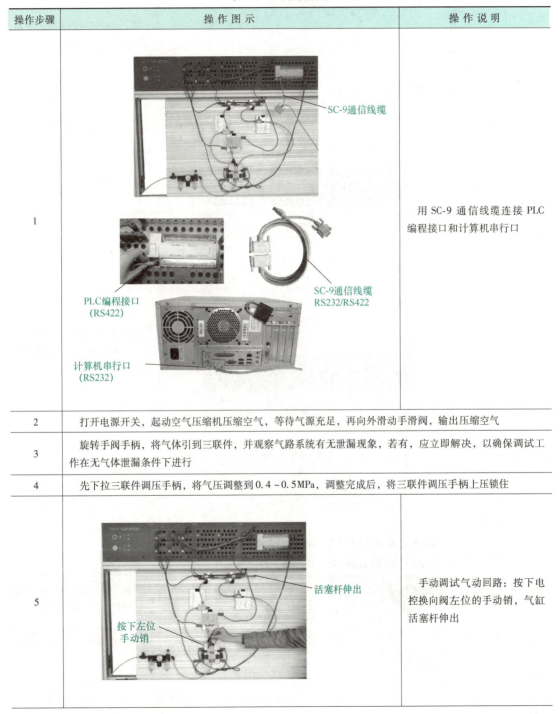

（续）

操作步骤	操作图示	操作说明
6	活塞杆缩回；按下右位手动销	按下电控换向阀右位的手动销，气缸活塞杆缩回
7	气动回路手动调整完成后，顺时针旋转手阀手柄，关闭气源	
8	按下电源按钮；按下PLC电源按钮	上电调试控制回路：先按下电源按钮，接通平台电源；再按下 PLC 电源按钮，接通 PLC 模块电源
9	将气缸活塞杆缩至终端，调节磁性开关的位置，LED点亮后拧紧固定；将气缸活塞杆伸至终端，调节磁性开关的位置，LED点亮后拧紧固定	先后将气缸活塞杆缩至终端和伸至终端，调节两个磁性开关的位置，指示灯点亮，说明调整到位，同时对应的 PLC 输入点 LED 点亮，完成后拧紧固定

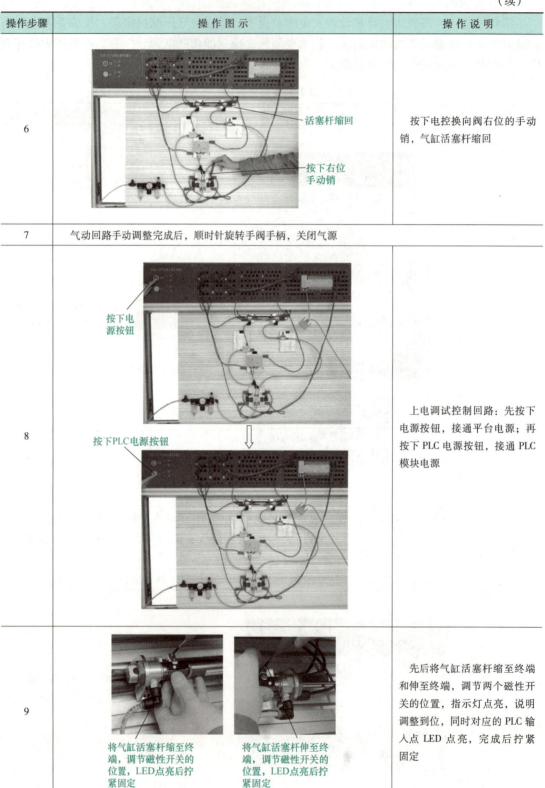

项目五 压装装置控制回路的安装与调试

（续）

操作步骤	操作图示	操作说明
10	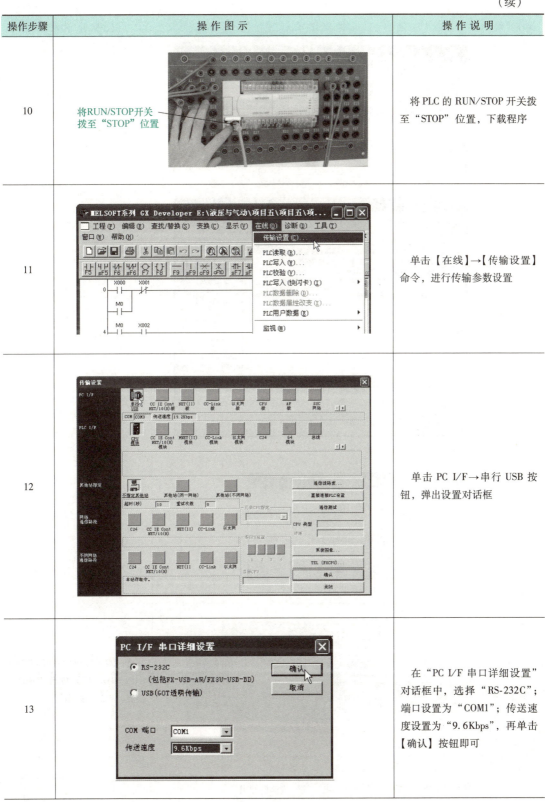	将PLC的RUN/STOP开关拨至"STOP"位置，下载程序
11		单击【在线】→【传输设置】命令，进行传输参数设置
12		单击PC I/F→串行USB按钮，弹出设置对话框
13		在"PC I/F串口详细设置"对话框中，选择"RS-232C"；端口设置为"COM1"；传送速度设置为"9.6Kbps"，再单击【确认】按钮即可

113

(续)

操作步骤	操作图示	操作说明
14		单击【在线】→【PLC 写入】命令，弹出"PLC 写入"对话框
15		在"PLC 写入"对话框中选择"MAIN"，单击【执行】按钮便开始写入程序
16		程序写入过程中显示进度
17		程序写入完成后，将 PLC 的 RUN/STOP 开关拨至"RUN"位置，PLC 开始运行
18	逆时针旋转手阀手柄，接通气源	
19	按下起动按钮 SB1，YV1 线圈得电，气缸活塞杆伸出	

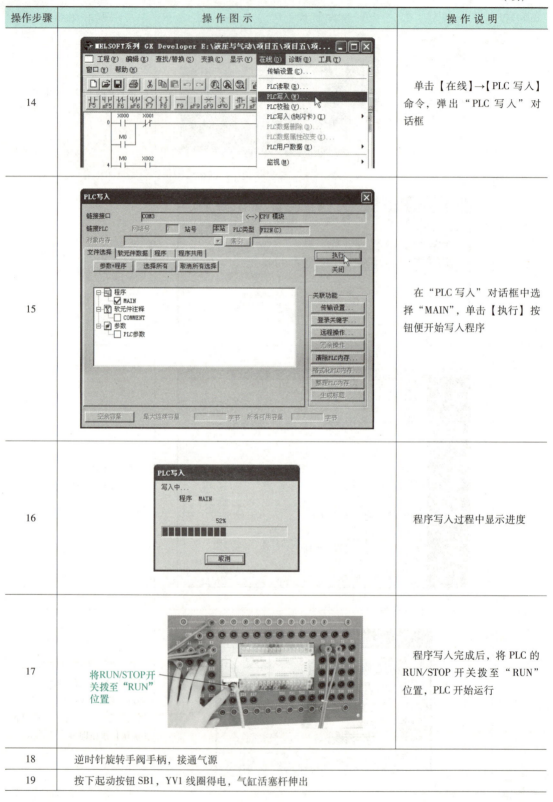

(续)

操作步骤	操作图示	操作说明
20	调节单向节流阀的开度，使活塞杆的伸出速度变缓	调节单向节流阀至合适开度，使活塞杆的伸出速度变缓，确保压装物料平稳
21	快速缩回；YV2线圈得电	气缸伸出到位，YV2线圈得电，气缸活塞杆快速缩回
22	模拟压实物料，顶住活塞杆；调节调定压力的下限；调节调定压力的上限	气缸活塞杆再次伸出后，模拟装置压实物料，用手顶住活塞杆，调节压力控制器调定压力的下限值（顺时针大，逆时针小）和上限值（顺时针小，逆时针大）

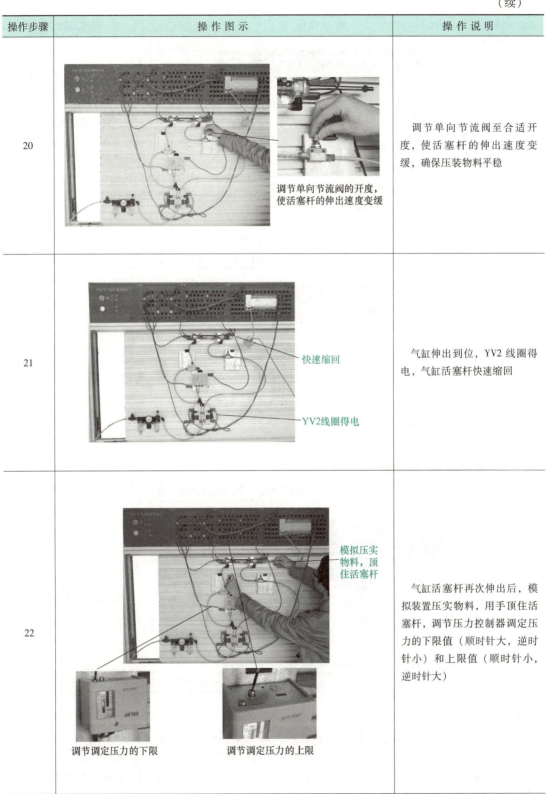

(续)

操作步骤	操作图示	操作说明
23	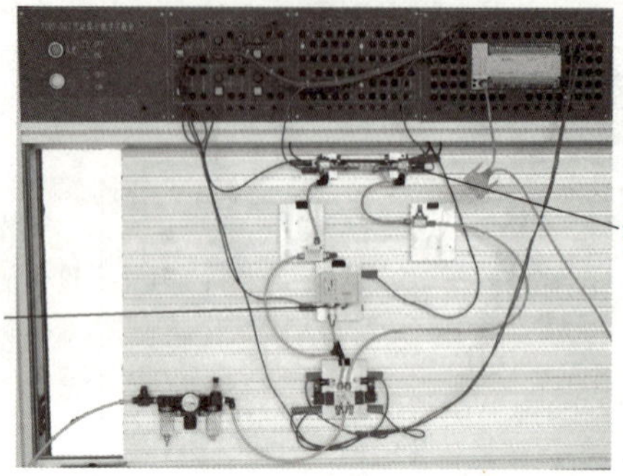 压力控制器常开触头接通　　活塞杆快速缩回	当气压达到压力控制器的设定范围时,其常开触头接通,延时3.5s后,YV2线圈得电,气缸活塞杆快速缩回
24	试运行一段时间,观察设备运行情况,确保设备合格、稳定、可靠	
25	按下停止按钮SB2,气缸活塞杆缩回后,设备停止工作	
26	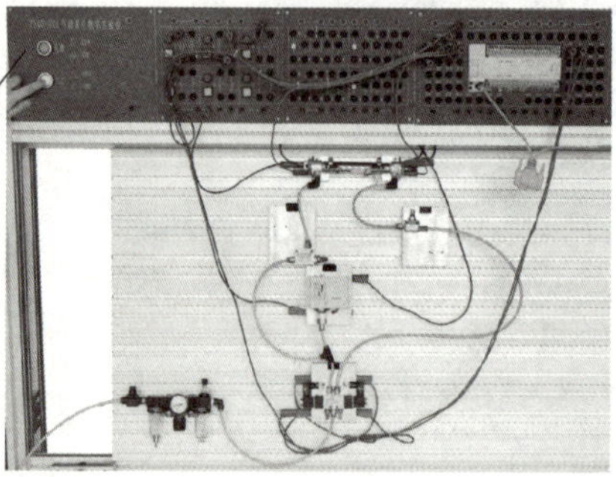 按下PLC模块电源按钮和平台电源按钮,按钮弹出	按下PLC模块电源按钮和平台电源按钮,按钮弹出,切断设备电源
27	顺时针旋转手阀手柄,关闭气源	
28	向内滑动手滑阀,关闭气源系统,向下压回电源开关,压缩机停止工作	
29	 拔出数据传输线	拔出数据传输线

6. 现场清理

设备调试完毕,要求施工者清点工量具、归类整理资料,并清扫现场卫生。

1)清点工量具。对照工量具清单清点工量具,并按要求装入工量具箱。

2)资料整理。整理归类技术说明书、设备清单、控制回路图、设备布局图等资料。

3)清扫设备周围卫生,保持环境整洁。

4）填写设备安装登记表，记载设备调试过程中出现的问题及解决的办法。

质量记录

设备质量记录表见表 5-13。

表 5-13 设备质量记录表

验收项目及要求		配分	配分标准	扣分	得分	备注
设备组装	1. 设备部件安装可靠、正确 2. 气路连接正确，规范美观 3. 电路连接正确，接线规范	35	1. 部件安装位置错误，每处扣 5 分 2. 部件安装不到位、零件松动，每处扣 5 分 3. 气管连接错误，每处扣 5 分 4. 气路漏气、掉管，每处扣 5 分 5. 气管过长、过短、乱接，每处扣 5 分 6. 电路连接错误，每处扣 5 分 7. 导线松动，布线凌乱，扣 5 分			
设备功能	1. YV1 得电、失电正常 2. YV2 得电、失电正常 3. 气缸活塞杆伸至终端后能快速退回 4. 压装物料压实 3.5s 后退回调整正常 5. 压力控制器调定压力调整正常 6. 单向节流阀调整正常	60	1. YV1 未按要求工作，扣 10 分 2. YV2 未按要求工作，扣 10 分 3. 气缸活塞杆不能在至终端后按要求快速退回，扣 15 分 4. 压装物料压实后未延时 3.5s 退回，扣 15 分 5. 压力控制器调定压力未按要求调整，扣 5 分 6. 单向节流阀未按要求调整，扣 5 分			
设备附件	资料齐全，归类有序	5	1. 图样数缺少，扣 3 分 2. 技术说明书、工量具清单、设备清单表缺少，扣 2 分			
安全生产	1. 自觉遵守安全文明生产规程 2. 保持现场干净整洁，工具摆放有序		1. 每违反 1 项规定，扣 5 分 2. 发生安全事故，按 0 分处理 3. 现场凌乱、乱摆放工具、乱丢杂物、完成任务后不清理现场，扣 5 分			
时间	2h		提前正确完成，每 5min 加 5 分 超过定额时间，每 5min 扣 2 分			
开始时间		结束时间		总分		

项目拓展

压装装置控制回路图（图 5-2）使用 PLC 对压装物料的过程进行控制，实际生产中也可选用气压间接控制方式来实现压装装置压装物料的功能，如图 5-17 所示。它使用行程阀检测活塞杆的伸缩位置，使用压力顺序阀检测系统的压力，使用延时阀进行延时控制，回路由阀 2、阀 3 和阀 4 组成了气压自锁回路，使系统处于起动连续工作的状态。应用阀 10 的"或"逻辑功能，实现活塞杆伸到最右端（阀 9 动作）或压实物料后（延时阀 11 动作），而进行活塞杆的返回控制。

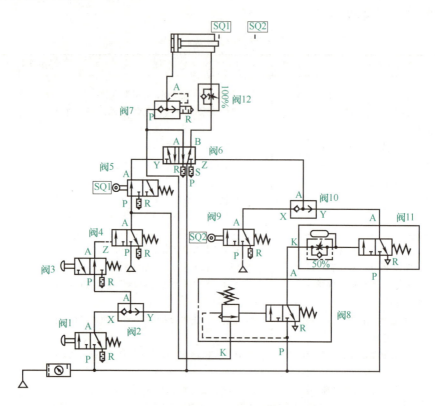

图 5-17 压装装置的气压间接控制回路图
阀 1、阀 3—二位三通手动换向阀　阀 2、阀 10—梭阀　阀 4—二位三通单气控换向阀
阀 5、阀 9—二位三通行程阀　阀 6—二位五通双气控换向阀　阀 7—快速排气阀
阀 8—压力顺序阀　阀 11—二位三通延时阀　阀 12—单向节流阀

1. 气路元件

（1）梭阀　图 5-18 所示为梭阀，其作用相当于两个单向阀的组合，常用于"或"逻辑控制回路，是一种信号处理元件。

图 5-18 梭阀

图 5-19 所示为 X 口输入信号时梭阀的结构与符号。它有两个输入口，一个输出口，阀芯在两个方向上起单向阀的作用。当 X 口输入气压信号时，阀芯向右侧移动，将 Y 口切断，

A口与X口相通，A口便有气压信号输出。

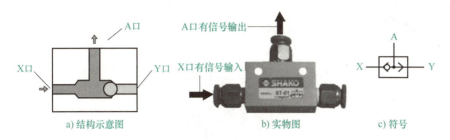

a) 结构示意图　　　　b) 实物图　　　　c) 符号

图 5-19　X口输入信号时梭阀的结构与符号

如图 5-20 所示，当梭阀的 Y 口输入气压信号时，阀芯向左侧移动，将 X 口切断，A 口与 Y 口相通，A 口便有气压信号输出。

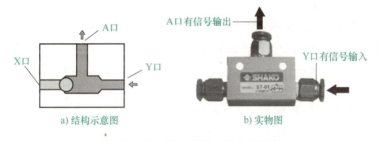

a) 结构示意图　　　　b) 实物图

图 5-20　Y口输入信号时梭阀的结构

若 X 口和 Y 口同时有气压信号输入，阀芯则移向低压侧，使高压侧信号输入口与 A 口相通；若两侧压力相等，则先加入气压的一侧与 A 口相通。

（2）压力顺序阀　图 5-21 所示为压力顺序阀。它是依靠回路中压力的变化来控制各种顺序动作的压力控制阀，只有当所需的工作压力达到后，才有信号输出。

图 5-22 所示为压力顺序阀的结构与符号。它实质是由一个单气控二位三通换向阀和一个溢流阀构成。当控制口 X 无气压信号输入或输入的气压小于调定压力时，溢流阀关闭，单气控二位三通换向阀处于右位，P 口关闭，A 口与 R 口相通，处于向外排气状态。

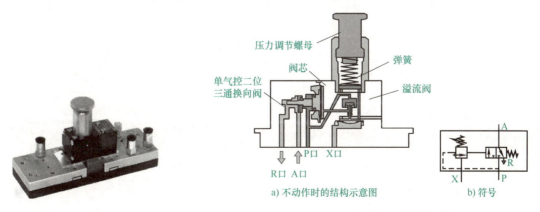

图 5-21　压力顺序阀　　　　图 5-22　压力顺序阀的结构与符号
　　　　　　　　　　　　　　a) 不动作时的结构示意图　　b) 符号

如图 5-23 所示，当控制口 X 口有气控信号输入，且其压力大于调定压力时，溢流阀打开,驱动单气控二位三通换向阀换向,使 A 口和 P 口相通。

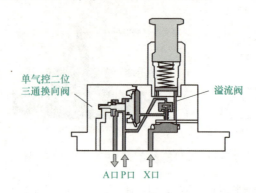

图 5-23　压力顺序阀动作时的结构示意图

2. 气压间接控制原理

图 5-17 所示状态,气缸活塞杆缩回到位,阀 5 左位工作;按下阀 1,阀 1 左位工作,阀 2 打开;阀 4 Z 口输入气控信号,阀 4 左位工作(此时,因阀 4、阀 2、阀 3 形成自锁回路,可松开阀 1);阀 6 Y 口输入气控信号,阀 6 左位工作,气缸活塞杆伸出,开始压装物料。活塞杆伸出后,挡块离开行程阀,阀 5 复位,工作于右位,阀 6 Y 口控制信号终止,因 Z 口无输入信号,故阀 6 维持原有状态,活塞杆继续伸出,压装物料。物料压装结束活塞杆返回有两种方式:一是直接返回,即活塞杆伸出到位后,挡块撞压阀 9,阀 9 左位工作,阀 10 打开,阀 6 Z 口输入气控信号,阀 6 右位工作,气缸活塞杆快速缩回,气缸活塞杆缩回过程中,挡块离开阀 9,阀 9 复位,阀 6 Z 口信号终止,因阀 6 Y 口无信号输入,故阀 6 仍工作于右位,气缸活塞杆继续快速缩回,直至挡块撞压阀 5;二是延时返回,即压装物料后,活塞杆停止伸出,无杆腔内的压力增加,阀 6 的 A 口压力增加,阀 8 K 口的压力增加,阀 8 打开,阀 11 开始延时,压实物料,延时时间到,阀 6 Z 口输入气控信号,气缸活塞杆快速缩回。

按下阀 3,阀 3 左位工作,自锁回路切断,装置停止工作。

项目六

颜料调色振动机控制回路的安装与调试

学习目标

1. 认识减压阀等气动控制元件，知道它的结构和符号，并会识别、安装及使用。
2. 会识读颜料调色振动机控制回路图，并能说出其控制回路的动作过程。
3. 会根据颜料调色振动机控制回路图、设备布局图正确安装、调试其控制回路。
4. 拓展识读双电控换向阀控制的颜料调色振动机控制回路图。

项目简介

颜料调色振动机结构示意图如图6-1所示。颜料调色师傅将各种颜料倒入颜料桶后，先旋转延时阀调节旋钮，设定好颜料振动的时间；然后按下设备起动按钮，颜料桶便在振动气缸的作用下，按照设定的时间完成振动，从而将颜料桶内的各种颜料调匀，以产生新的颜料。图6-2所示为颜料调色振动机控制回路图和梯形图。

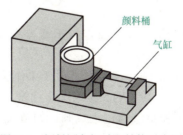

图6-1 颜料调色振动机结构示意图

知识储备

1. 气路元件

图6-3所示为减压阀，也称为调压阀，其作用是将较高的输入压力调到设备或装置

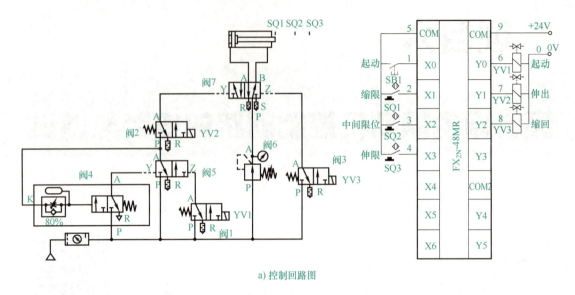

a) 控制回路图

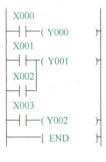

b) 梯形图

图 6-2　颜料调色振动机控制回路图和梯形图
阀1、阀2、阀3—二位三通单电控换向阀　阀4—延时阀　阀5—二位三通双气控换向阀
阀6—减压阀　阀7—二位五通双气控换向阀

实际需要的工作压力，并保持输出压力稳定，不受空气流量变化及气源压力波动的影响。

图6-4所示为减压阀的结构与符号。当减压阀处于工作状态时，压缩空气从P1口输入，经阀口节流减压后从P2口输出。旋转手柄，压缩调压弹簧，推动膜片下凹，再通过阀杆带动阀芯下移，打开进气阀口，压缩空气通过进气阀口的节流作用，使输出压力低于输入压力，实现减压作用。同时有一部分气流经出口处的阻尼孔进入膜片室，在膜片的下方产生一个向上的推力，当推力与弹簧的作用力相互平衡后，阀口开度稳定在某一值上，使减压阀的出口压力保持一定。

若输入压力瞬间升高时，输出压力也随之升高，作用在膜片上的推力也相应增大，使膜片向上移动。少量的气体经溢流孔、排气口排出。膜片上移的同时，在复位弹簧的作用下，阀芯也上移，进气阀口开度减小，节流作用增大，使输出压力下降，直至达到新的平衡为止。重新平衡后的输出压力又基本恢复至原值。反之，若输入压力瞬间下降，输出压力也相应下降,膜片下移,进气阀口开度增大,节流作用减小,输出压力又基本回升至原值。

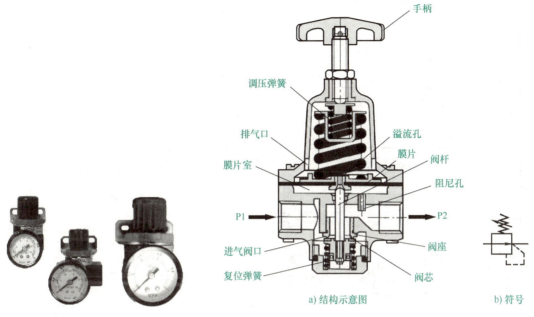

图 6-3 减压阀

图 6-4 减压阀的结构与符号

a) 结构示意图　　b) 符号

2. 控制回路图

(1) 气压基本回路　如图 6-2 所示,颜料调色振动机控制回路主要由二次压力控制、高低压转换、延时、换向和往复动作五个气压基本回路组成。

1) 二次压力控制回路。颜料调色振动机工作压力由气动三联件中减压阀调整,具体详见项目一。

2) 高低压转换回路。高低压转换回路属于压力控制回路,其核心元件为减压阀。图 6-2 中,三联件输出的压缩空气经减压阀(阀 6)减压后进入气缸,推动活塞运动,以达到调节颜料桶振动频率的目的。

3) 延时回路。当 YV1 得电,二位三通单电控换向阀(阀 1)右位工作,二位三通双气控换向阀(阀 5)Z 口有气控信号输入,阀 5 右位工作,气源装置输出压缩空气经阀 5 P 口、A 口,进入延时阀(阀 4)K 口,延时时间(颜料振动时间)到,阀 4 A 口输出气压信号,阀 5 才换向,二位五通双气控换向阀(阀 7)Y 口气控信号关断。

4) 换向回路。YV1 得电的同时,YV2 得电,二位三通单电控换向阀(阀 2)右位工作,阀 7 Y 口有气控信号输入,阀 7 左位工作,气缸活塞杆伸出;当 YV3 得电时,阀 7 Z 口有气控信号输入,阀 7 右位工作,气缸活塞杆缩回。

5) 往复动作回路。图 6-2 中采用了延时回路形成的时间控制往复动作回路。当阀 4 延时时,气缸活塞杆在 SQ2、SQ3 之间不停地伸出和缩回,对颜料振动混合;延时时间到后,活塞杆才缩回至初始位置 SQ1,停止运动。

(2) 控制回路的动作过程　颜料调色振动机控制回路的动作过程见表 6-1。

表 6-1 颜料调色振动机控制回路的动作过程

序号	动作条件	动作仿真图
1	接通电源、气源	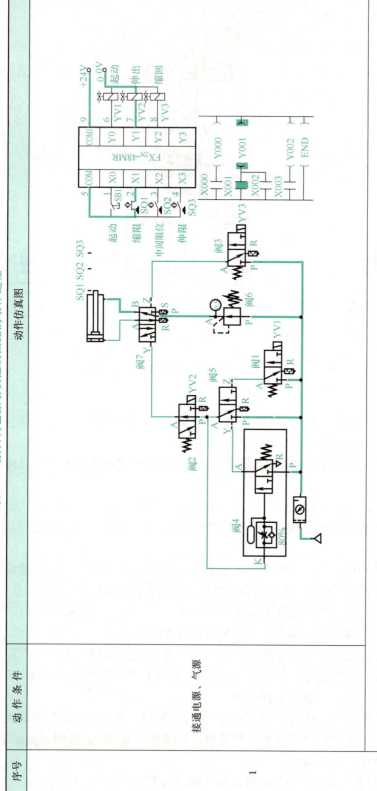 1) 电路及程序。气缸活塞杆缩回到位，SQ1 动作→输入点 X1 接通→X1 常开触头接通→Y1 动作→YV2 得电 2) 气路。YV2 得电→阀 2 工作于右位，为起动做好准备

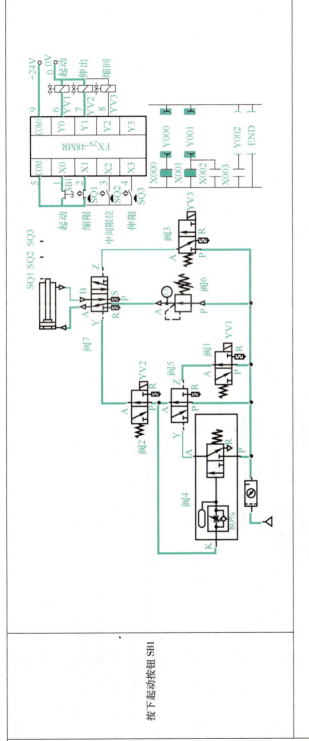

按下起动按钮 SB1

1) 电路及程序。按下 SB1→输入点 X0 接通→X0 常开触头接通→Y0 动作→YV1 得电
2) 气路。YV1 得电→阀 1 工作于右位
① 信号回路：
阀 5 Z 口信号回路：气源→三联件→阀 1 P 口→阀 1 A 口→阀 5 Z 口→阀 5 工作于右位
阀 7 Y 口信号回路：气源→三联件→阀 5 P 口→阀 5 A 口→阀 7 A 口→阀 7 Y 口→阀 7 工作于左位
② 延时信号回路：气源→三联件→阀 5 P 口→阀 5 A 口→阀 2 P 口→阀 2 A 口→阀 7 Y 口→阀 4 K 口→开始计时
③ 主回路：
进气：气源→三联件→阀 6→阀 7 P 口→阀 7 A 口→气缸无杆腔→活塞杆开始伸出
排气：气缸有杆腔→阀 7 B 口→阀 7 S 口→消声器排出

(续)

序号	动作条件	动作仿真图
3	松开按钮,气缸活塞杆伸出过程中	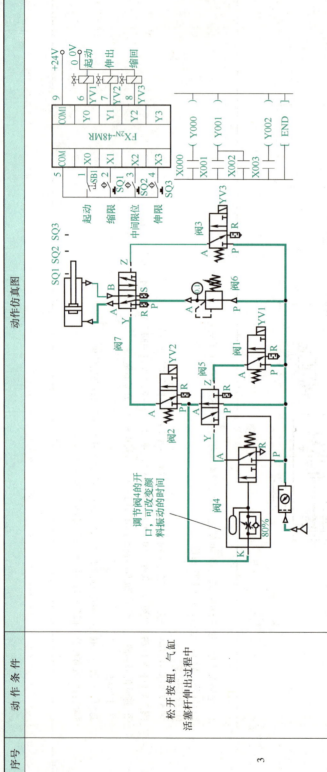 1) 电路及程序。松开按钮 SB1→输入点 X0 断开→X0 常开触头断开→Y0 复位→YV1 失电活塞杆伸出后,SQ1 复位→输入点 X1 断开→X1 常开触头断开→Y1 复位→YV2 失电 2) 气路。YV1 失电→阀 1 工作于左位,阀 5 Z 口信号终止;阀 5 Y 口无信号→阀 5 仍工作于右位 YV2 失电→阀 2 工作于左位→阀 7 Y 口信号终止,阀 7 Z 口无信号输入→阀 7 仍工作于左位 主回路:阀 7 仍工作于左位→活塞杆的移动方向不变,继续伸出

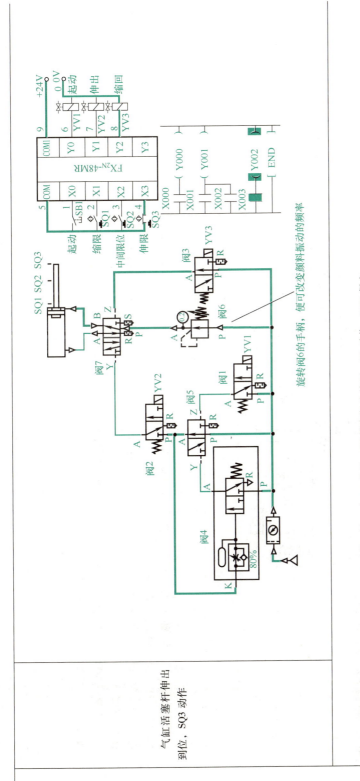

（续）

序号	动作条件	动作仿真图
5	活塞杆缩回至 SQ2 位置处，SQ2 动作	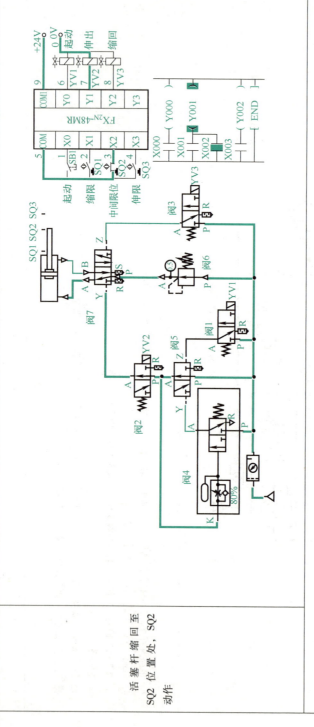 1）电路及程序。气缸活塞杆缩回至 SQ2 处，SQ2 动作→输入点 X2 接通→X2 常开触头接通→Y1 动作→YV2 得电 2）气路。YV2 得电→阀 2 工作于右位 ① 阀 7 Y 口信号回路：气源→三联件→阀 5 P 口→阀 7 A 口→气缸无杆腔→气缸活塞杆又一次伸出 ② 主回路 进气：气源→三联件→阀 6→阀 7 P 口→阀 2 P 口→阀 2 A 口→阀 7 Y 口→阀 7 工作于左位 排气：气缸有杆腔→阀 7 B 口→阀 7 S 口→消声器排出

项目六 颜料调色振动机控制回路的安装与调试

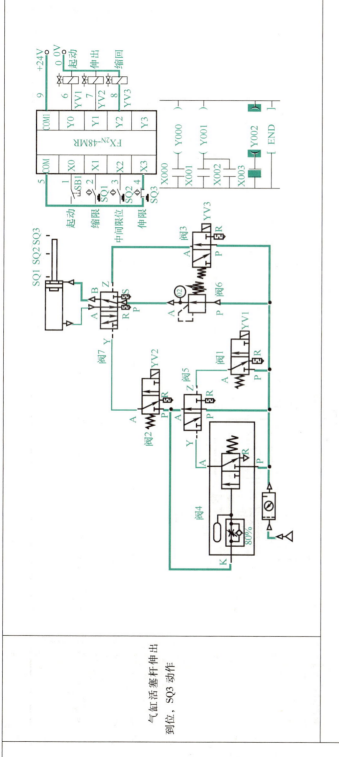

1) 电路及程序。气缸活塞杆伸出到位,SQ3 动作→输入点 X3 接通→X3 常开触头接通→Y2 动作→YV3 得电
2) 气路。YV3 得电→阀 3 工作于右位
   ① 阀 7 信号回路:气源→三联件→阀 3 P 口→阀 3 A 口→阀 7 Z 口→阀 7 工作于右位
   ② 主回路
   进气:气源→三联件→阀 6→阀 7 P 口→阀 7 B 口→气缸有杆腔→气缸活塞杆又一次缩回
   排气:气源→三联件→阀 7 A 口→阀 7 R 口→消声器排出
   如此往复,气缸活塞杆在 SQ2 和 SQ3 之间伸出和缩回,对颜料振动混合

（续）

序号	动作条件	动作仿真图
7	延时时间到	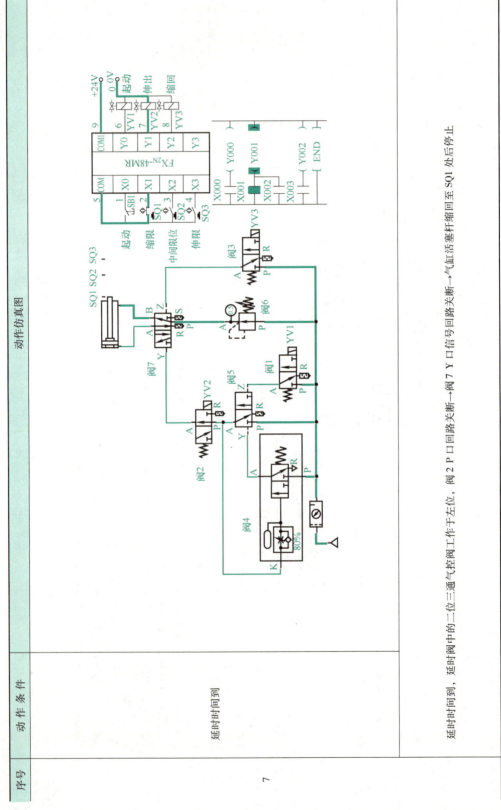 延时时间到，延时阀中的二位三通气控阀工作于左位，阀2 P口回路关断→阀7 Y口信号回路关断→气缸活塞杆缩回至SQ1处后停止

项目六　颜料调色振动机控制回路的安装与调试

> **操作指导**

施工前,施工者应根据要求,制订施工计划,合理安排进度,做到定额时间内完成施工作业。施工过程中要严格遵守安全操作规程和作业指导规范,确保安全,保证设备安装工艺和作业质量。操作流程如图 5-14 所示。

1. 施工准备

1)设备清点。按表 6-2 清点设备型号规格及数量,并归类放置。

表 6-2　设备清单

序　号	名　　称	型 号 规 格	数　量	单　位	备　注
1	安装平台		1	台	
2	空气压缩机	WY5.2	1	台	
3	三联件	AC2000	1	只	
4	双作用单出杆气缸	MA20×100-S-CA	1	只	磁性
5	二位三通单电控换向阀	3V110-06-NC	3	只	
6	二位三通双气控换向阀	3A120-06	1	只	
7	二位五通双气控换向阀	4A120-06	1	只	
8	延时阀	XQ23-04-50	1	只	
9	减压阀	AR-1500	1	只	
10	直角接头	APL6-01	若干	只	
11	直通接头	APC6-01	若干	只	
12	三通接头	APE6	5	只	
13	消声器	BSL-01	若干	只	
14	电感式接近开关	LJ12A3-4Z/EX	3	只	两线式
15	电源模块		1	个	
16	按钮模块		1	个	
17	PLC模块	FX_{2N}-48MR	1	个	
18	导线		若干	根	
19	气管	US98A-060-040	若干	m	
20	尼龙扎带	3mm×100mm	若干		
21	生料带		若干		

2)工量具清点。工量具清单见表 1-6,施工者应清点工量具的数量,同时认真检查其性能是否完好。

3)图样准备。施工前准备好设备控制回路图、设备布局图,供作业时查阅。颜料调色振动机的设备布局图如图 6-5 所示。

131

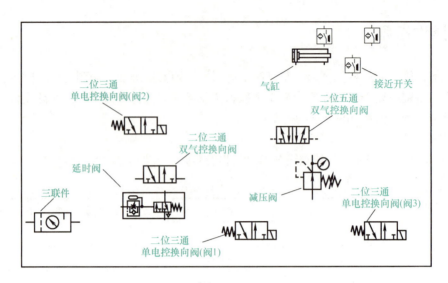

图 6-5　设备布局图

2. 气动回路安装

（1）元器件固定

1）安装固定三联件。根据图 6-5 安装固定三联件。

2）安装固定延时阀。根据图 6-5 安装延时阀。

3）安装固定单电控换向阀。根据图 6-5 安装固定二位三通单电控换向阀。

4）安装固定二位三通双气控换向阀。根据表 6-3 安装固定二位三通双气控换向阀。

表 6-3　安装固定二位三通双气控换向阀

操作步骤	操作图示	操作说明
1		准备好消声器、直通接头和二位三通双气控换向阀，并有序放置。连接固定直通接头、消声器与二位三通双气控换向阀，紧固时用力要适中，避免损坏
2		在安装底座上固定二位三通双气控换向阀，安装要牢固、可靠

（续）

操作步骤	操作图示	操作说明
3	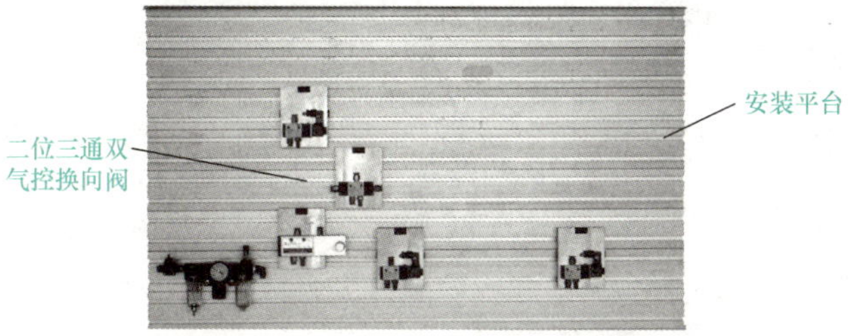 二位三通双气控换向阀；安装平台	根据设备布局图将二位三通双气控换向阀固定在安装平台上

5）安装固定减压阀。根据表6-4安装固定减压阀。

表6-4 安装固定减压阀

操作步骤	操作图示	操作说明
1	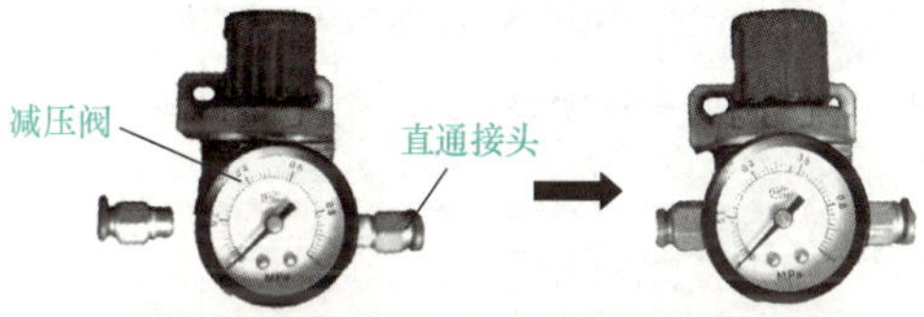 减压阀、直通接头	准备好减压阀和直通接头，并有序放置。连接固定直通接头与减压阀，紧固时用力要适中，避免损坏
2	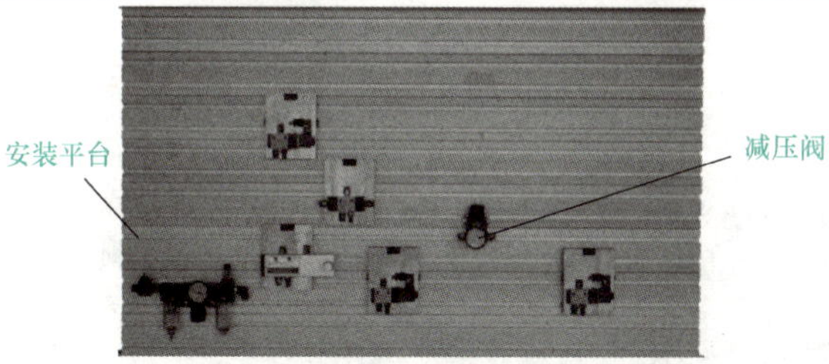 安装平台；减压阀	根据设备布局图将减压阀固定在安装平台上

6）安装固定二位五通双气控换向阀。根据图6-5安装固定二位五通双气控换向阀。

7）安装固定气缸。根据图6-5安装固定气缸。

8）安装固定接近开关。根据图6-5安装固定接近开关。

（2）气动回路连接　根据颜料调色振动机控制回路图（图6-2）按表6-5搭接气路。

表6-5 气路搭接

操作步骤	操作图示	操作说明
1	气管的一端连接空气压缩机输出口的手滑阀，另一端连接三联件输入口的手阀，将压缩空气引至三联件	
2	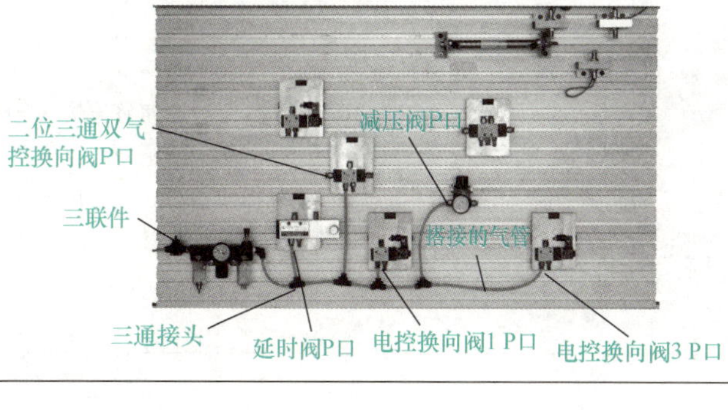 二位三通双气控换向阀P口；减压阀P口；三联件；搭接的气管；三通接头；延时阀P口；电控换向阀1P口；电控换向阀3P口	气管与三通接头连接三联件的出口和延时阀P口、二位三通双气控换向阀P口、电控换向阀1P口、减压阀P口、电控换向阀3P口，给它们提供压缩空气

(续)

操作步骤	操作图示	操作说明
3	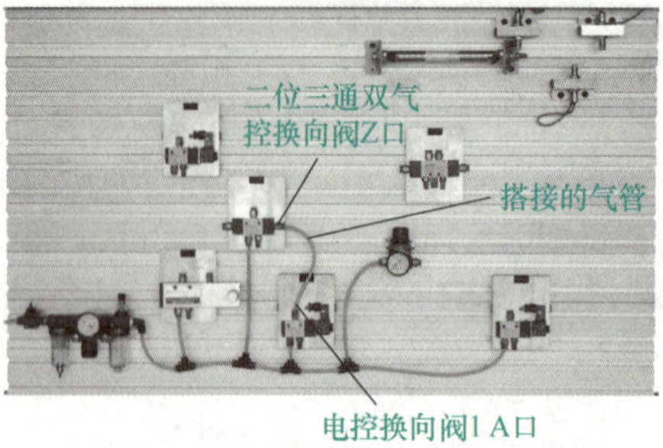	气管连接电控换向阀1 A口和二位三通双气控换向阀 Z口，将气体引到二位三通双气控换向阀 Z口
4	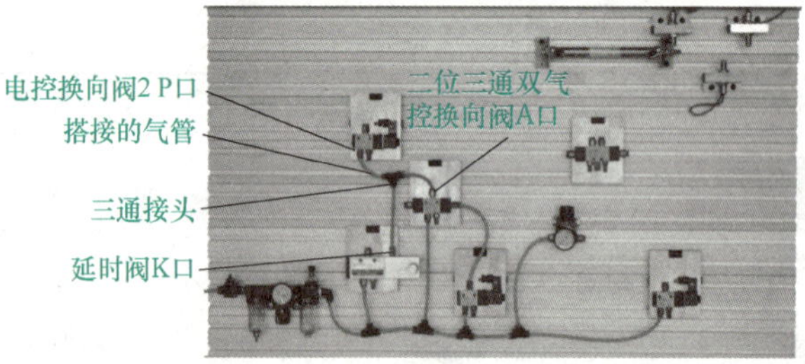	气管与三通接头连接二位三通双气控换向阀的 A口、延时阀 K口和电控换向阀2 P口，将气体引到延时阀和电控换向阀2
5	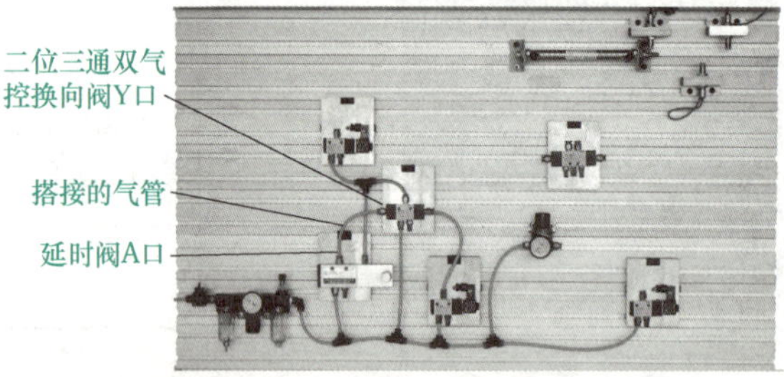	气管连接延时阀 A口和二位三通双气控换向阀 Y口，将气体引到二位三通双气控换向阀 Y口
6	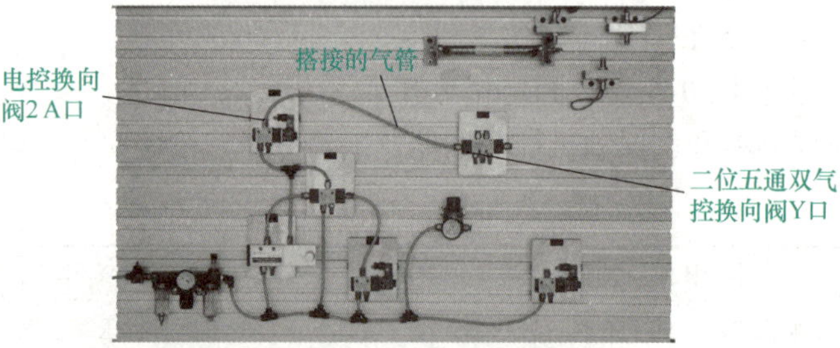	气管连接电控换向阀2 A口和二位五通双气控换向阀 Y口，将气体引到二位五通双气控换向阀 Y口
7	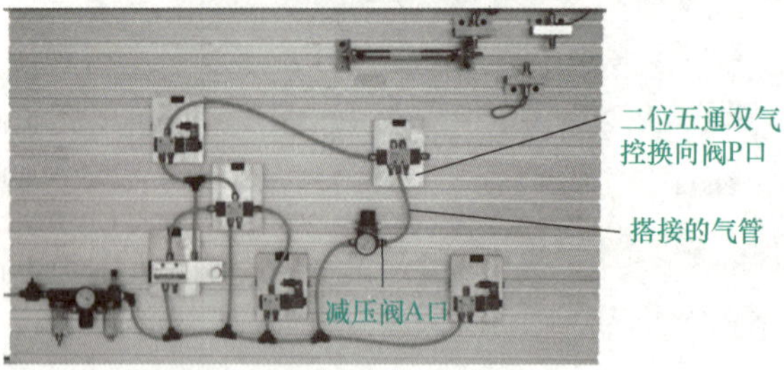	气管连接减压阀 A口和二位五通双气控换向阀 P口，将气体引到二位五通双气控换向阀 P口

项目六　颜料调色振动机控制回路的安装与调试

（续）

操作步骤	操 作 图 示	操 作 说 明
8	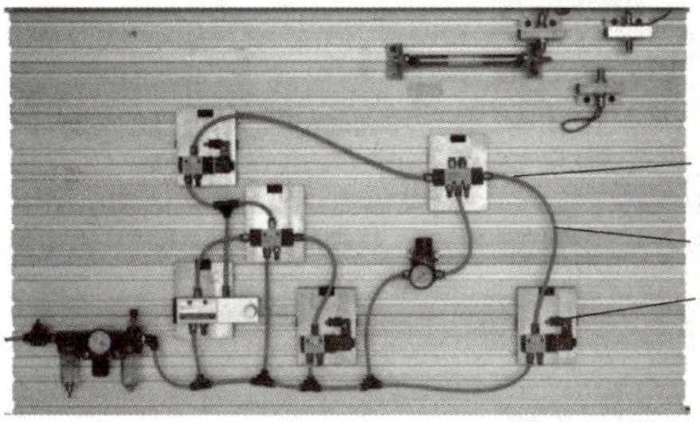 二位五通双气控换向阀Z口搭接的气管；电控换向阀3 A口	气管连接电控换向阀 3 A 口和二位五通双气控换向阀 Z 口，将气体引到二位五通双气控换向阀 Z 口
9	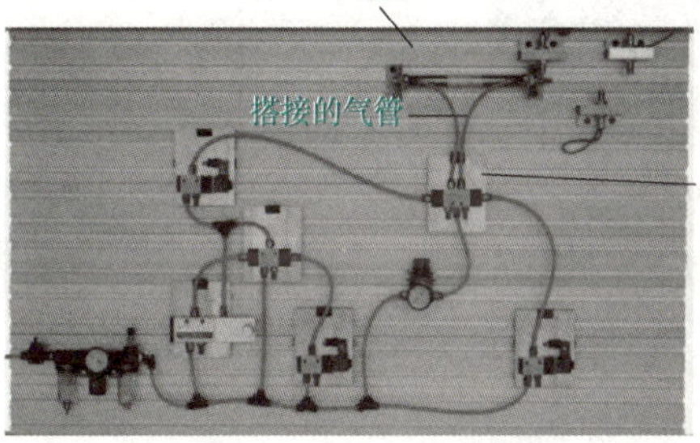 气缸；搭接的气管；二位五通双气控换向阀工作口	两根气管分别连接二位五通双气控换向阀 A 口与气缸无杆腔；二位五通双气控换向阀 B 口与气缸有杆腔，将气体引到气缸，最后整理好气管

（3）气动回路检查　对照颜料调色振动机控制回路图（图6-2）检查气动回路的正确性、可靠性，绝不允许调试过程中有气管脱落现象。

3. 电气回路安装

（1）电气回路连接　根据颜料调色振动机控制回路图（图6-2）按表6-6搭接电路。

表6-6　电路搭接

序　号	操 作 图 示	操 作 说 明
1	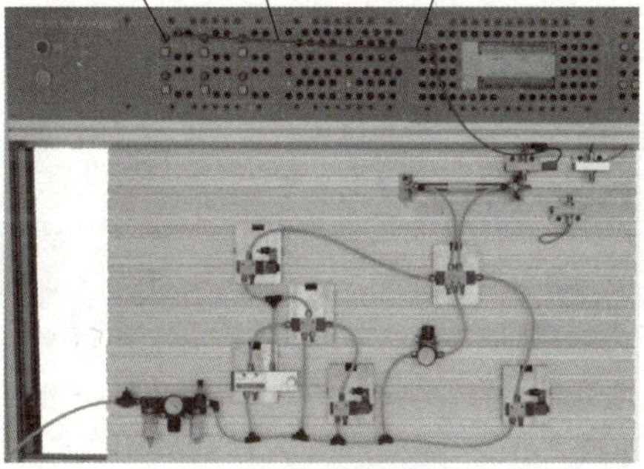 SB1　1号线　X0	搭接1号线 顺序：SB1 常开触头→X0

（续）

序号	操作图示	操作说明
2	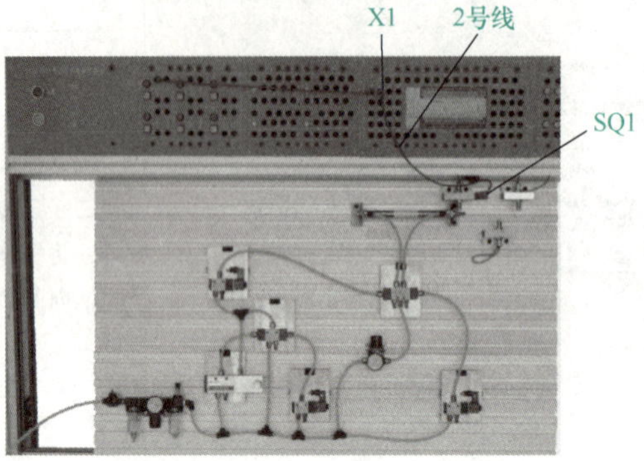	搭接 2 号线 顺序：SQ1 常开触头→X1
3	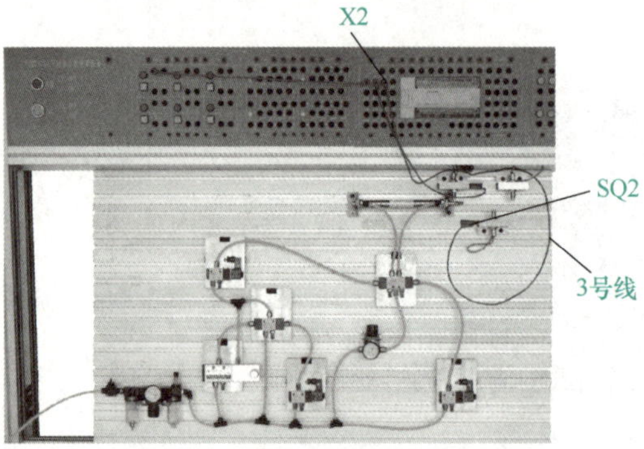	搭接 3 号线 顺序：SQ2 常开触头→X2
4	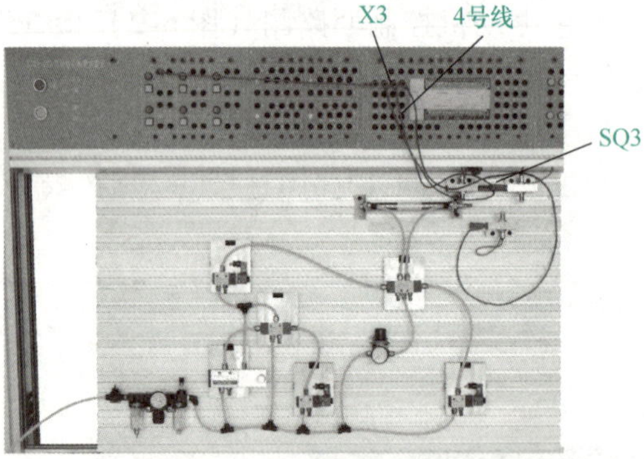	搭接 4 号线 顺序：SQ3 常开触头→X3
5	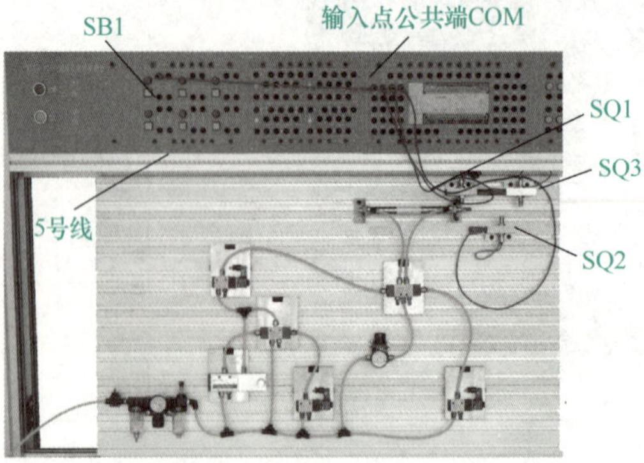	搭接 5 号线 顺序：SB1→输入点公共端COM→SQ1 常开触头→SQ3 常开触头→SQ2 常开触头

(续)

序号	操作图示	操作说明
6	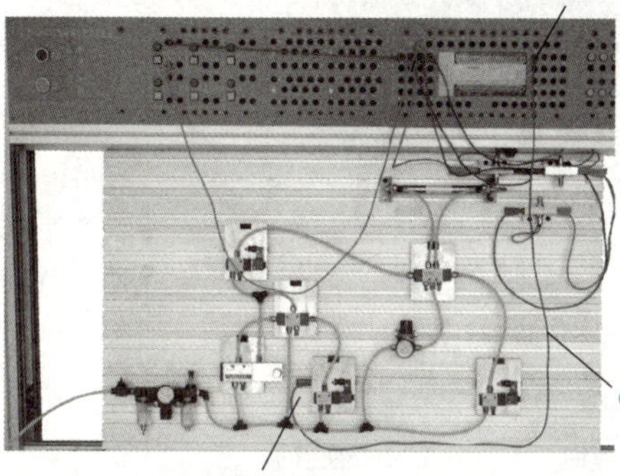	搭接 6 号线 顺序：Y0 → YV1 线圈
7	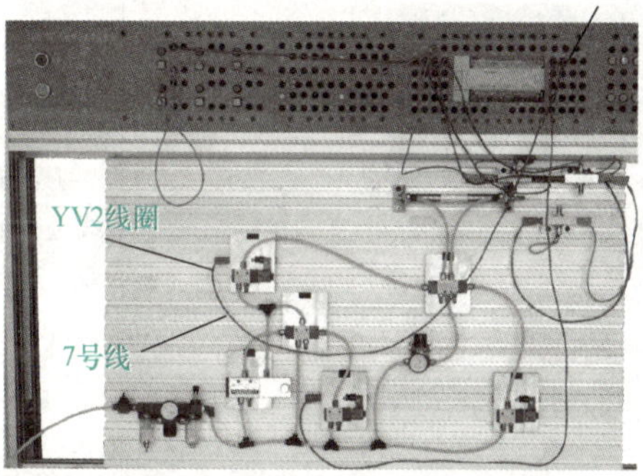	搭接 7 号线 顺序：Y1 → YV2 线圈
8	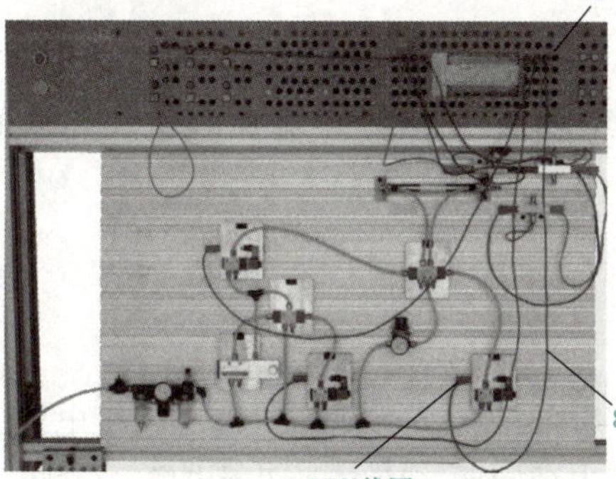	搭接 8 号线 顺序：Y2 → YV3 线圈
9	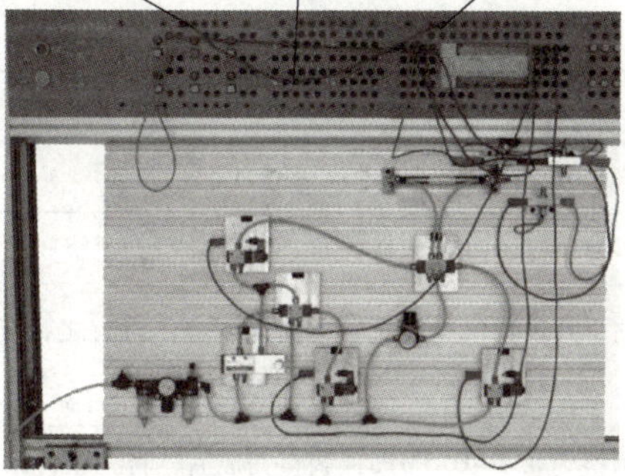	搭接 9 号线 顺序：24V "+"→输出点公共端 COM1

(续)

序号	操作图示	操作说明
10	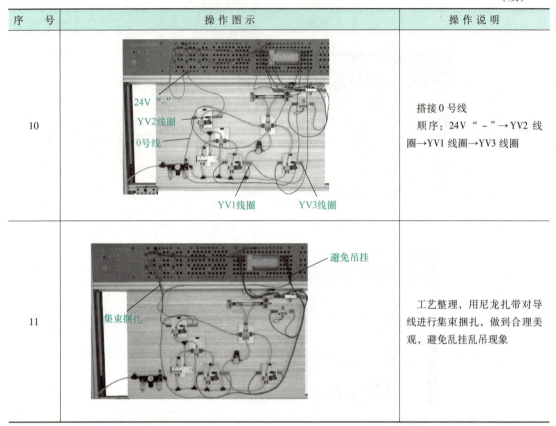	搭接0号线 顺序：24V "－"→YV2 线圈→YV1 线圈→YV3 线圈
11		工艺整理，用尼龙扎带对导线进行集束捆扎，做到合理美观，避免乱挂乱吊现象

（2）电气回路检查 根据颜料调色振动机控制回路图（图6-2）检查电路是否有接错线、掉线，接线是否牢固等，严禁出现短路现象，避免因接线错误而危及人身安全和设备安全。

4. 输入梯形图

启动三菱 GX 编程软件，根据表 5-11 输入梯形图。

5. 设备调试

清扫设备后，在确认人身和设备安全的前提下，接通空气压缩机电源，按表6-7调试。调试时要认真观察设备的动作情况，若出现问题，应立即切断电源、气源，避免扩大故障范围，待调整、检修或解决后重新调试，直至设备完全实现功能。

表 6-7 设备调试

操作步骤	操作图示	操作说明
1		用 SC-9 通信线缆连接 PLC 编程接口和计算机串行口，见表5-12
2		打开电源开关，起动空气压缩机压缩空气，等待气源充足，再向外滑动手滑阀，输出压缩空气
3		旋转手阀手柄，将气体引到三联件，并观察气路系统有无泄漏现象，若有之，应立即解决，以确保调试工作在无气体泄漏条件下进行
4		先下拉三联件调压手柄，将气压调整到 0.4～0.5MPa，调整完成后，将三联件调压手柄上压锁住

项目六　颜料调色振动机控制回路的安装与调试

（续）

操作步骤	操作图示	操作说明
5	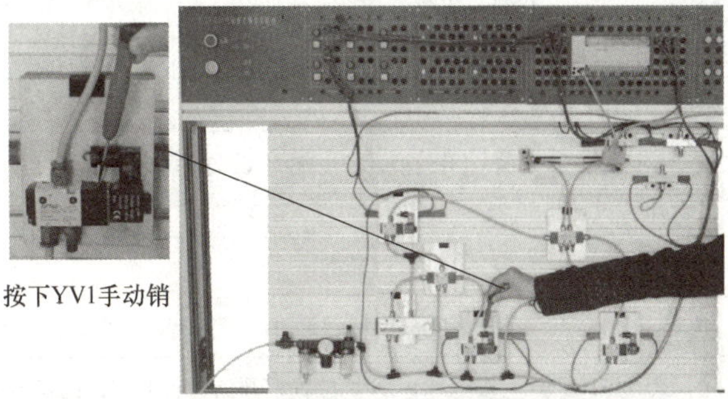 按下YV1手动销	手动调试气动回路：按下电控换向阀YV1的手动销，它工作于右位
6	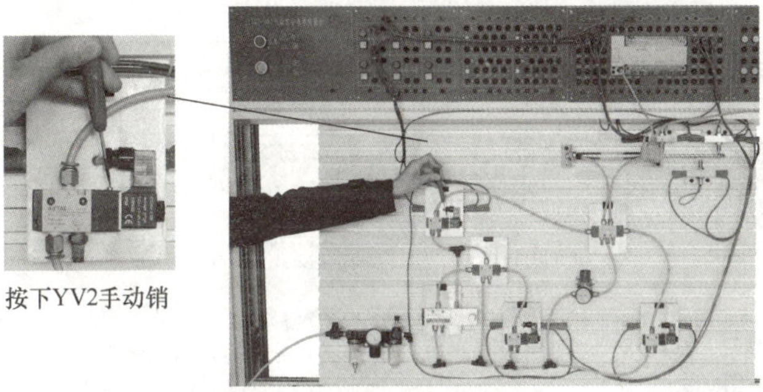 按下YV2手动销	按下电控换向阀YV2的手动销，气缸活塞杆伸出
7	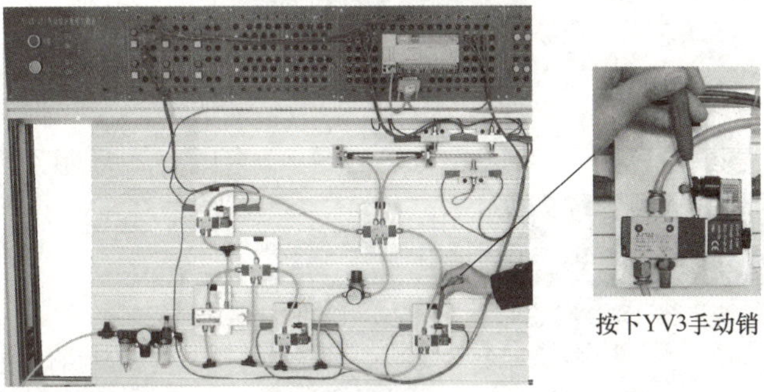 按下YV3手动销	按下电控换向阀YV3的手动销，气缸活塞杆缩回
8	气动回路手动调整后，关闭气源	
9	上电调试控制回路：先按下电源起动按钮，接通平台电源；再按下PLC电源起动按钮，接通PLC模块电源	
10	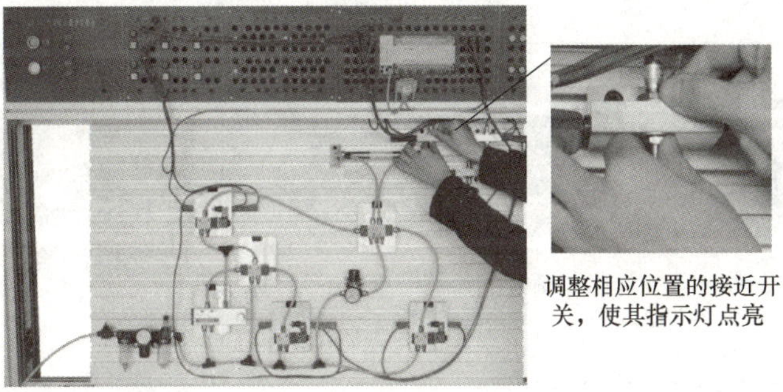 调整相应位置的接近开关，使其指示灯点亮	移动活塞杆，调整三个接近开关的位置，指示灯点亮，同时对应的PLC输入点点亮，说明调整到位，完成后将其拧紧固定

(续)

操作步骤	操作图示	操作说明
11	将 PLC 的 RUN/STOP 开关拨至"STOP"位置，下载程序	
12	单击【在线】→【传输设置】命令，进行传输参数设置	
13	单击 PC I/F→串行 USB 按钮，弹出设置对话框	
14	在"PC I/F 串口详细设置"对话框中选择"RS-232C"；端口设置为"COM1"；传送速度设置为"9.6Kbps"，再单击【确认】按钮即可，见表 5-12	
15	单击【在线】→【PLC 写入】命令，弹出"PLC 写入"对话框	
16	在"PLC 写入"对话框中选择"MAIN"，单击【执行】按钮便开始写入程序，并显示进度，见表 5-12	
17	程序写入完成后，将 PLC 的 RUN/STOP 开关拨至"RUN"位置，开始运行 PLC，见表 5-12	
18	逆时针旋转手阀手柄，接通气源	
19	按下起动按钮 SB1，YV1 线圈得电，气缸活塞杆开始伸出	
20	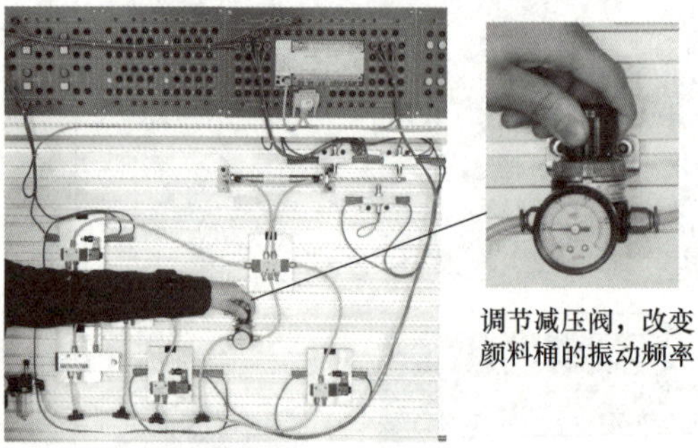 调节减压阀，改变颜料桶的振动频率	调节减压阀，改变颜料桶的振动频率
21	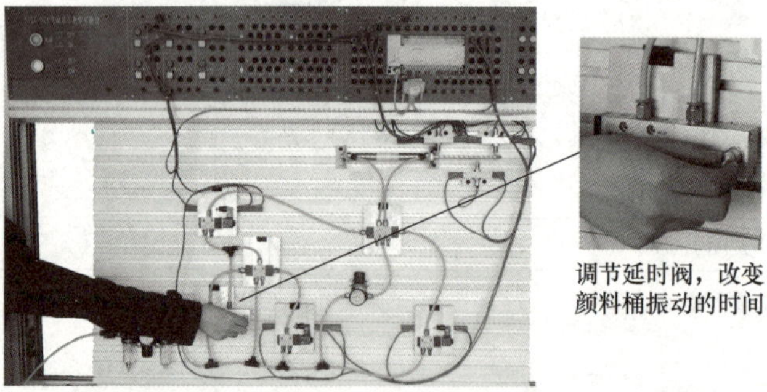 调节延时阀，改变颜料桶振动的时间	调节延时阀，改变颜料桶振动的时间
22	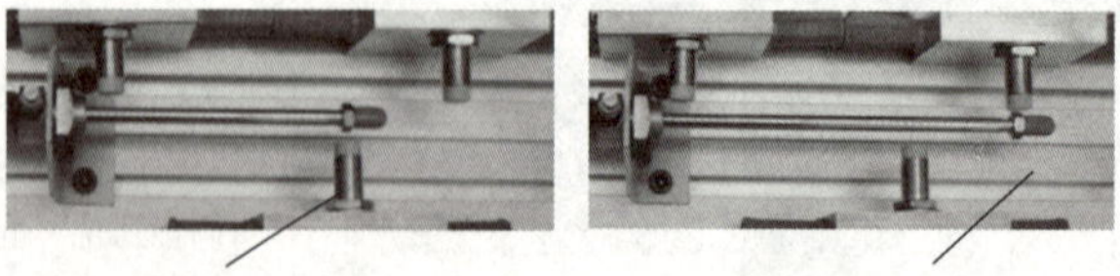 活塞杆缩至SQ2处时，再次起动伸出　　活塞杆伸至SQ3处时，再次起动缩回	可以观察出气缸的活塞杆在 SQ2 与 SQ3 之间往复运动，以对颜料进行混合

项目六　颜料调色振动机控制回路的安装与调试

（续）

操作步骤	操 作 图 示	操 作 说 明
23	活塞杆缩回到位	延时时间到，气缸活塞杆缩回到位，等待下一次起动
24	试运行一段时间，观察设备运行情况，确保设备合格、稳定、可靠	
25	按下 PLC 模块电源和平台电源按钮，按钮弹出，切断设备电源	
26	顺时针旋转手阀手柄，关闭气源	
27	向内滑动手滑阀，关闭气源系统，向下压回电源开关，压缩机停止工作	
28	拔出数据传输线	

6. 现场清理

设备调试完毕，要求施工者清点工量具、归类整理资料，并清扫现场卫生。

1）清点工量具。对照工量具清单清点工量具，并按要求装入工量具箱。
2）资料整理。整理归类技术说明书、设备清单、控制回路图、设备布局图等资料。
3）清扫设备周围卫生，保持环境整洁。
4）填写设备安装登记表，记载设备调试过程中出现的问题及解决的办法。

质量记录

设备质量记录表见表 6-8。

表 6-8　设备质量记录表

验收项目及要求		配分	配分标准	扣分	得分	备注
设备组装	1. 设备部件安装可靠、正确 2. 气路连接正确，规范美观 3. 电路连接正确，接线规范	35	1. 部件安装位置错误，每处扣 5 分 2. 部件安装不到位、零件松动，每处扣 5 分 3. 气管连接错误，每处扣 5 分 4. 气路漏气、掉管，每处扣 5 分 5. 气管过长、过短、乱接，每处扣 5 分 6. 电路连接错误，每处扣 5 分 7. 导线松动，布线凌乱，扣 5 分			

(续)

验收项目及要求		配分	配分标准	扣分	得分	备注
设备功能	1. YV1 得电、失电正常 2. YV2 得电、失电正常 3. YV3 得电、失电正常 4. 气缸活塞杆伸缩正常 5. 颜料振动频率正常 6. 颜料振动时间正常	60	1. YV1 未按要求工作，扣 10 分 2. YV2 未按要求工作，扣 10 分 3. YV3 未按要求工作，扣 10 分 4. 气缸活塞杆未按要求伸缩，扣 20 分 5. 颜料振动频率未按要求调整，扣 5 分 6. 颜料振动时间未按要求调整，扣 5 分			
设备附件	资料齐全，归类有序	5	1. 图样缺少，扣 3 分 2. 技术说明书、工量具清单、设备清单缺少，扣 2 分			
安全生产	1. 自觉遵守安全文明生产规程 2. 保持现场干净整洁，工具摆放有序		1. 每违反 1 项规定，扣 5 分 2. 发生安全事故，按 0 分处理 3. 现场凌乱、乱摆放工具、乱丢杂物、完成任务后不清理现场，扣 5 分			
时间	2h		提前正确完成，每 5min 加 1 分 超过定额时间，每 5min 扣 1 分			
开始时间		结束时间		总分		

项目拓展

图 6-6 所示为颜料调色振动机的另一种控制回路，与图 6-2 所示控制回路不同的是，它使用 PLC 内部的定时器进行颜料振动延时控制，气路选用排气节流方式，通过调节单向节流阀的开度，改变颜料混合振动的频率，且能产生一定的背压作用，起到运动稳定和缓冲保护气缸的作用。

如图 6-6 所示状态，气缸活塞杆缩回到位，SQ1 动作，输入点 X1 动作。按下 SB1，输入点 X0 接通，X0 常开触头接通，M0 动作且自锁，M0 常开触头接通，T0 线圈接通，开始计时的同时，M3 动作，M3 常开触头接通，Y0 动作，YV1 得电，换向阀左位工作，活塞杆开始伸出。活塞杆伸出后，SQ1 复位，输入点 X1 复位，X1 常开触头断开。松开 SB1，输入点 X0 复位，M0 保持，M3 复位，YV1 失电，因 YV2 未得电，活塞杆继续伸出。活塞杆伸出到位，SQ3 动作，输入点 X3 接通，X3 常开触头接通，M4 动作，输出点 Y1 动作，YV2 得电，换向阀右位工作，活塞杆开始缩回。活塞杆缩回至 SQ2 处，SQ2 动作，输入点 X2 接通，X2 常开触头接通，M3 动作，M3 常开触头接通，Y0 动作，YV1 得电，换向阀左位工作，活塞杆又一次伸出。活塞杆伸出到位，SQ3 动作，输入点 X3 接通，X3 常开触头接通，输入点 Y1 动作，YV2 得电，换向阀右位工作，活塞杆又一次缩回。如此往复，不断进行振动，混合颜料。延时时间到，T0 动作，其常闭触头断开，M3 复位。气缸活塞杆缩回至 SQ1 处，SQ1 动作，X1 常开触头接通，M1 动作，M0 复位，T0 复位，M1 复位，等待下一次起动。

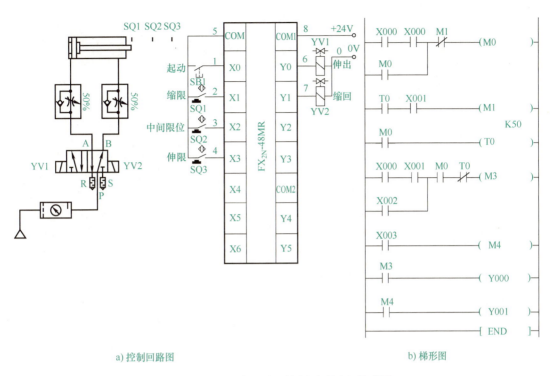

a) 控制回路图　　　　　　　　　　　　b) 梯形图

图 6-6　颜料调色振动机控制回路图和梯形图

第二单元

液压控制装置的安装与调试

项目七

传送带方向校正装置控制回路的安装与调试

学习目标

1. 能说出液压传动的工作原理、系统的组成及特点。
2. 知道液压系统中压力是如何形成的。
3. 认识双作用叶片泵等液压动力元件，知道它们的工作原理、结构和符号，并会识别、安装及使用。
4. 认识直动式溢流阀、液控单向阀、三位四通手动换向阀等液压控制元件，知道它们的工作原理、结构和符号，并会识别、安装及使用。
5. 认识双作用式单活塞杆液压缸等液压执行元件，知道它们的工作原理、特点、应用、结构和符号，并会识别、安装及使用。
6. 认识过滤器、油箱、压力表等液压辅助元件，知道它们的结构和符号，并会识别、安装及使用。
7. 会识读传送带方向校正装置控制回路图，并能说出其液压回路的动作过程。
8. 会根据传送带方向校正装置控制回路图、设备布局图正确安装、调试其控制回路。
9. 拓展认识二位二通手动换向阀和二位四通手动换向阀等液压控制元件，会识读液控单向阀双向锁紧回路与二位二通换向阀的卸荷回路。

项目简介

传送带被广泛应用于机场和火车站，用于对旅客的行李进行安全检测。图 7-1 所示为某企业的传送装置，它用一条链式传送带传送部件，让传送的部件通过烘箱烘干除湿。为使传送带不脱离托辊，设备需借助一个传送带方向校正装置来移正倾斜的传送带。如图 7-2 所示，传送带方向校正装置主要由叶片泵、液压撑杆（液压缸）、托辊等组成，托辊一端固定，叶片泵驱动液压撑杆伸出或缩回，从而带动托辊左右摆动，

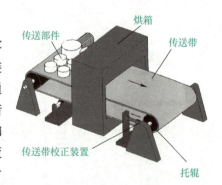

图 7-1 某企业的传送装置

调整传送带位置，使传送带向希望的方向运动，图 7-3 所示为传送带方向校正装置控制回路图。

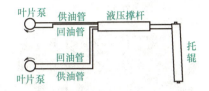

图 7-2　传送带方向校正装置的工作示意图

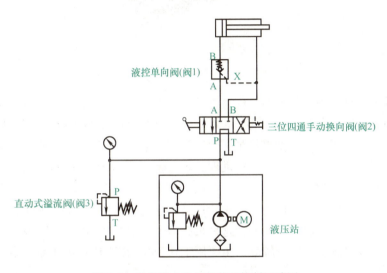

图 7-3　传送带方向校正装置控制回路图

知识储备

1. 工作介质

液压传动的工作介质为液体，通常为油液。油液与气体相比，其黏性大，可压缩性很小，故通常可认为油液是不可压缩的，但在压力变化很大的高压系统中，需考虑油液的可压缩性对液压系统工作性能的影响。

2. 液压元件

（1）液压站　图 7-4 所示为液压站的结构与符号。它是由液压泵、油箱、过滤器、压力表和溢流阀等液压元件构成的液压源装置。当电动机驱动液压泵旋转后，液压泵通过吸油口从油箱内直接吸油，压油口输出的液压油进入系统，推动执行元件动作，系统回油通过回油管回到油箱。液压泵出口压力由压力控制阀（溢流阀）限定，超过限定压力时，油液经溢流阀直接流回油箱。

1）双作用叶片泵。图 7-5 所示为双作用叶片泵。它是液压泵的一种，为液压系统的动力元件，其作用是将电动机或其他原动机输出的机械能转换为油液的压力能，属于能量转换装置。

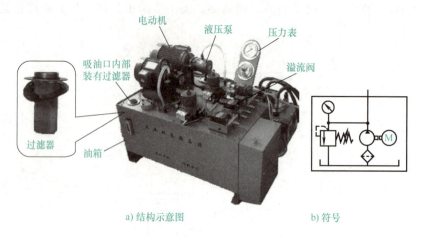

a) 结构示意图　　　　　　　b) 符号

图 7-4　液压站的结构与符号

图 7-6 所示为双作用叶片泵的结构与符号。它主要由泵体、转子、定子、叶片、配油盘（端盖）等组成。当转子转动时，叶片在离心力和根部液压油的作用下，紧贴定子内表面，由叶片、定子的内表面（呈近似椭圆形）、转子的外表面和两侧配油盘形成了若干个密封容积。当转子按图 7-6 所示顺时针方向转动时，A 处和 C 处工作密封容积由小变大，吸入油液；B 处和 D 处工作密封容积由大变小，将油液从压油口压出。因转子每转一周，每个工作容积完成两次吸油和压油，故称为双作用叶片泵；且这种泵转子和定子同轴，不能改变输出流量，故只能作为定量泵使用。此外，这种泵有两个对称的吸油区和压油区，作用在转子上的液压力相互平衡，故工作压力较高，主要用于 6.3MPa 以下液压中压系统中。

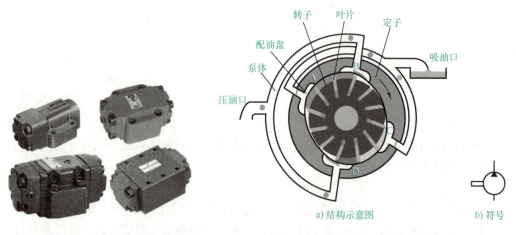

图 7-5　双作用叶片泵　　　　　图 7-6　双作用叶片泵的结构与符号

2) 油箱。图 7-7 所示为油箱的结构与符号。它是液压辅助元件，在液压系统中起储油、散热、分离油中气泡和沉淀杂质等作用。它主要由液位计、吸油管、空气过滤器、回油管、侧板、入孔盖、放油塞、地脚、隔板、底板、吸油过滤器、盖板等组成。

3) 过滤器。图 7-8 所示为网式过滤器的结构与符号。它是一种常用粗过滤器，起滤除油中杂质的作用，主要由上盖、圆筒、铜网及下盖等组成。

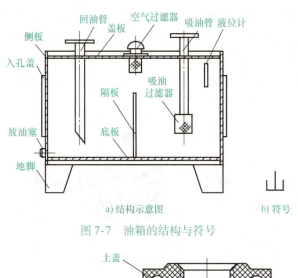

a) 结构示意图　　　　b) 符号

图 7-7　油箱的结构与符号

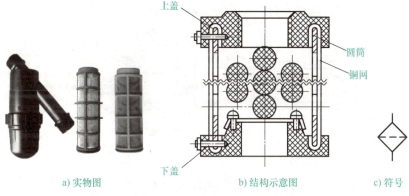

a) 实物图　　　b) 结构示意图　　　c) 符号

图 7-8　网式过滤器的结构与符号

在液压系统中，为保持油液清洁，防止油中脏物划伤运动部件表面，加剧运动部件磨损，防止堵塞阀和管道小孔，引起运动部件卡死等故障，通常在泵的吸油口处安装粗过滤器，在泵的输出管路与重要元件之前安装精过滤器。

4）压力表。图 7-9 所示为压力表，用于观察液压系统中各点的工作压力。

图 7-10 所示为压力表的结构与符号。它主要由弹簧管、放大机构、指示器及基座等组成。当液压油从下部油口进入弹簧管后，弹簧管在油液压力的作用下变形伸张，再由表内传动放大机构将变形量放大并引起指针转动来显示压力的大小。

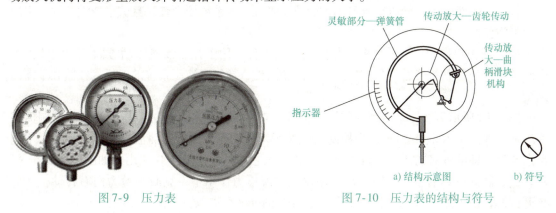

图 7-9　压力表　　　　图 7-10　压力表的结构与符号

（2）直动式溢流阀　在液压系统中，溢流阀属于压力控制元件，通常接在液压泵的出油口处。它主要起两方面作用：一是溢流和稳压作用，即保持液压系统的压力恒定；二是限压保护作用，即防止液压系统过载。

图 7-11 所示为直动式溢流阀的结构与符号。它主要由锥阀、弹簧、调节机构等组成。P 为进油口，与系统相连，T 为回油口，与油箱相连。

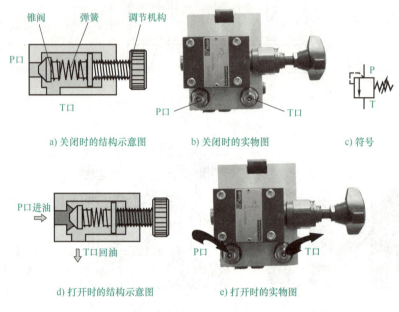

图 7-11　直动式溢流阀的结构与符号

如图 7-11a、b 所示，当流入进油口 P 的油压较小时，阀芯在弹簧力的作用下将 P 口与 T 口之间的油路关断，油液不能流回油箱。

如图 7-11d、e 所示，随着流入进油口 P 的油液压力升高，阀芯左端产生的作用力大于弹簧的预紧力时，阀芯右移，阀口被打开，进油口 P 与回油口 T 相通，多余的油液流回油箱，从而限制了进油口压力的继续升高。进油口压力的大小可通过调节机构调整弹簧的预紧力来控制。

直动式溢流阀结构简单，制造容易，成本低，但油液压力直接靠弹簧平衡，所以压力稳定性较差，一般适用于低压、流量不大的液压系统。若系统压力较高且流量较大，则可采用先导型溢流阀。

（3）液控单向阀　液控单向阀是方向控制元件，用于控制油液流动方向。它能使被单向阀关断的油路重新接通，具有良好的单向密封性，常用于液压系统的保压、锁紧和平衡回路中。

图 7-12 所示为液控单向阀的结构与符号。它主要由阀芯、阀体、压缩弹簧、控制活塞等组成。如图 7-12a、b 所示，当控制油口 X 无液压油时，此时的油液只能单向流动，不能反向流动，即油液只能从工作口 A 流入，顶开阀芯，再从工作口 B 流出；如图 7-12d、e 所示，当控制油口 X 有液压油时，活塞左端在油液压力作用下，克服弹簧力向右移动，从而顶开阀芯，使工作口 A 与工作口 B 相通，此时的油液可以双方向流动。

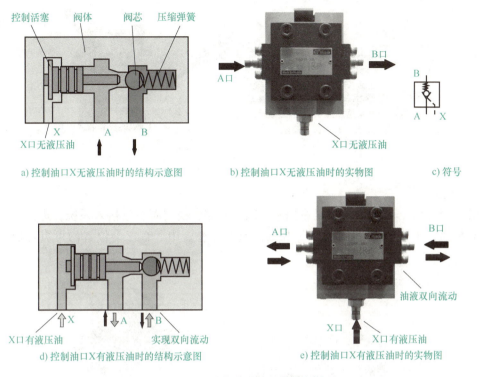

图 7-12　液控单向阀的结构与符号

（4）三位四通手动换向阀　三位四通手动换向阀是一种利用手动杠杆来改变阀芯在阀体内的工作位置，从而实现油液流动方向改变的方向控制元件。

1）结构与符号。如图 7-13 所示，三位四通手动换向阀主要由操纵杆、推杆、阀体和阀芯等组成。阀芯在阀体内有 3 个工作位置（左、中、右三位），4 个通路口（液压油的进油口 P、通油箱的回油口 T、连接执行元件的工作油口 A 和 B）。当三位四通手动换向阀的操纵杆拨至中间位置时，换向阀处于中位，进油口 P 与回油口 T 相通，工作口 A、B 关断。

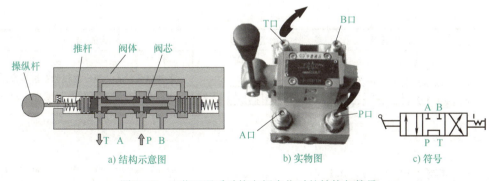

图 7-13　三位四通手动换向阀中位时的结构与符号

如图 7-14 所示，当操纵杆拨至左档时，阀芯右移，换向阀左位接入系统，进油口 P 和工作口 A 相通，工作口 B 和回油口 T 相通。

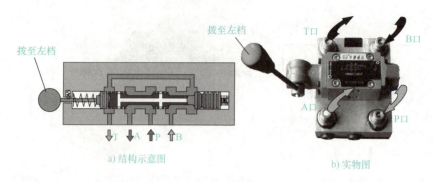

图 7-14　三位四通手动换向阀左位时的结构

如图 7-15 所示,当操纵杆拨至右档时,阀芯左移,换向阀右位接入系统,进油口 P 和工作口 B 相通,工作口 A 和回油口 T 相通。阀芯在左、中、右三个位置均可有定位装置定位。

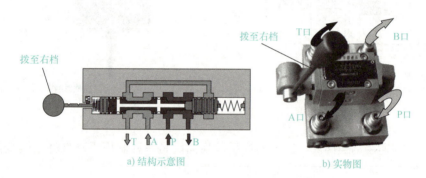

图 7-15　三位四通手动换向阀右位时的结构与符号

2）三位阀中位机能。三位阀的阀芯在阀体中有左、中、右三个位置。左、右工作位置使执行元件获得不同的运动方向,而中间位置可利用不同形状及尺寸的阀芯结构,得到多种不同的油口连接方式,以实现不同的功能要求。三位阀在中间位置时的油口连接关系称为中位机能。三位阀常见中位机能见表 7-1。

表 7-1　三位阀常见中位机能

形式	结构简图	图形符号	性能特点
O			各油口全封闭,液压缸锁紧;液压泵及系统不卸荷,并联的其他执行元件运动不受影响
H			各油口全连通,液压泵及系统卸荷,活塞在液压缸中浮动。由于油口互通,故换向较"O"型平稳,但冲击量较大

（续）

形式	结构简图	图形符号	性能特点
Y			进油口封闭，活塞在液压缸中浮动，液压泵及系统不卸荷。换向过程的性能介于"O"型和"H"型之间
P			回油口封闭，进油口与液压缸两腔连通，液压泵及系统不卸荷，可作为差动连接，且起动、制动和换向平稳性较好
M			进油口与回油口连通，液压缸锁紧，液压泵及系统卸荷。换向时，与"O"型性能相同，可用于立式或锁紧的液压系统中

（5）双作用式单活塞杆液压缸　双作用式单活塞杆液压缸是一种常见的液压缸，为液压系统的执行元件，其作用是将液压能转换为机械能，一般用来实现往复直线运动。

1）结构与符号。双作用式单活塞杆液压缸有空心和实心两种结构。如图7-16a、b所示，实心单活塞杆液压缸主要由活塞、活塞杆、缸体、端盖及密封圈等组成。若缸体固定，当液压油流入无杆腔时，有杆腔回油，活塞杆伸出。

同样，如图7-16d、e所示，当液压油流入有杆腔时，无杆腔回油，活塞杆缩回。

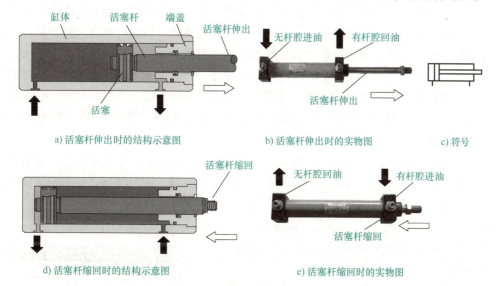

图 7-16　双作用式单活塞杆液压缸的结构与符号

2）特点和应用。由于单活塞杆液压缸仅一端有活塞杆，故两腔有效作用面积不相等。因此，当左右两腔相继进入液压油时，若流入流量 q 及压力 p 不变，则活塞（或缸体）在两个方向的速度和推力均不相等。

如图 7-17 所示，单活塞杆液压缸在三种不同的连接方式下，活塞的推力和运动速度各不相同，具体见表 7-2。

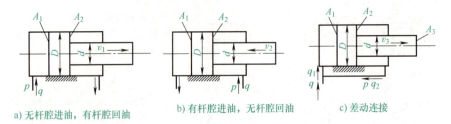

a) 无杆腔进油，有杆腔回油　　b) 有杆腔进油，无杆腔回油　　c) 差动连接

图 7-17　单活塞杆液压缸的连接方式

表 7-2　单活塞杆液压缸的推力与运动速度公式

连 接 方 式	活塞的推力 F	活塞的运动速度 v
如图 7-17a 所示，无杆腔进油，有杆腔回油	$F_1 = p \times A_1 = p \times \dfrac{\pi}{4} D^2$	$v_1 = \dfrac{q}{A_1} = \dfrac{4q}{\pi D^2}$
如图 7-17b 所示，有杆腔进油，无杆腔回油	$F_2 = p \times A_2 = p \times \dfrac{\pi}{4}(D^2 - d^2)$	$v_2 = \dfrac{q}{A_2} = \dfrac{4q}{\pi(D^2 - d^2)}$
如图 7-17c 所示，差动连接	$F_3 = p \times A_3 = p \times \dfrac{\pi}{4} d^2$	$v_3 = \dfrac{q}{A_3} = \dfrac{4q}{\pi d^2}$

由表 7-2 可知：

① $v_1 < v_2$，$F_1 > F_2$，即无杆腔进油时，推力大、速度慢；有杆腔进油时推力小、速度快。因此，单活塞杆液压缸常用于在一个方向上有较大负载，但运行速度较慢，另一个方向上空载退回运动的设备。例如：各金属切削机床、注塑机。

② $v_3 > v_1$，$F_3 < F_1$，这说明差动连接时，能使运动部件获得较高的速度和较小的推力。因此，单活塞杆液压缸还常用于实现"快进（差动连接）→工进（无杆腔进油）→快退（有杆腔进油）"工作循环的组合机床等设备的液压系统中。若需"快进"和"快退"的速度相等，则 $D = \sqrt{2} d$。

3）液压缸的密封。液压缸在工作时，缸内压力较缸外压力（大气压）大，一般进油腔压力较回油腔压力大很多，因此在配合表面间将会产生泄漏，而泄漏将直接影响系统的工作压力，甚至使整个系统无法工作，外泄漏还会污染设备和环境，造成油液浪费。因此，必须合理地设置密封装置，防止和减少油液的泄漏及空气和外界污染物的侵入。

液压缸常用的密封方法有间隙密封和密封元件密封。

间隙密封是通过相对运动件之间微小配合间隙来保证的。它常用于直径较小、压力较小的液压缸与活塞间的密封。如图 7-18 所示，在活塞上开几个

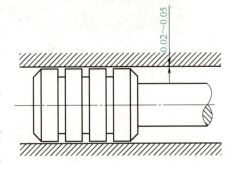

图 7-18　间隙密封

环形沟槽（一般为 0.5mm×0.5mm），其作用，一方面可以减小活塞和液压缸壁之间的接触面积；另一方面利用沟槽内油液压力的均匀分布，使活塞处于中心位置，减小因零件精度不高而产生的侧压力所造成的活塞与液压缸壁之间的摩擦，并可减少泄漏。

间隙密封摩擦阻力小，但密封性能差，加工精度要求较高，因此，它只适用于尺寸较小、压力较低、运动速度较高的场合。

密封元件密封是液压系统中应用最广泛的一种密封方法。如图 7-19 所示，密封圈用耐油橡胶、尼龙等材料制成，其截面通常做成 O 形、Y 形、V 形等。

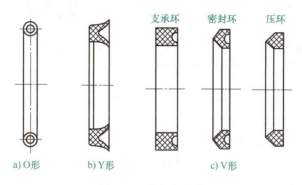

图 7-19　常见密封圈

O 形密封圈是截面形状为圆形的密封元件，其结构简单，制造容易，密封可靠，摩擦力小，因而应用广泛，既可用于固定件的密封，也可用于运动件的密封。为保证密封性能，制造时其分模面（产生飞边处）应选在相对轴线倾斜 45°的位置。

Y 形密封圈截面呈 Y 形，其结构简单，适用性很广，密封效果好，常用于活塞和液压缸之间、活塞杆与液压缸盖之间的密封。一般情况下，Y 形密封圈可直接装入沟槽使用，但在压力变动较大、运动速度较高的场合，应使用支承环固定 Y 形密封圈。

V 形密封圈由形状不同的支承环、密封环和压环成组组成。V 形密封圈接触面大，密封可靠，但摩擦力大，主要用于移动速度不高的液压缸中（如磨床工作台液压缸）。

Y 形和 V 形密封圈在液压油作用下，其唇边张开，贴紧在密封表面，油压越大，密封性能越好，因此在使用时要注意安装方向，使其在液压油作用下能张开。

密封圈为标准件，选用时其技术规格及使用条件可参阅有关手册。

4）液压缸的缓冲。液压缸的缓冲结构是为了防止活塞在行程终了时，由于惯性力的作用与端盖发生撞击，影响设备的使用寿命。特别是当液压缸驱动重负荷或运动速度较大时，液压缸的缓冲就显得更为必要。缓冲的原理是当活塞将要达到行程终点、接近端盖时，增大回油阻力，以降低活塞的运动，从而减少和避免活塞对端盖的撞击。图 7-20 所示为常用的缓冲结构，主要由活塞顶端的凸台和端盖上的凹槽构成。凸台制成圆台或带斜槽圆柱，凹槽则为内圆柱不通孔。当活塞运动至接近端盖时，凸台进入凹槽，凹槽内的油液被压经凸台与凹槽间的缝隙回流，而增大回油阻力，产生制动作用，使活塞运动减慢，从而实现缓冲。

5）液压缸的排气。由于安装、停车或其他原因，常会使液压系统的油液中渗入空气。液压系统中渗入空气后，会影响运动的平稳性，使换向精度下降，活塞低速运动时产生爬行，甚至在开始运动时运动部件产生冲击现象。为了便于排除积留在液压缸内的空气，油液最好从液压缸的最高点进入和引出。对运动平稳性要求较高的液压缸，常在液压缸两端装有排气塞，其结构如图 7-21 所示。工作前拧开排气塞，使活塞全行程空载往复数次，将缸中空气通过排气塞排净，然后拧紧排气塞，即可进行工作。

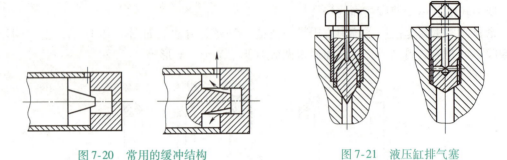

图 7-20　常用的缓冲结构　　　　　　　图 7-21　液压缸排气塞

3. 液压系统压力的建立

密闭容器内静止油液受到外力挤压而产生压力（静压力），对于采用液压泵连续供油的液压系统，除静压力外，流动油液在某处的压力也因受到各种形式负载，如工作阻力、摩擦力、弹簧力等的挤压而产生的，即存在动压力。但在一般液压传动中，动压力很小，可忽略不计，主要考虑静压力。

1）当负载 F 为零时。如图 7-22 所示，液压泵起动后，输入液压缸左腔（左腔为密封容积）的油液不受任何阻挡就能推动活塞向右运动，此时，系统的压力 p 为零。

2）当负载 F 不为零时。如图 7-23 所示，由于负载 F 不为零，油液输入液压缸的左腔时受阻不能立即推动活塞向右运动。而液压泵连续供油，使液压缸左腔中的油液不断受到挤压，油液的压力由零开始从小到大迅速升高，此时，作用在活塞上的液压作用力 pA 也迅速增大。当能克服负载 F 时，活塞向右运动，此时，$p=\dfrac{F}{A}$。若活塞在运动中负载保持不变，油液不会再受更大的挤压，压力就不会继续上升。

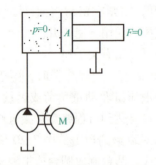 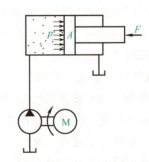

图 7-22　液压系统中负载 F 为零　　　　图 7-23　液压系统中负载 F 不为零

3）当负载 F 为无穷大时。如图 7-24 所示，当活塞向右运动接触固定挡铁后，液压缸左腔的密封容积受阻停止而不能继续增大。此时，若液压泵仍继续供油，油液压力将急剧升高，液压系统若没保护措施，则系统中薄弱的环节将损坏。

4）当两个负载并联时。如图 7-25 所示，在液压泵出口处有两个负载并联，其中负载

F_C是溢流阀的弹簧力,即溢流阀开启所需油液的压力为 $p_C = \dfrac{F_C}{A_C}$;另一负载 F 作用在液压缸活塞杆上,即推动活塞向右运动所需油液的压力为 $p = \dfrac{F}{A}$。若 $p_C < p$,液压泵起动后,油液受挤压力由零值开始上升,当油液压力升至 p_C 值时,溢流阀打开,液压油经溢流阀流回油箱。由于 $p_C < p$,作用在液压缸活塞上的液压作用力 $p_C A$ 不能克服负载 F,故活塞不运动,此时液压泵出口处压力稳定在 p_C。若 $p_C > p$,液压泵出口处的压力由零值开始上升,当油液压力升至 p 时,液压作用力 pA 克服负载 F,液压油流入液压缸左腔,推动活塞向右运动。由于 $p_C > p$,故溢流阀关闭,此时液压泵出口处压力为 p。当活塞运动受阻(如接触固定挡铁)时,负载 F 增大,液压泵出口压力随之增大,当油液压力升至 p_C 值时,溢流阀打开,液压油经溢流阀流回油箱,液压泵出口处压力保持为 p_C。

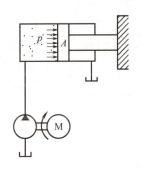

图 7-24　液压系统中负载 F 无穷大

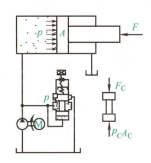

图 7-25　液压系统中负载的并联

综上分析,液压系统中某处油液的压力是由于受到各种形式负载的挤压而产生的,压力的大小取决于负载,并随负载的变化而变化。当某处有几个负载并联时,压力的大小取决于克服负载的各个压力值中的最小值。压力是从无到有、从小到大迅速建立的。

4. 控制回路

任何一个液压系统,无论其多么复杂,同气动系统一样,也是由若干个基本回路有机地组合而成的。

(1) 液压基本回路　如图 7-3 所示,传送带方向校正装置控制回路主要由调压、换向、锁紧和卸荷四个液压基本回路构成。

1) 调压回路。液压系统压力的调节主要由溢流阀完成。图 7-3 中,在定量泵的出口处并联溢流阀,通过溢流阀的调定压力来控制系统的最高工作压力,以适应不同负载,降低动力损耗,减少系统发热。溢流阀的调定压力应大于液压缸的最大工作压力,其中包括管路上的各种压力损失。

2) 换向回路。图 7-3 中,采用三位四通手动换向阀实现换向功能。当操纵杆拨至左档,换向阀 2 左位工作,液压油进入液压缸无杆腔,推动活塞向右运动;当操纵杆拨至右档,换向阀 2 右位工作,液压油进入液压缸有杆腔,推动活塞杆向左运动。

3) 锁紧回路。为使执行元件能在任意位置停止,并防止其停止后窜动,图 7-3 中,采用三位阀"M"型中位机能实现锁紧功能。当操纵杆拨至中间档时,换向阀 2 中位工作,液压缸的进、出口都被封死。由于液压缸两腔都充满油液,而油液又几乎不可被压缩的,所以活塞被双向锁紧。这种锁紧回路由于受滑阀泄漏的影响,锁紧效果较差。

4）卸荷回路。在液压系统中，当执行元件停止工作时，为延长液压泵的使用寿命，需使液压泵输出的油液以最小的压力直接流回油箱。图 7-3 中，采用三位阀"M"型中位机能实现卸荷功能。当换向阀 2 中位工作，进、回油口相通，液压泵输出的油液经换向阀的中间通道直接流回油箱，液压泵卸荷。

（2）控制回路的动作过程　传送带方向校正装置控制回路的动作过程见表 7-3。

表 7-3　传送带方向校正装置控制回路的动作过程

序号	动作条件	动作仿真图
1	操纵杆拨至中间档	进油口与回油口相通，液压泵及系统卸荷，液压缸闭锁，活塞杆位置锁紧，校正装置停止校正工作 油路：操纵杆拨至中间档→阀 2 工作于中位 卸荷：液压站→阀 2 P 口→阀 2 T 口→油箱
2	操纵杆拨至左档	油路：操纵杆拨至左档→阀 2 工作于左位 进油：液压站→阀 2 P 口→阀 2 A 口→阀 1 A 口→阀 1 B 口→液压缸无杆腔→活塞杆右移，正向校正传送带的位置 回油：液压缸有杆腔→阀 2 B 口→阀 2 T 口→油箱

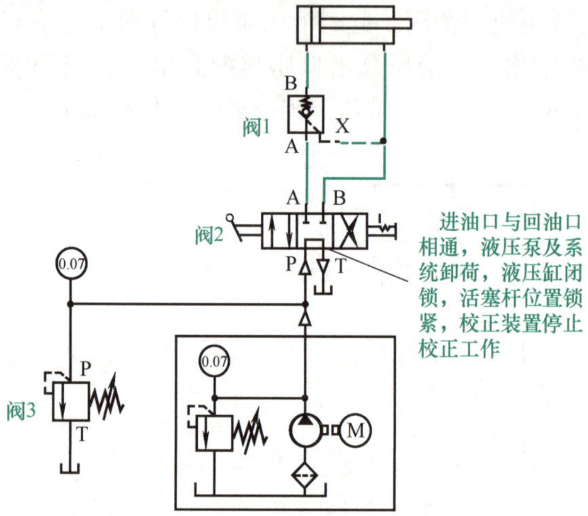

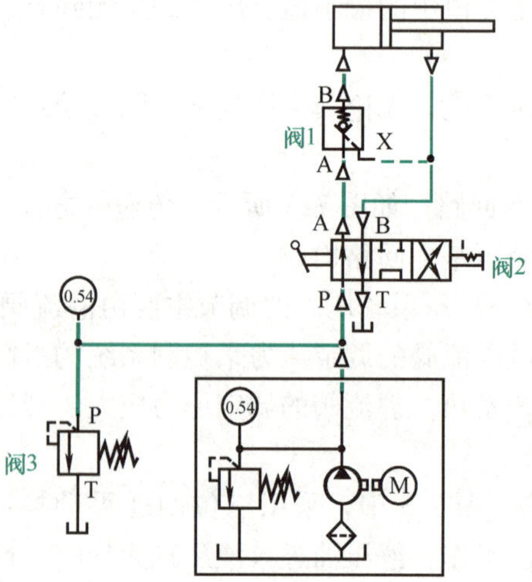

（续）

序号	动作条件	动作仿真图
3	操纵杆拨至中间档	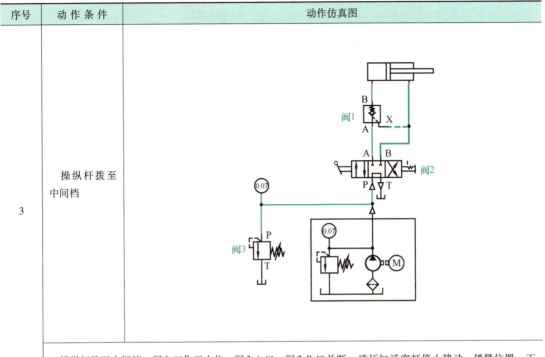

操纵杆拨至中间档→阀2工作于中位→阀2 A口、阀2 B口关断→液压缸活塞杆停止移动，锁紧位置，正向校正完毕

| 4 | 操纵杆拨至右档 | 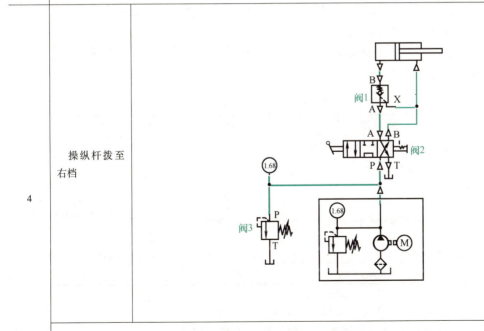 |

油路：操纵杆拨至右档→阀2工作于右位→液控单向阀X口，阀1的B口与A口相通
进油：液压站→阀2 P口→阀2 B口→液压缸有杆腔→活塞杆左移，反向校正传送带
回油：液压缸无杆腔→阀1 B口→阀1 A口→阀2 A口→阀2 T口→油箱

（续）

序号	动作条件	动作仿真图
5	操纵杆拨至中间档	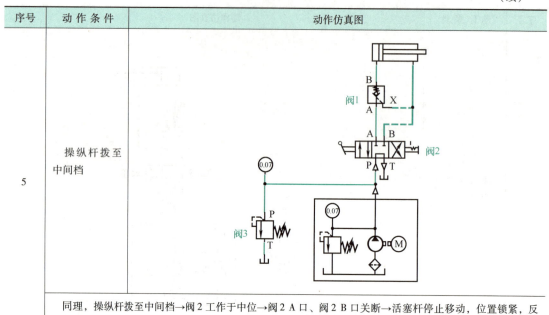 同理，操纵杆拨至中间档→阀2工作于中位→阀2 A口、阀2 B口关断→活塞杆停止移动，位置锁紧，反向校正完毕

由传送带方向校正装置控制回路的动作过程可以看出，液压传动是以油液作为工作介质进行能量传递和控制的一种传动形式。它实质上也是一种能量转换装置，由液压泵将原动机的机械能转换为液体的压力能，再通过液压缸或液压马达把液体压力能转换成机械能，从而驱动工作机构完成所要求的各种动作。

同样，可以看出，一个完整的液压系统要能正常工作，一般由五部分组成。液压系统的组成及各部分作用见表7-4。

表7-4 液压系统的组成及各部分作用

组成	作用	常用液压元件	本项目液压元件
动力部分	将原动机输入的机械能转换为液压能	液压泵	双作用叶片泵
执行部分	将液压能转换为机械能，输出直线或旋转运动	液压缸、液压马达	双作用式单活塞杆液压缸
控制部分	控制系统中压力、流量和方向	各类控制阀	直动式溢流阀3、液控单向阀1、三位四通手动换向阀2
辅助部分	输送或存储油液	油管、管接头等	油箱、过滤器、压力表等
工作介质	传递能量，同时起润滑作用	液压油	

液压传动与机械传动、电气传动相比较，具有以下优点。
1）液压传动的各种元件可根据需要方便、灵活地来布置。
2）重量轻、体积小、运动惯性小、反应速度快。
3）操纵控制方便，可实现大范围的无级调速（调速范围达2000∶1）。
4）一般采用矿物油为工作介质，相对运动面可自行润滑，使用寿命长。

5）很容易实现直线运动。

6）既易实现自动化，又能实现过载保护。当采用电液联合控制后，不仅可实现更高程度的自动控制过程，而且可以实现遥控控制。

7）液压元件实现了标准化、系列化、通用化，便于设计、制造和推广使用。

液压传动具有以下缺点。

1）由于液体流动的阻力损失和泄漏较大，所以效率较低。

2）工作性能易受温度变化的影响，因此不宜在很高或很低的温度条件下工作。

3）由于液体介质的泄漏及可压缩性影响，不能得到严格的定比传动。

4）液压系统故障不易诊断。

操作指导

施工前，施工者应根据设备要求，制订施工计划，合理安排进度，做到额定时间内完成施工作业。施工过程中要严格遵守安全操作规程和作业指导规范，确保作业安全和作业质量。操作流程如图 7-26 所示。

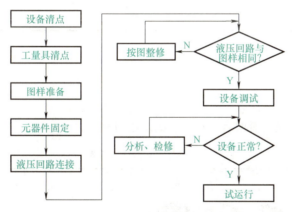

图 7-26　操作流程

1. 施工准备

1）设备清点。按表 7-5 清点设备型号规格及数量，并归类放置。

表 7-5　设备清单

序　号	名　称	型号规格	数　量	单　位	备　注
1	安装平台		1	台	
2	液压站	定量叶片泵 YB1-4	1	台	
3	直动式溢流阀	DBDH6P10B/100	1	只	
4	三位四通手动换向阀	4WMM6G50B/F	1	只	
5	液控单向阀	SV10PB1-30B	1	只	
6	双作用式单活塞杆液压缸	MOB30×150	1	只	
7	压力表		1	只	
8	液压快速接头		若干	只	
9	油管		若干	m	

2）工量具清点。工量具清单见表1-6，施工者应清点工量具的数量，同时认真检查其性能是否完好。

3）图样准备。施工前准备好设备控制回路图、设备布局图，供作业时查阅。传送带方向校正装置的设备布局图如图7-27所示。

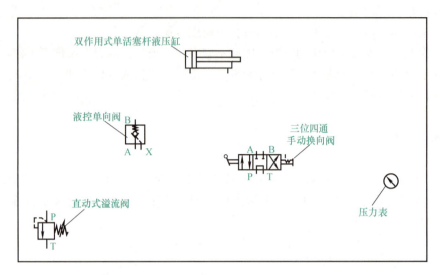

图7-27　设备布局图

2. 液压回路安装

（1）元器件固定

1）安装固定压力表。根据表7-6安装固定压力表。

表7-6　安装固定压力表

操作步骤	操作图示	操作说明
1		准备好压力表及其固定螺钉，并有序放置
2		根据设备布局图将压力表固定在安装平台上

2）安装固定溢流阀。根据表7-7安装固定直动式溢流阀。

项目七 传送带方向校正装置控制回路的安装与调试

表 7-7 安装固定直动式溢流阀

操作步骤	操作图示	操作说明
1	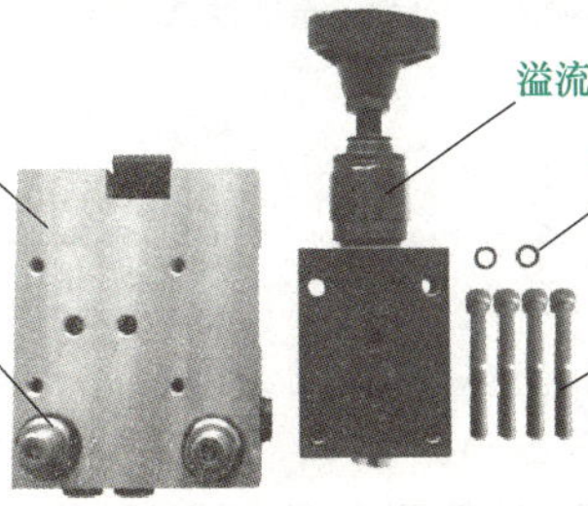	准备好洁净的溢流阀、密封圈、安装底板及其固定螺钉，并有序放置
2	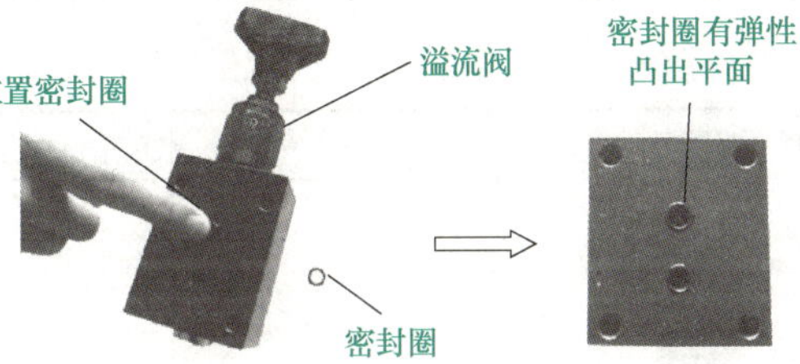	在溢流阀的 P 口和 T 口上放置密封圈，且密封圈要有弹性，凸出平面，保证安装后有一定的压缩量，以防泄漏
3	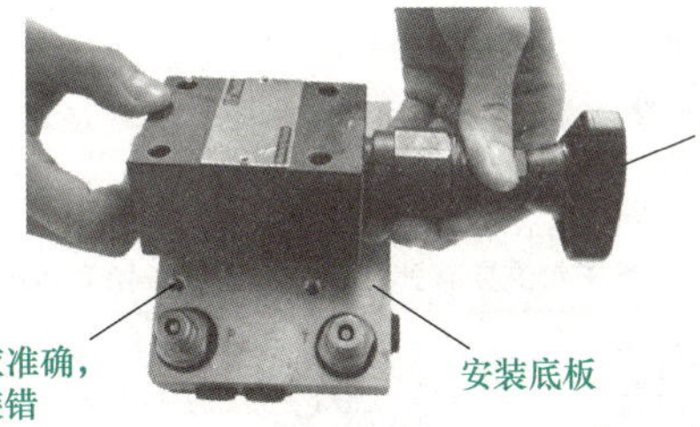	将溢流阀的阀体放置在安装底板上，要求油口对应准确，不能装错，避免引起事故
4	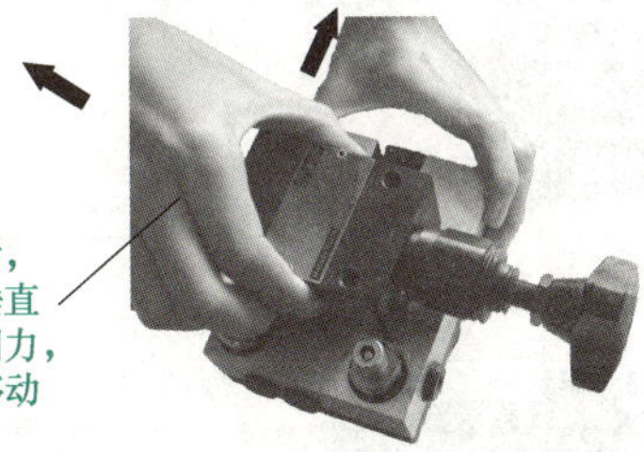	压紧阀体，在水平和垂直方向轻轻用力，在密封圈的作用下，阀体不会移动，以此检验密封圈是否凸出平面，留有压缩量
5	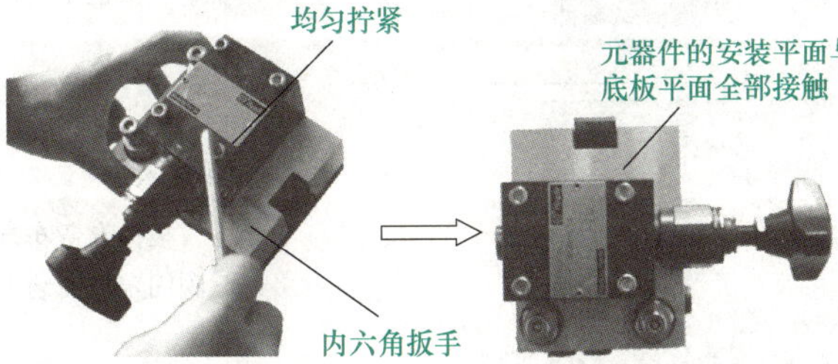	用螺钉将溢流阀固定在安装底板上，固定时要均匀拧紧，使元器件的安装平面与底板平面全部接触，保证密封性能良好

163

(续)

操作步骤	操作图示	操作说明
6	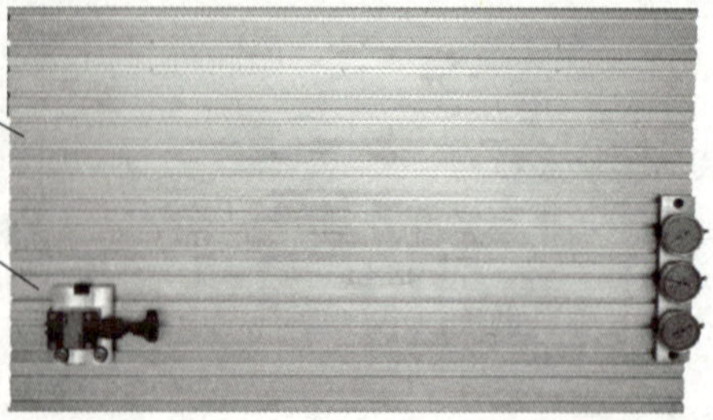 安装平台 溢流阀	根据设备布局图将溢流阀固定在安装平台上

3) 安装固定三位四通手动换向阀。根据表 7-8 安装固定三位四通手动换向阀。

表 7-8　安装固定三位四通手动换向阀

操作步骤	操作图示	操作说明
1	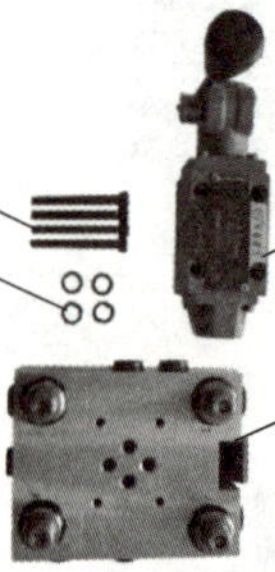 固定螺钉　三位四通手动换向阀 密封圈 安装底板	准备好洁净的三位四通手动换向阀、安装底板、密封圈及其固定螺钉,并有序放置
2	在手动换向阀的油口上放置密封圈,且密封圈要有弹性,凸出平面,留有压缩量	
3	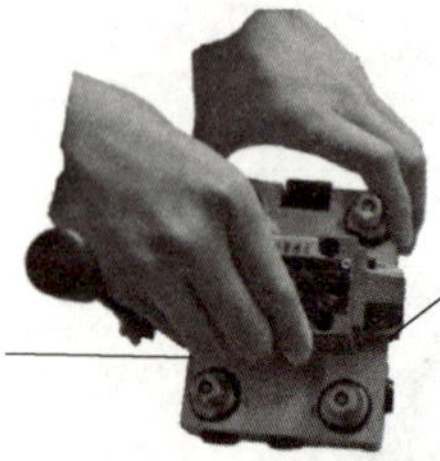 将手动换向阀放置在安装底板上 油口对应要正确,避免引起事故	将手动换向阀正确放置在安装底板上,并在水平和垂直方向轻轻用力,检验密封圈是否凸出平面,留有压缩量
4		用扳手将手动换向阀均匀拧紧在安装底板上,并使元器件的安装平面与底板平面全部接触,保证密封良好
5	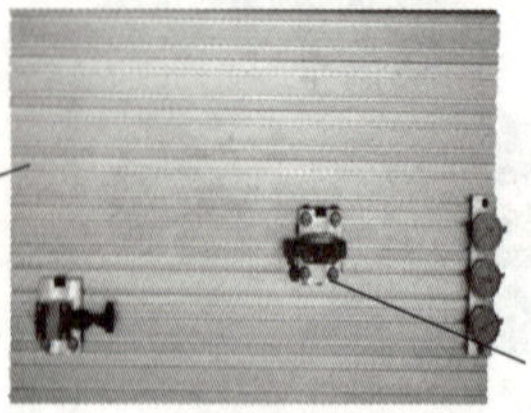 安装平台 三位四通手动换向阀	根据设备布局图将手动换向阀固定在安装平台上

项目七 传送带方向校正装置控制回路的安装与调试

4）安装固定液控单向阀。根据表7-9安装固定液控单向阀。

表7-9 安装固定液控单向阀

操作步骤	操 作 图 示	操 作 说 明
1		准备好洁净的液控单向阀、安装底板、密封圈及其固定螺钉，并有序放置
2	在液控单向阀的油口上放置密封圈，且密封圈要有弹性，凸出平面	
3	将液控单向阀正确放置在安装底板上，并检验密封圈是否凸出平面，留有压缩量	
4		用螺钉将液控单向阀均匀拧紧在安装底板上
5		根据设备布局图将液控单向阀固定在安装平台上

5）安装固定液压缸。根据表7-10安装固定双作用式单活塞杆液压缸。

表7-10 安装固定双作用式单活塞杆液压缸

操作步骤	操 作 图 示	操 作 说 明
1		准备好液压缸和固定支架等，并有序放置，在固定支架上固定液压缸，安装要牢固、可靠
2		根据设备布局图将液压缸固定在安装平台上

（2）液压回路连接

1）液压回路连接方法及要求见表7-11。

表7-11 液压回路连接方法及要求

序号	操作图示	操作要求
1	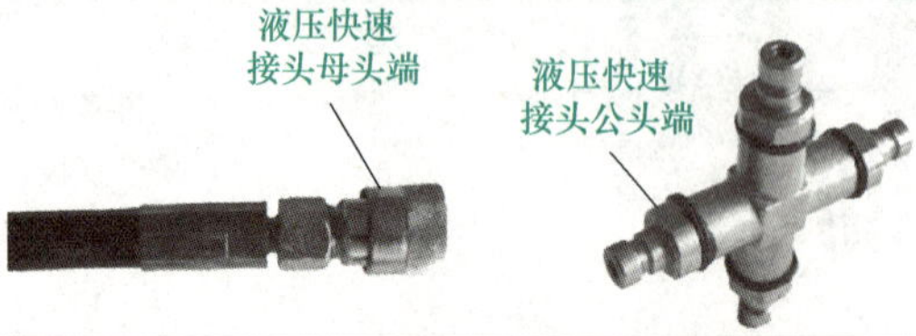 液压快速接头母头端　液压快速接头公头端	液压快速接头含母头端和公头端
2	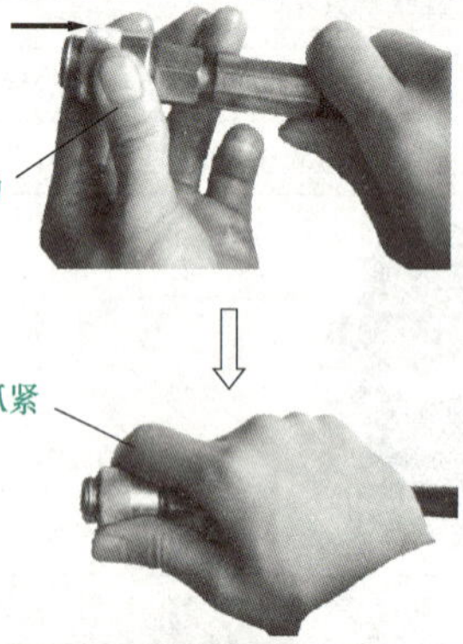 套筒管向后移动　移动后抓紧	液压快速接头连接前，将母头端的套筒管向后移动并抓紧
3	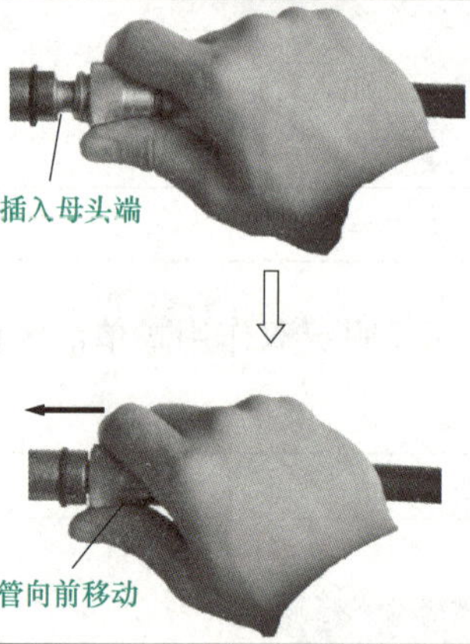 公头端插入母头端　套筒管向前移动	将公头端可靠、快速接入母头端后，复位套筒管的位置，借助锁紧球系统即可完成油路快速接头的连接
4	 弯曲半径大于油管外径的50倍　不允许急剧弯曲	油管连接时，不允许急剧弯曲，通常弯曲半径应大于油管外径的50倍
5	 管接头密封、紧固	所有管接头必须密封、紧固，不得有泄漏

2）根据表 7-12 连接液压回路。

表 7-12　液压回路连接

操作步骤	操 作 图 示	操 作 要 求
1	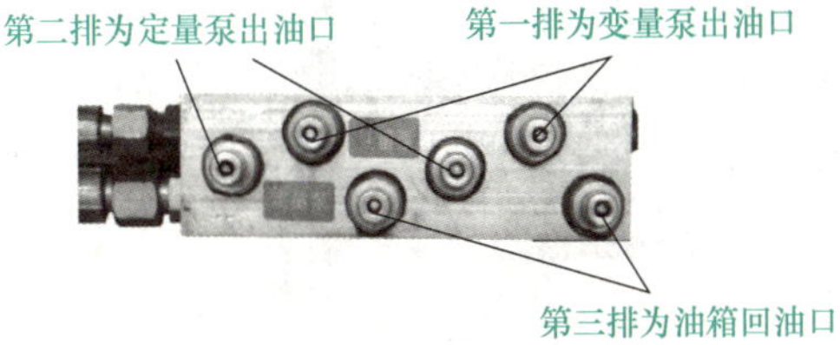 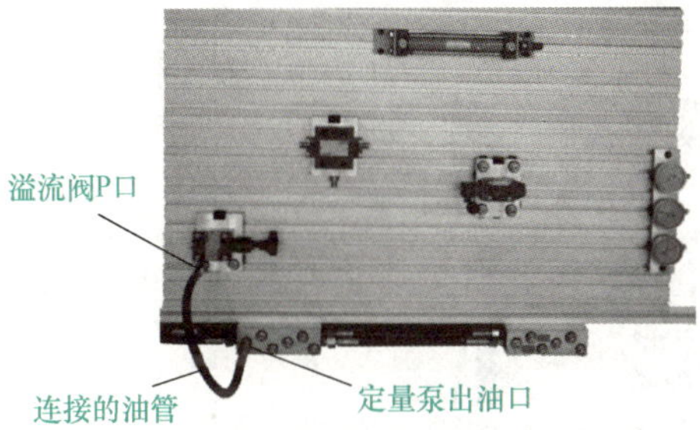 第二排为定量泵出油口　第一排为变量泵出油口 第三排为油箱回油口 溢流阀P口 连接的油管　　定量泵出油口	油管连接定量泵出油口与溢流阀 P 口，要求连接可靠
2	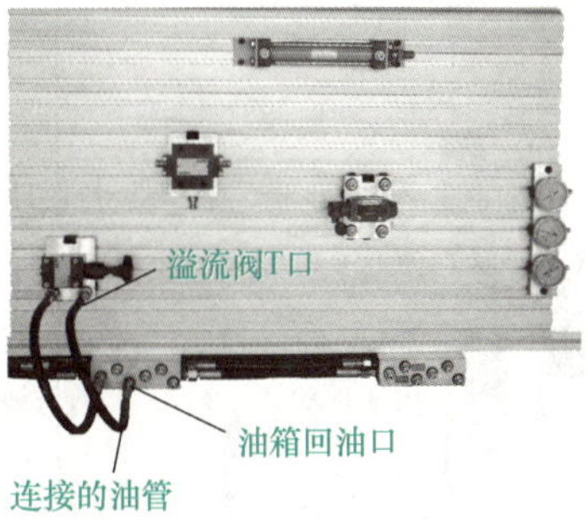 溢流阀T口 油箱回油口 连接的油管	油管连接溢流阀 T 口与油箱回油口
3	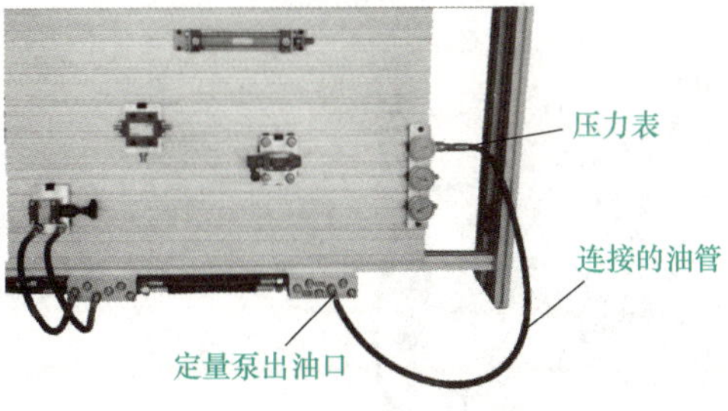 压力表 连接的油管 定量泵出油口	油管连接定量泵出油口与压力表，将液压油引到压力表，监测液压泵输出的油压大小
4	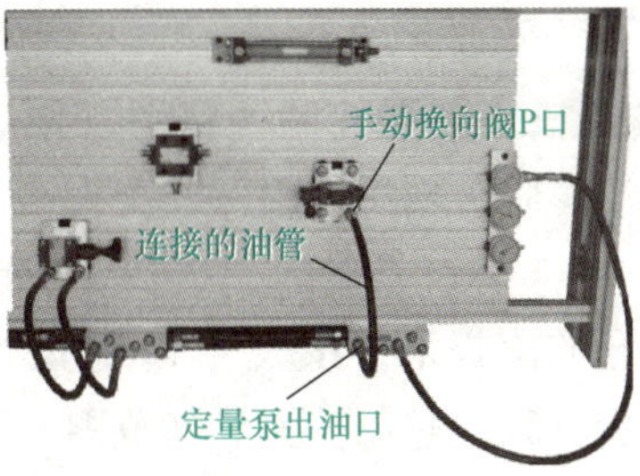 手动换向阀P口 连接的油管 定量泵出油口	油管连接定量泵出油口与手动换向阀 P 口，将液压油引到手动换向阀

(续)

操作步骤	操作图示	操作要求
5		油管连接手动换向阀 A 口与液控单向阀 A 口，将液压油引到液控单向阀
6		油管连接液控单向阀 B 口与液压缸无杆腔，将液压油引到液压缸无杆腔
7		用四通接头和油管连接液压缸有杆腔、手动换向阀 B 口、液控单向阀 X 口，将液压油引到液压缸有杆腔、液控单向阀的控制口
8		油管连接手动换向阀 T 口与油箱回油口，将回油送回油箱

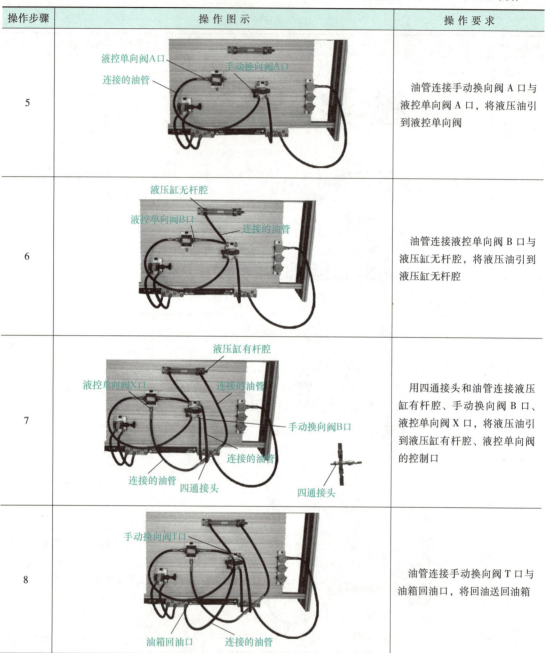

（3）液压回路检查　对照传送带方向校正装置控制回路图（图 7-3）检查液压回路的正确性、可靠性，严禁调试过程中出现油管脱落现象，确保安全。

3. 设备调试

清扫设备后，在确认人身和设备安全的前提下，按表 7-13 调试。调试时要认真观察设备的动作情况，若出现问题，应立即切断电源，避免扩大故障范围，待调整、检修或解决后重新调试，直至设备完全实现功能。

项目七 传送带方向校正装置控制回路的安装与调试

表 7-13 设备调试

操作步骤	操作图示	操作说明
1	 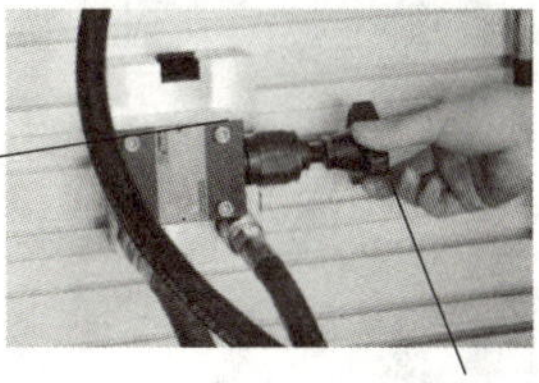 溢流阀锁紧螺母松开,溢流阀处于调节状态　　逆时针旋转溢流阀调节机构	起动前,松开溢流阀锁紧螺母,逆时针旋转溢流阀调节机构,使系统调试前液压站输出的液压油压力为0,以保证安全
2	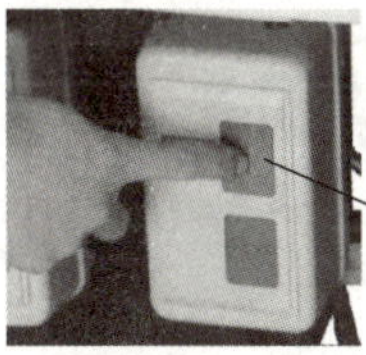 液压泵起动按钮	按下起动按钮,起动液压泵工作
3	   调压时,保持液压缸活塞杆在移动的状态中,但未伸到终端　操作杆拨至左档　顺时针旋转溢流阀调节机构　观察压力表,压力调到1.5MPa左右	手动换向阀的操纵杆拨至左档,观察压力表,顺时针旋转溢流阀调节机构,增加液压泵出油口的油压。为了实验安全起见,将工作压力调到1.5MPa左右
4	  溢流阀锁紧螺母松开,溢流阀处于调节状态　溢流阀锁紧螺母锁紧,溢流阀处于锁紧状态	调压完成后,将溢流阀的锁紧螺母锁紧,同时让液压缸活塞杆处于终端、手动换向阀处于中位的状态,以便与下面的调试工作进行对应

169

(续)

操作步骤	操作图示	操作说明
5	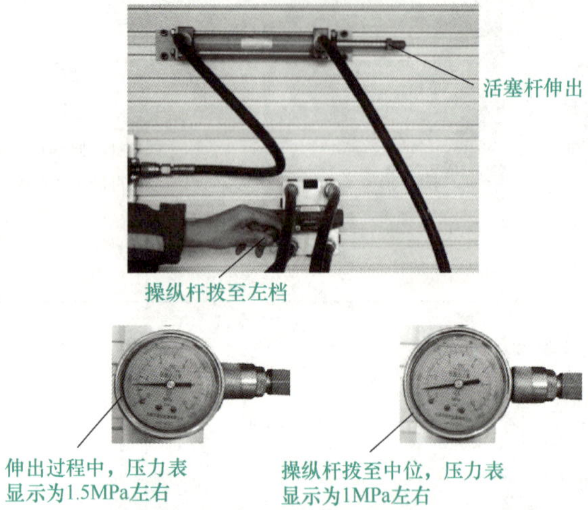 活塞杆伸出 操纵杆拨至左档 伸出过程中，压力表显示为1.5MPa左右　　操纵杆拨至中位，压力表显示为1MPa左右	1. 操纵杆拨至左档，活塞杆伸出，托辊向外校正方向；操纵杆拨至中位时，活塞杆停止伸出，位置锁紧 2. 注意观察压力表，活塞杆伸出过程中，压力为1.5MPa左右；当手动换向阀的操纵杆拨至中位时，处于卸荷状态，压力为1MPa左右
6	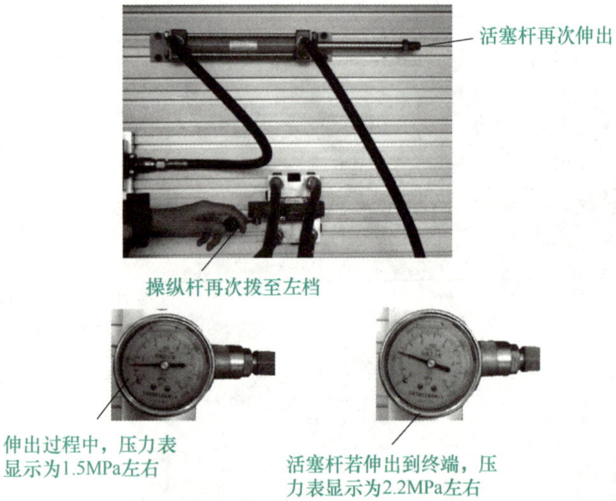 活塞杆再次伸出 操纵杆再次拨至左档 伸出过程中，压力表显示为1.5MPa左右　　活塞杆若伸出到终端，压力表显示为2.2MPa左右	1. 操纵杆再次拨至左档，活塞杆移动方向不变，继续伸出，托辊再次向外校正方向；操纵杆拨至中位，向外校正完毕，将位置锁紧 2. 注意观察压力表，活塞杆伸出过程中，压力为1.5MPa左右；当活塞杆伸到终端时，压力增加到2.2MPa左右
7	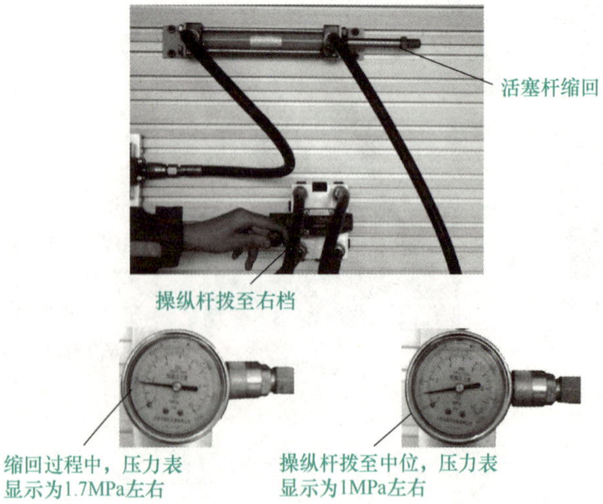 活塞杆缩回 操纵杆拨至右档 缩回过程中，压力表显示为1.7MPa左右　　操纵杆拨至中位，压力表显示为1MPa左右	1. 操纵杆拨至右档，活塞杆缩回，托辊向内校正方向；操纵杆拨至中位时，活塞杆缩回停止，锁紧位置 2. 注意观察压力表，活塞杆缩回过程中，压力有所增加，为1.7MPa左右；当手动换向阀的操纵杆拨至中位时，处于卸荷状态，压力为1MPa左右

项目七 传送带方向校正装置控制回路的安装与调试

（续）

操作步骤	操 作 图 示	操 作 说 明
8	活塞杆再次缩回／操纵杆再次拨至右档／缩回过程中，压力表显示为1.7MPa左右／活塞杆若缩到终端，压力表显示为2.2MPa左右	1. 操纵杆再次拨至右档，活塞杆移动方向不变，继续向左缩回，托辊再次向内校正方向；操纵杆拨至中位，向内校正完毕，将位置锁紧 2. 注意观察压力表，活塞杆缩回过程中，压力为1.7MPa左右；当活塞杆缩到终端时，压力增加到2.2MPa左右
9	反复进行校正试验，试运行一段时间，观察设备运行情况，确保设备合格、稳定、可靠	
10	逆时针旋转溢流阀调节机构／观察压力表，压力调到0	松开溢流阀锁紧螺母，逆时针旋转溢流阀调节机构，使液压站出口的油压为0
11	按下液压泵停止按钮	按下停止按钮，液压泵停止工作，调试结束

4. 现场清理

设备调试完毕，要求施工者清点工量具、归类整理资料，并清扫现场卫生。

1）清点工量具。对照工量具清单清点工量具，并按要求装入工量具箱。
2）资料整理。整理归类技术说明书、设备清单、控制回路图、设备布局图等资料。
3）清扫设备周围卫生，保持环境整洁。
4）填写设备安装登记表，记载设备调试过程中出现的问题及解决的办法。

质量记录

设备质量记录表见表7-14。

表 7-14 设备质量记录表

验收项目及要求		配分	配分标准	扣分	得分	备注
设备组装	1. 设备部件安装可靠、正确 2. 液压回路连接正确，规范美观	35	1. 部件安装位置错误，每处扣 5 分 2. 部件安装不到位、零件松动，每处扣 5 分 3. 液压回路连接错误，每处扣 5 分 4. 回路漏油、掉管，每处扣 10 分 5. 油管乱接，每处扣 5 分			
设备功能	1. 液压缸活塞杆伸出正常 2. 液压缸活塞杆缩回正常 3. 液压缸活塞杆停止正常	60	1. 液压缸活塞杆未按要求伸出，扣 20 分 2. 液压缸活塞杆未按要求缩回，扣 20 分 3. 液压缸活塞杆未按要求停止，扣 20 分			
设备附件	资料齐全，归类有序	5	1. 图样数缺少，扣 3 分 2. 技术说明书、工量具清单、设备清单缺少，扣 2 分			
安全生产	1. 自觉遵守安全文明生产规程 2. 保持现场干净整洁，工具摆放有序		1. 每违反 1 项规定，扣 5 分 2. 发生安全事故，按 0 分处理 3. 现场凌乱、乱摆放工具、乱丢杂物、完成任务后不清理现场，扣 5 分			
时间	2.5h		提前正确完成，每 5min 加 1 分 超过定额时间，每 5min 扣 1 分			
开始时间		结束时间		总分		

项目拓展

1. 液控单向阀双向锁紧回路

图 7-3 采用手动控制方式实现了传送带传送方向的校正功能，回路中的"M"型换向阀能起到液压缸锁紧、液压泵卸荷作用。因为其锁紧作用主要靠换向阀的中位机能完成，而液控单向阀只有在换向阀内部漏油后才能关闭，所以这种锁紧方法一般用于锁紧要求不高或需短暂锁紧的场合。图 7-28 所示为采用液控单向阀的双向锁紧回路。当阀 3 中位工作时，液压泵卸荷，输出油液经阀 3 回油箱，由于系统无压力，阀 1 和阀 2 关闭，液压缸左右两腔的油液均不能流动，活塞被双向锁紧。当阀 3 左位工作时，液压油经阀 1 进入液压缸左腔，同时进入阀 2 控制油口，打开阀 2，液压缸右腔油液经阀 2 及阀 3 流回油箱，活塞右移。当阀 3 右位工作时，液压油经阀 2 进入液压缸右腔，同时进入阀 1 控制油口，打开阀 1，液压缸左腔油液经阀 1 及阀 3 流回油箱，活塞左移。由于液控单向阀有良好的密封性，所以锁紧效果较好。

2. 二位二通换向阀的卸荷回路

前面利用"M"型、"H"型中位机能的换向阀组成了卸荷回路，使液压泵卸荷。

图 7-29 所示为采用二位二通手动换向阀的卸荷回路。

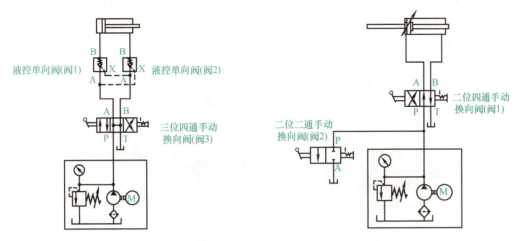

图 7-28　采用液控单向阀的双向锁紧回路　　图 7-29　采用二位二通手动换向阀的卸荷回路

(1) 液压元件

1) 二位二通手动换向阀。图 7-30 所示为二位二通手动换向阀的结构与符号。它与三位四通手动换向阀相同,也是通过人力控制方法改变阀芯工作位置,从而实现油液流动方向改变的方向控制元件。

如图 7-30a、b 所示,二位二通手动换向阀在常态时,换向阀处于右位,进油口 P 和出油口 A 关断,油路被隔断。

如图 7-30d、e 所示,当压下操纵杆,阀芯右移,换向阀左位接入系统,进油口 P 和出油口 A 相通。

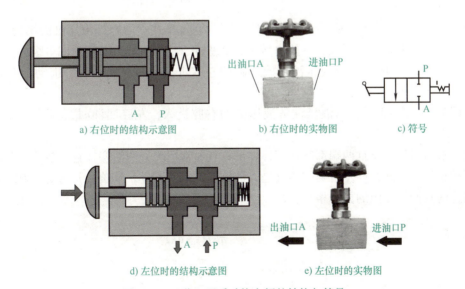

图 7-30　二位二通手动换向阀的结构与符号

2) 二位四通手动换向阀。图 7-31 所示为二位四通手动换向阀的结构与符号。它的结构、工作原理和操作方式与三位四通、二位二通手动换向阀类似,都是通过人力控制方法改变阀芯工作位置的方向控制元件。

如图 7-31a、b 所示，当它工作于常态时，换向阀左位接入系统，进油口 P 和工作口 B 相通，工作口 A 与回油口 T 相通。

如图 7-31d、e 所示，当用手操作操纵杆，阀芯右移，换向阀右位接入系统，进油口 P 和工作口 A 相通，工作口 B 与回油口 T 相通。

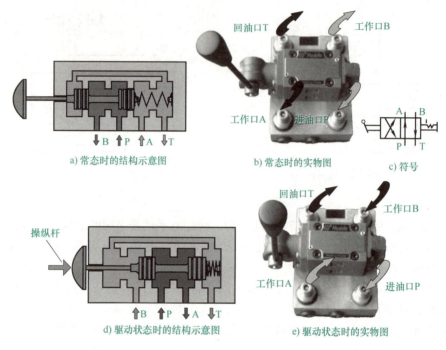

图 7-31 二位四通手动换向阀的结构与符号

3）双作用式双活塞杆液压缸。图 7-32 所示为双作用式双活塞杆液压缸的结构与符号。它有空心和实心两种结构形式，主要由活塞、活塞杆、缸体、端盖及密封圈等组成。

如图 7-32a、b 所示，当液压油从液压缸的左腔进入，右腔回油时，推动活塞杆向右运动。

如图 7-32d、e 所示，当液压油从液压缸的右腔进入，左腔回油时，推动活塞杆向左运动。

由于双活塞杆液压缸两端都有活塞杆伸出，且通常情况下两活塞杆直径相等，两腔有效作用面积相等。因此，当左右两腔相继进入液压油时，若流量 q 及压力 p 不变，则活塞往复运动的速度及两个方向的推力相等，即

$$v_1 = v_2 = \frac{q}{A_2} = \frac{4q}{\pi(D^2 - d^2)}$$

$$F_1 = F_2 = p \times A_2 = p \times \frac{\pi}{4}(D^2 - d^2)$$

（2）卸荷原理　如图 7-29 所示，当执行元件停止运动时，操纵阀 2，使阀 2 左位工作，这时液压泵输出的油液通过阀 2 流回油箱，使液压泵卸荷。这种卸荷方式常用于行程终点需停留较长时间的液压回路，且阀 2 的额定流量与泵的额定流量相等。

项目七 传送带方向校正装置控制回路的安装与调试

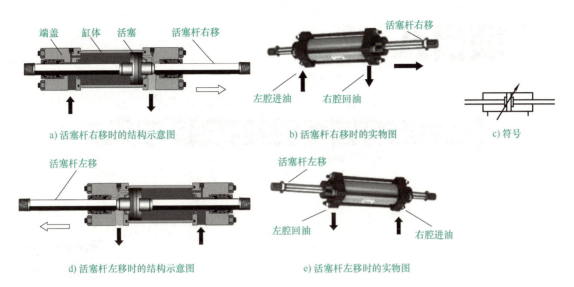

图 7-32 双作用式双活塞杆液压缸的结构与符号

项目八

压合装置控制回路的安装与调试

学习目标

1. 认识二位四通单电控换向阀、单向节流阀、压力继电器等液压控制元件，知道它们的结构和符号，并会识别、安装及使用。
2. 会识读压合装置控制回路图，并能说出其控制回路的动作过程。
3. 会根据压合装置控制回路图、设备布局图正确安装、调试其控制回路。
4. 拓展认识单作用叶片泵、调速阀、单向阀等液压元件，会识读变量液压泵调速回路图，以及变量液压泵和调速阀组成的复合调速控制回路图。

项目简介

压合装置的结构示意图如图 8-1 所示。它主要由液压缸、平头、平台及底座等组成。被压的零部件装于平台上，按下起动按钮，液压缸活塞杆伸出并带动平头往下运动，压合零部件；压合完毕后，液压回路压力升高至压力继电器（图 8-1 中未画出）调定压力时，压力继电器发出电信号，控制液压缸活塞杆带动平头快速退回至原位。为了适应不同的零件压合需求，平头下压的速度可通过单向节流阀进行调节。图 8-2 所示为压合装置控制回路图。

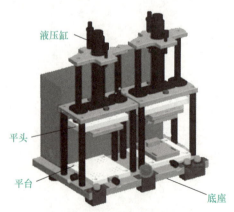

图 8-1 压合装置的结构示意图

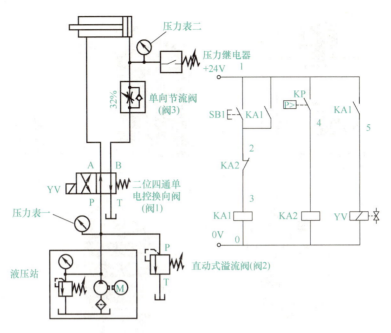

图 8-2　压合装置控制回路图

知识储备

1. 液压元件

（1）单向节流阀　单向节流阀是节流阀的一种，属于液压系统中的流量控制元件。它是通过改变节流口的通流截面积来调节阀口的流量，从而控制执行元件的运动速度，常用在定量液压泵的液压系统中。

图 8-3 所示为单向节流阀的结构与符号。由图可知它由单向阀和节流阀组合而成，同时具有单向阀和节流阀的功能。如图 8-3a、b 所示，当液压油从工作口 A 进入时，钢球在液压力及弹簧力的作用下将单向阀阀口关断，油液经节流阀阀芯上的节流口（轴向三角槽）从工作口 B 流出。旋动手柄可改变节流口通流面积的大小，从而调节输出流量的大小，起节流阀作用。

如图 8-3d、e 所示，当液压油从工作口 B 流入时，顶开钢球，油液经单向阀阀口直接流向工作口 A，起单向阀的作用。

（2）二位四通单电控换向阀　二位四通单电控换向阀简称为电控阀，其是利用电磁力推动阀芯移动，实现油液流动方向改变的方向控制元件。与手动换向阀相比，它能接受按钮、行程开关、压力继电器等电气元件的控制，易于实现动作转换的自动化，因此被广泛应用。但由于电磁铁的吸力（＜120N）有限，因此，电控阀只适合用于流量不太大的场合。

图 8-4 所示为二位四通单电控换向阀的结构与符号。它主要由阀体、复位弹簧、阀芯、电磁线圈和衔铁等组成。阀芯在阀体内有 2 个工作位置（左、右位），4 个通路口（液压油的进油口 P、通油箱的回油口 T、连接执行元件的工作口 A 和 B）。

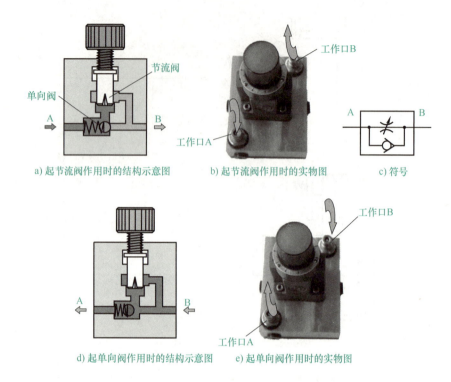

图 8-3 单向节流阀的结构与符号

如图 8-4a、b 所示，常态时，在复位弹簧的作用下电控阀工作于右位，进油口 P 和工作口 A 相通，工作口 B 与回油口 T 相通。

如图 8-4d、e 所示，当电磁线圈得电时，电控阀工作于左位，进油口 P 和工作口 B 相通，工作口 A 与回油口 T 相通。

（3）压力继电器　压力继电器是一种将液压信号转变为电信号的转换元件。它能自动接通或断开有关电路，使相应的电气元件（如电磁铁）动作，以实现系统的预定程序控制及安全保护。

压力继电器有柱塞式、膜片式、弹簧管式和波纹管式四种结构形式。图 8-5 所示为柱塞式压力继电器的结构与符号。它主要由柱塞、杠杆、微动开关和调压弹簧等组成。压力继电器下端的进油口与系统相通，当系统压力达到预先调定的压力值时，油液压力推动柱塞上移，通过杠杆压下微动开关，接通电路，发出电信号；当进油口的油压小于调定压力值时，在调压弹簧的作用下，杠杆被推回，柱塞下移，微动开关被释放，电路断开。通过调节弹簧的压缩量，可以调节压力继电器的动作压力。

2. 控制回路

（1）液压基本回路　如图 8-2 所示，压合装置控制回路主要由调压、调速和换向三个液压基本回路构成。

1）调压回路。压合装置工作压力由溢流阀调定，具体详见项目七。

2）调速回路。调速回路属于速度控制回路的一种，用来调节执行元件的运动速度。图 8-2 中为节流调速回路，主要由定量泵、节流阀、溢流阀和执行元件组成。由于节流阀串

项目八 压合装置控制回路的安装与调试

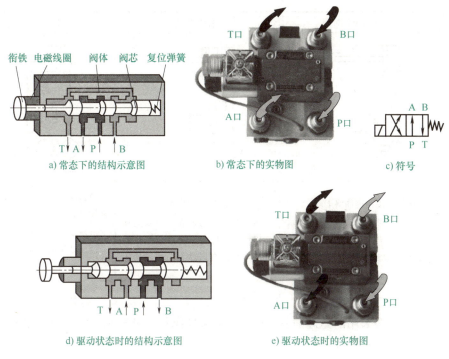

图 8-4 二位四通单电控换向阀的结构与符号

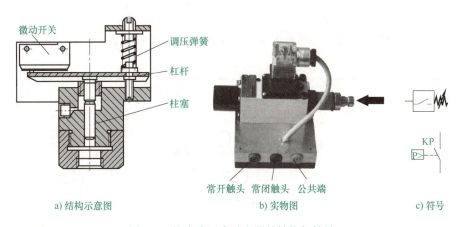

图 8-5 柱塞式压力继电器的结构与符号

接在执行元件的进油路上,故称为进油节流调速回路。当 YV 得电时,二位四通单电控换向阀(阀1)左位工作,液压泵输出的油液经单向节流阀(阀3)的节流口进入液压缸右腔,推动活塞杆缓慢伸出,装置压合零部件。调节阀3的节流口开度,就可控制进入液压缸油液的流量,从而调节压合零部件的速度。此时,多余的油液经阀2流回油箱,故溢流阀起溢流稳压作用,使泵的出口压力稳定在阀2的调定压力。

节流阀除串接在执行元件的进油路上外,还可接在执行元件的回油路上或并联的旁油路上,即有三种形式,具体见表 8-1。

表 8-1 节流调速回路的三种形式

形式	进油节流调速	回油节流调速	旁路节流调速
图示	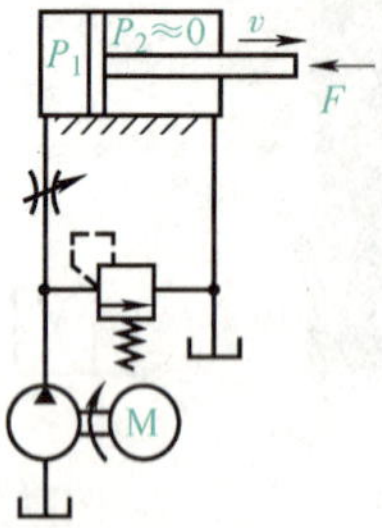	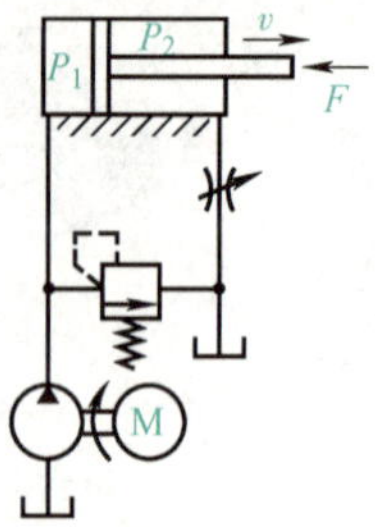	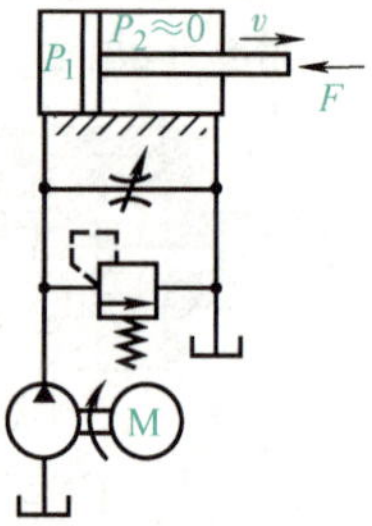
说明	节流阀串接在进油路上 回油路基本没压力（$P_2 \approx 0$），活塞运动平稳性差，特别是当外负载突然变小、消失或变向时，活塞会发生突然前冲现象	节流阀串接在回油路上 回油路有压力存在，活塞运动平稳性好，且能承受一定的负值载荷（与活塞运动方向相同的载荷）	节流阀串接在分支油路上，与液压缸并联 液压泵输出的油液用节流阀调节流回油箱的流量，借以间接控制进入液压缸的流量，达到调速目的

实际使用中较多采用的是进油节流调速，用调速阀代替节流阀，并在回油路上串接一背压阀，以提高运动的平稳性。

3）换向回路。图 8-2 中，压力继电器用来检测系统的压力，以此判断物料是否压合完成。当物料压合完毕时，液压缸的活塞停止移动，导致系统压力升高，使压力继电器动作，发出电信号，YV 失电，阀 1 右位工作，左腔进油，液压缸活塞杆返回。

（2）控制回路的动作过程 压合装置控制回路的动作过程见表 8-2。

表 8-2 压合装置控制回路的动作过程

序号	动作条件	动作仿真图
1	接通电源、液压源	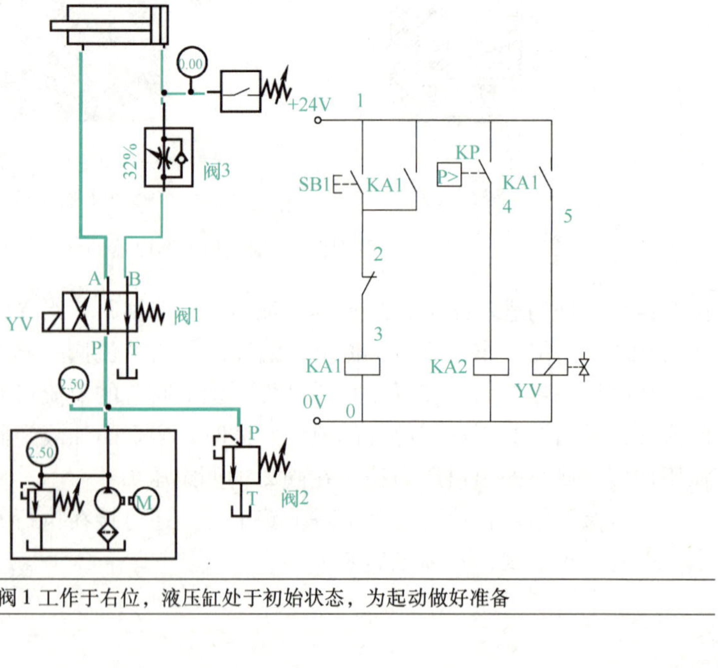
	阀 1 未得电，工作于常态→阀 1 工作于右位，液压缸处于初始状态，为起动做好准备	

(续)

序号	动 作 条 件	动 作 仿 真 图
2	按下起动按钮 SB1	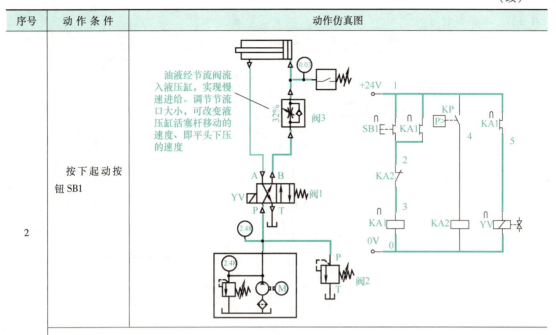

1) 电路。按下起动按钮 SB1，SB1 常开触头接通→KA1 线圈得电→KA1 吸合且自锁→YV 得电

2) 油路。YV 得电→阀 1 工作于左位

进油：液压站→阀 1 P 口→阀 1 B 口→阀 3（节流阀）→液压缸无杆腔→活塞杆开始慢速伸出，带动平头向下压合零部件

回油：液压缸有杆腔→阀 1 A 口→阀 1 T 口→油箱

| 3 | 零部件完全压合后，液压缸活塞杆停止移动 | 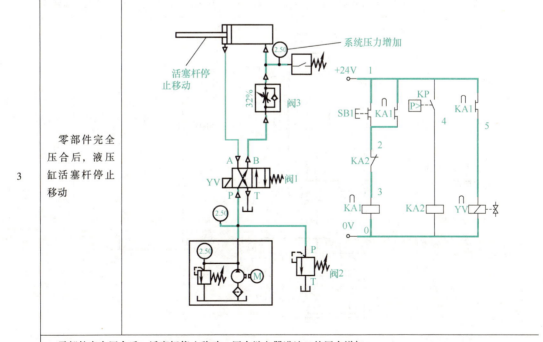 |

零部件完全压合后，活塞杆停止移动→压力继电器进油口的压力增加

(续)

序号	动作条件	动作仿真图
4	压力继电器动作	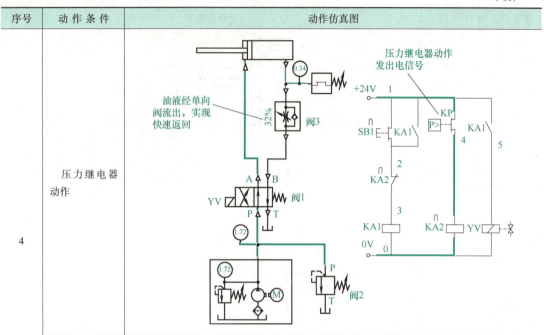

1) 电路。油压升高至设定压力，压力继电器动作→KP 常开触头闭合→KA2 线圈得电→KA2 常闭触头断开→KA1 线圈失电→YV 失电

2) 油路。YV 失电→阀 1 工作于右位

进油：液压站→阀 1 P 口→阀 1 A 口→液压缸有杆腔→活塞杆开始缩回，带动平台向上快速返回

回油：液压缸无杆腔→阀 3（单向阀）→阀 1 B 口→阀 1 T 口→油箱

活塞杆缩回后，压力继电器进油口的压力小于其设定压力，压力继电器复位，为下一次起动做好准备

| 5 | 液压缸活塞杆缩回后 | 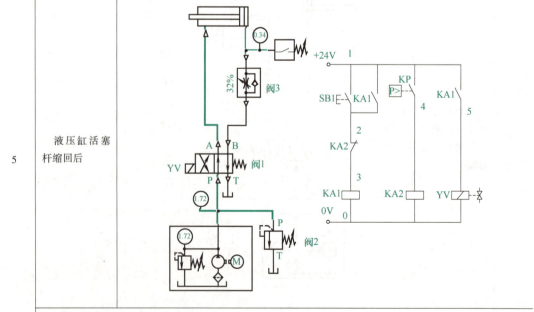 |

液压缸活塞杆带动平头返回到原位，压合装置停止工作

项目八 压合装置控制回路的安装与调试

操作指导

施工前，施工者应根据设备要求，制订施工计划，合理安排进度，做到定额时间内完成施工作业。施工过程中要严格遵守安全操作规程和作业指导规范，确保作业安全和作业质量。操作流程如图 8-6 所示。

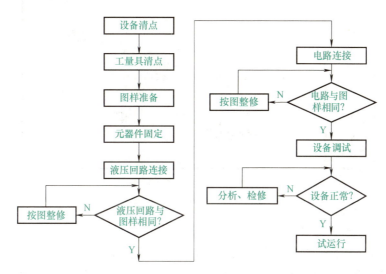

图 8-6 操作流程

1. 施工准备

1）设备清点。按表 8-3 清点设备型号规格及数量，并归类放置。

表 8-3 设备清单

序号	名称	型号规格	数量	单位	备注
1	安装平台		1	台	
2	液压站	定量叶片泵 YB1-4	1	台	
3	直流式溢流阀	DBDH6P10B/100	1	只	
4	二位四通单电控换向阀	HD-4WE6C60/SG24N9Z5L	1	只	
5	单向节流阀	2FRM6B76-2XB/10QR	1	只	
6	压力继电器	HED40A15B/100Z14L24S	1	只	
7	双作用式单活塞杆液压缸	MOB30×150	1	只	
8	压力表		2	只	
9	液压快速接头		若干	只	
10	油管		若干	m	

2) 工量具清点。工量具清单见表 1-6,施工者应清点工量具的数量,同时认真检查其性能是否完好。

3) 图样准备。施工前准备好设备控制回路图、设备布局图,供作业时查阅。压合装置控制回路的设备布局图如图 8-7 所示。

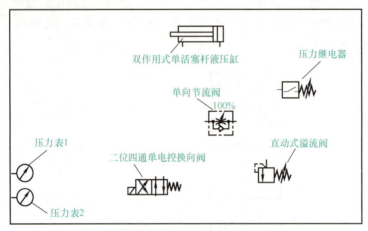

图 8-7 设备布局图

2. 液压回路安装

(1) 元器件固定

1) 安装固定溢流阀。根据表 7-7 安装固定直动式溢流阀。

2) 安装固定单电控换向阀。根据表 8-4 安装固定二位四通单电控换向阀。

表 8-4 安装固定二位四通单电控换向阀

操作步骤	操作图示	操作说明
1		准备好洁净的二位四通单电控换向阀、安装底板、密封圈及其固定螺钉,并有序放置
2	在二位四通单电控换向阀的油口上放置密封圈,且密封圈要有弹性,凸出平面,留有压缩量	
3	将二位四通单电控换向阀正确放置在安装底板上,并在水平和垂直方向轻轻用力,检验密封圈是否凸出平面,留有压缩量	
4		用扳手将二位四通单电控换向阀均匀拧紧在安装底板上,并使元器件的安装平面与底板平面全部接触,保证密封良好。最后将线圈的连接导线与外部插线端子相连

(续)

操作步骤	操作图示	操作说明
5	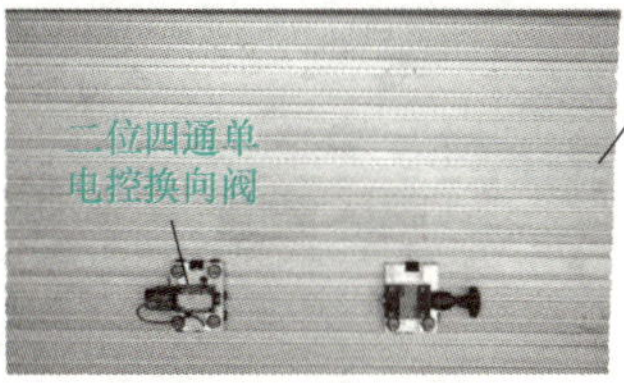 二位四通单电控换向阀　　安装平台	根据设备布局图将二位四通单电控换向阀固定在安装平台上

3) 安装固定单向节流阀。根据表8-5安装固定单向节流阀。

表8-5　安装固定单向节流阀

操作步骤	操作图示	操作说明
1	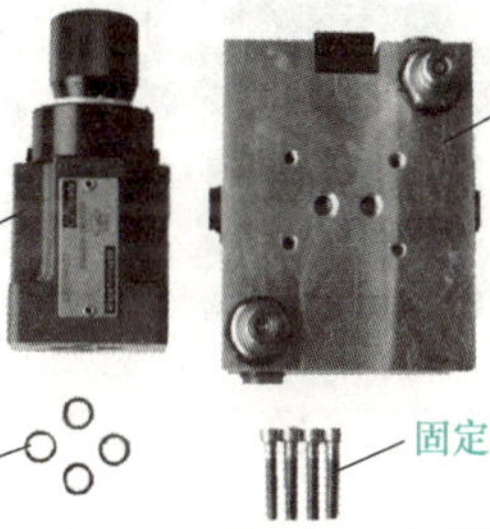 单向节流阀　安装底板　密封圈　固定螺钉	准备好洁净的单向节流阀、安装底板、密封圈及其固定螺钉,并有序放置
2	在单向节流阀的油口上放置密封圈,且密封圈要有弹性,凸出平面	
3	 油口对应要正确,避免引起事故　将单向节流阀放置在安装底板上	将单向节流阀正确放置在安装底板上,并检验密封圈是否凸出平面,留有压缩量
4		用螺钉将单向节流阀均匀拧紧在安装底板上
5	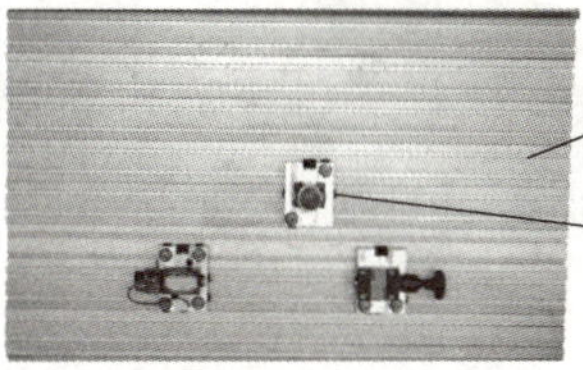 安装平台　单向节流阀	根据设备布局图将单向节流阀固定在安装平台上

4) 安装固定压力继电器。根据表8-6安装固定压力继电器。

表 8-6　安装固定压力继电器

操作步骤	操作图示	操作说明
1	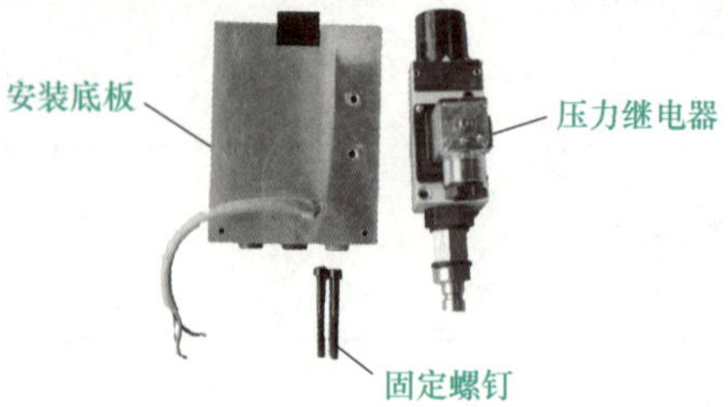	准备好洁净的压力继电器、安装底板及其固定螺钉，并有序放置
2	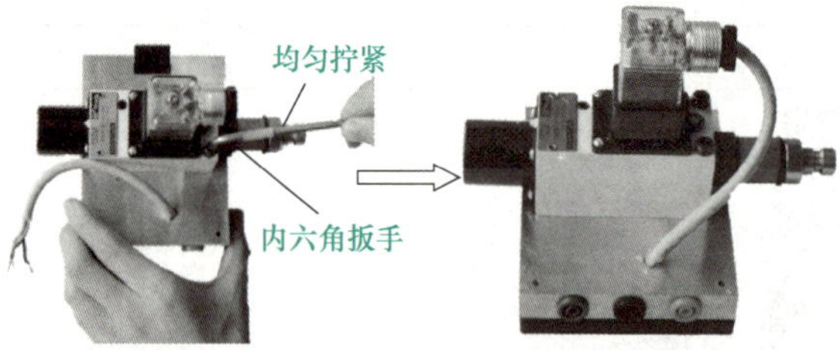	用螺钉将压力继电器安装在底板上，再将线圈的连接导线与外部插线端子相连
3	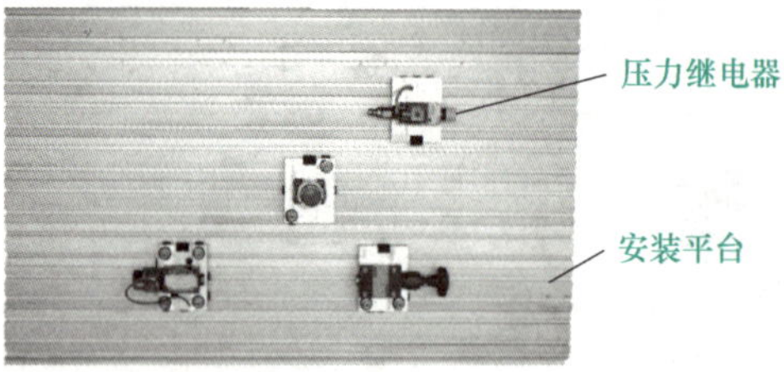	根据设备布局图将压力继电器固定在安装平台上

5）安装固定液压缸及压力表。根据表8-7安装固定液压缸及压力表。

表 8-7　安装固定液压缸及压力表

操作步骤	操作图示	操作说明
1	准备液压缸和固定支架等，并有序放置，在固定支架上固定液压缸，安装要牢固、可靠，见表7-10	
2	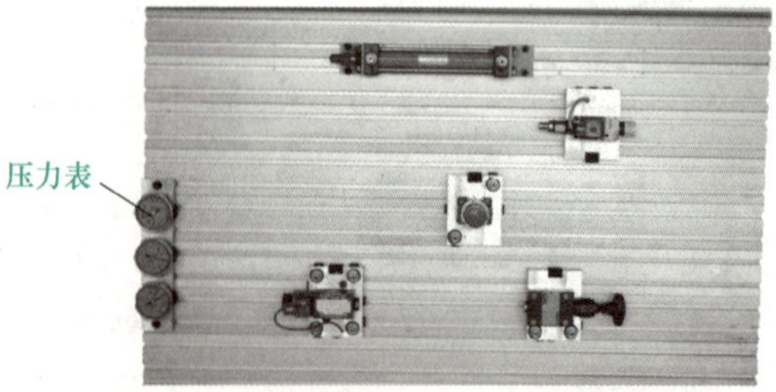	根据设备布局图将液压缸和压力表固定在安装平台上

（2）液压回路连接　根据表8-8连接液压回路。

表8-8 液压回路连接

操作步骤	操作图示	操作要求
1	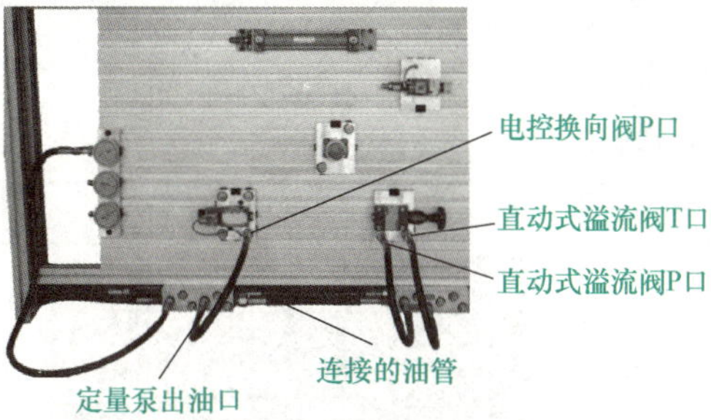	油管连接定量泵出油口与直动式溢流阀P口，要求连接可靠；油管连接直动式溢流阀T口与油箱回油口；油管连接定量泵出油口与压力表，将液压油引到压力表，监测液压泵输出的油压大小；油管连接定量泵出油口与电控换向阀P口，将液压油引到电控换向阀
2	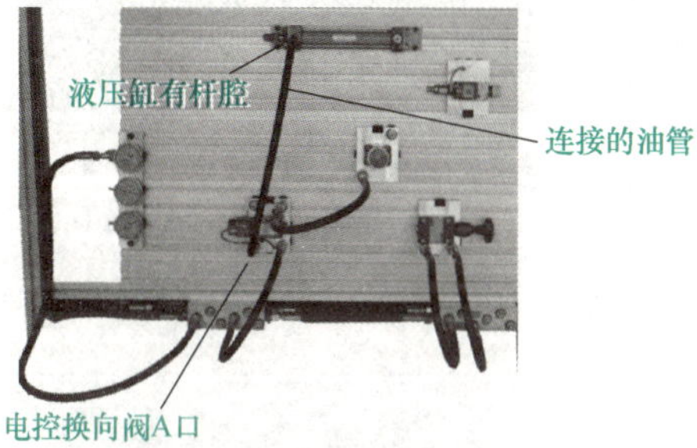	油管连接电控换向阀A口与液压缸有杆腔，将液压油引到液压缸有杆腔
3	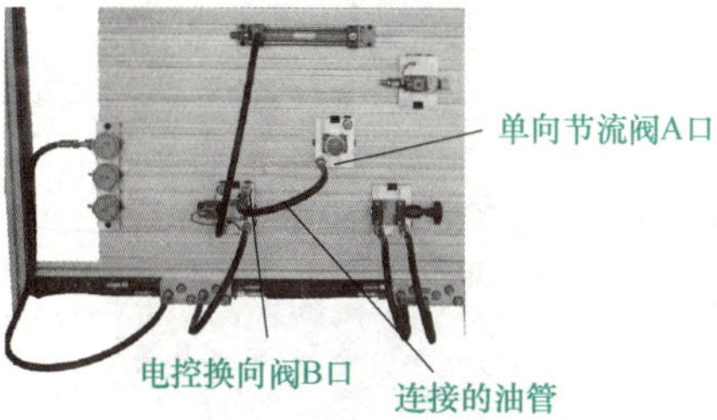	油管连接电控换向阀B口与单向节流阀A口，将液压油引到单向节流阀
4	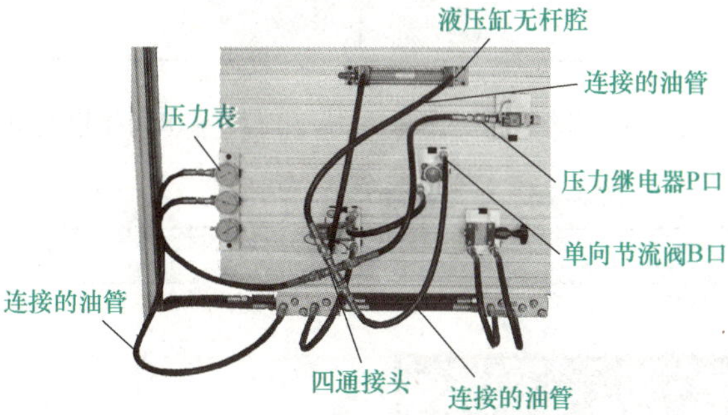	用四通接头和油管连接单向节流阀B口、液压缸无杆腔、压力继电器和压力表，将液压油引到液压缸无杆腔及压力继电器
5	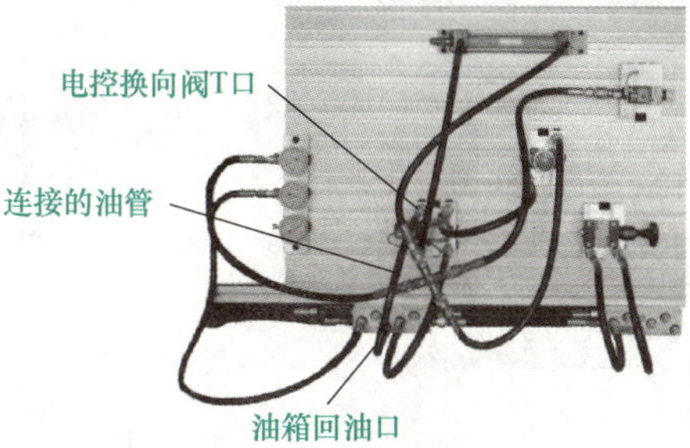	油管连接电控换向阀T口与油箱回油口，将回油送回油箱

（3）液压回路检查　对照压合装置控制回路图（图 8-2）检查液压回路的正确性、可靠性，严禁在调试过程中有油管脱落现象。

3. 电气回路安装

（1）实验平台模块介绍　实验平台模块图释见表 8-9。

表 8-9　实验平台模块图释

序号	模块名称	模块图释
1	电源模块	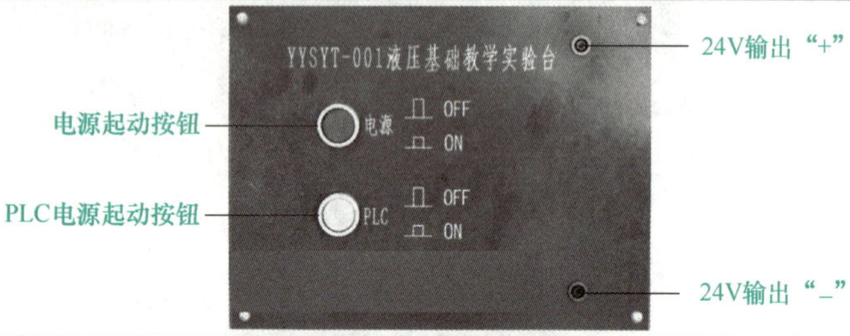YYSYT-001液压基础教学实验台 24V输出“+” 电源起动按钮 电源 OFF ON PLC电源起动按钮 PLC OFF ON 24V输出“–”
2	按钮模块	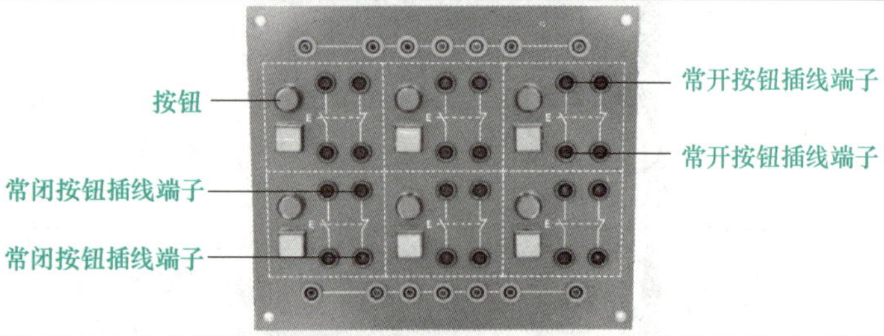按钮 常开按钮插线端子 常开按钮插线端子 常闭按钮插线端子 常闭按钮插线端子
3	中间继电器模块	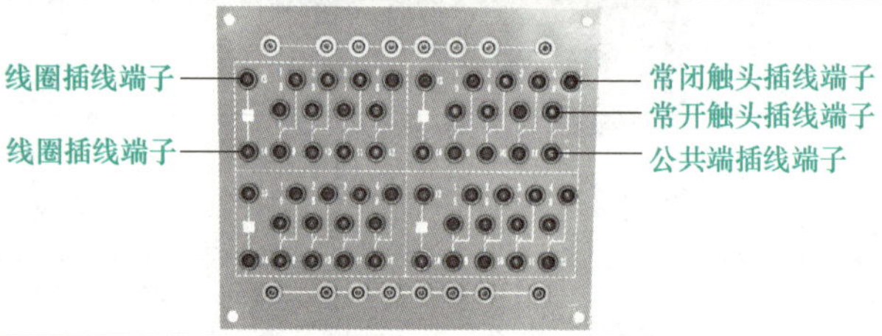线圈插线端子 线圈插线端子 常闭触头插线端子 常开触头插线端子 公共端插线端子

（2）电气回路连接　根据压合装置控制回路图（图 8-2）按表 8-10 搭接电路。

表 8-10　电路搭接

序　号	操作图示	操作说明
1	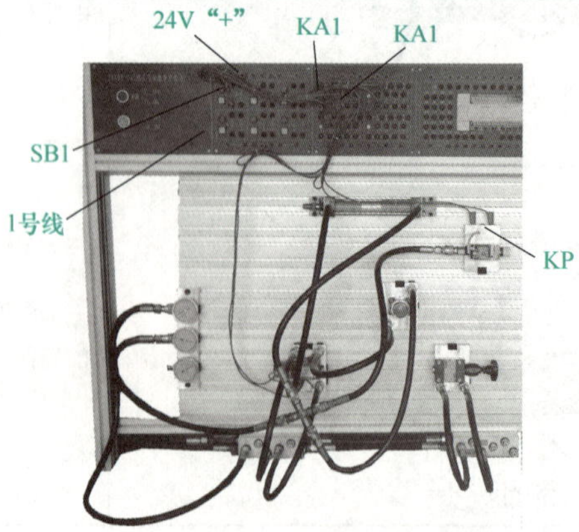24V “+” KA1 KA1 SB1 1号线 KP	搭接 1 号线 顺序：24V “ + ” →SB1 常开触头→KA1 常开触头→KA1 常开触头→KP 常开触头

（续）

序号	操作图示	操作说明
2	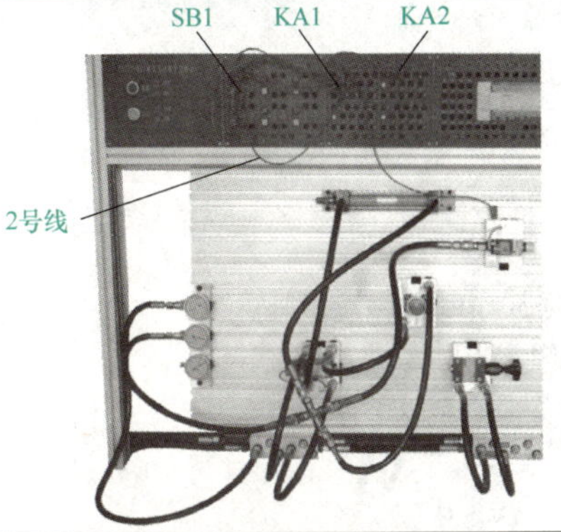	搭接 2 号线 顺序：SB1 常开触头→KA1 常开触头→KA2 常闭触头
3	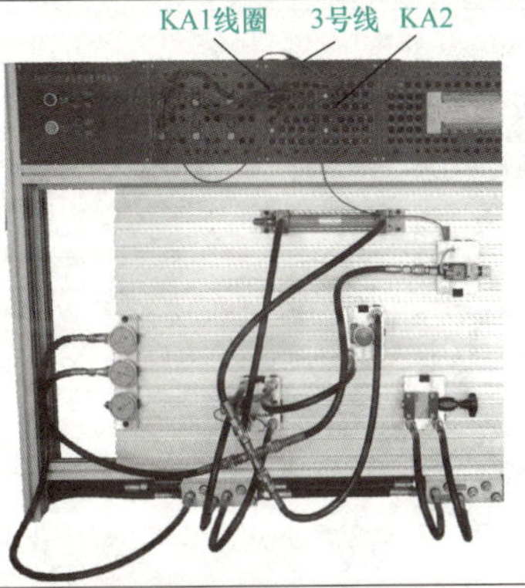	搭接 3 号线 顺序：KA2 常闭触头→KA1 线圈
4	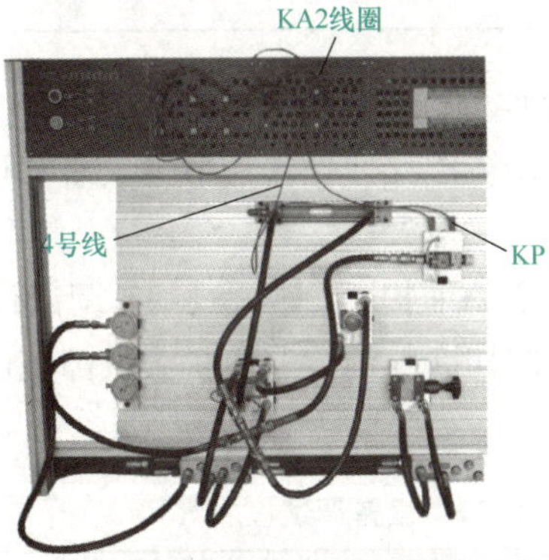	搭接 4 号线 顺序：KP 常开触头→KA2 线圈
5	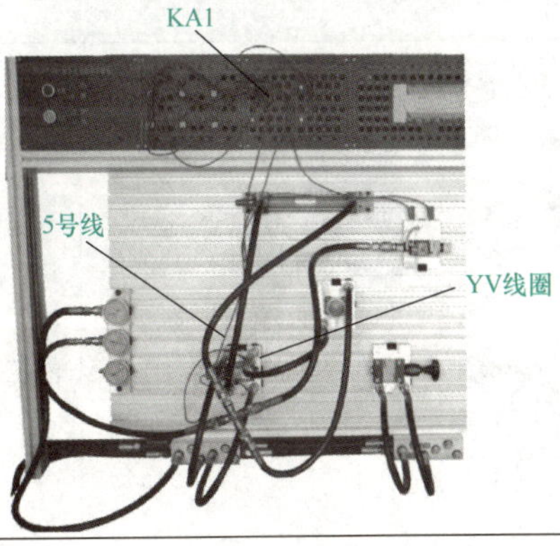	搭接 5 号线 顺序：KA1 常开触头→YV 线圈

（续）

序　号	操作图示	操作说明
6	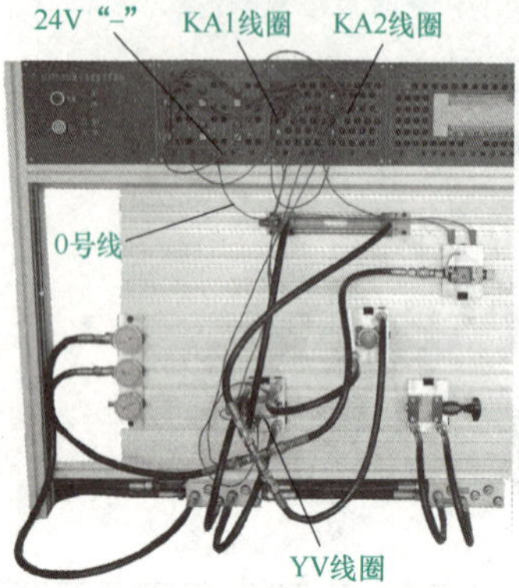 24V"-" KA1线圈 KA2线圈 0号线 YV线圈	搭接0号线 顺序：24V"-"→KA1线圈→KA2线圈→YV线圈
7	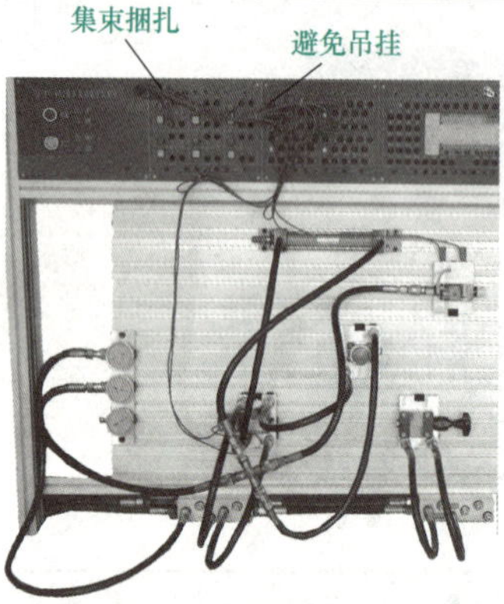 集束捆扎　避免吊挂	工艺整理，用尼龙扎带对导线进行集束捆扎，做到合理美观，避免乱挂乱吊现象

（3）电气回路检查　根据压合装置控制回路图（图8-2）检查电路是否有错线、掉线，接线是否牢固等，严禁出现短路现象，避免因接线错误而危及人身和设备安全。

4. 设备调试

清扫设备后，在确认人身和设备安全的前提下，按表8-11调试设备。调试时要认真观察设备的动作情况，若出现问题，应立即切断电源，避免扩大故障范围，待调整、检修或解决后重新调试，直至设备完全实现功能。

表8-11　设备调试

操作步骤	操作图示	操作说明
1	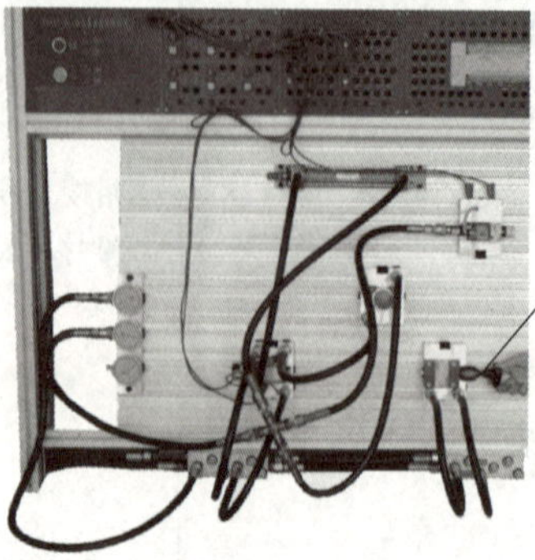  逆时针旋转溢流阀调节机构	起动前，松开溢流阀锁紧螺钉，逆时针旋转溢流阀调节机构，使系统调试前液压站输出液压油的压力为0，保证安全

(续)

操作步骤	操 作 图 示	操 作 说 明
2	按下电源起动按钮,指示灯点亮,警示电源接通	
3	按下起动按钮,起动液压泵工作,见表7-13	
4	观察压力表,顺时针旋转溢流阀调节机构,增加液压泵出油口的油压。为了实验安全起见,将工作压力调到2.5MPa左右	
5	调压完成后,将溢流阀的锁紧螺母锁紧	
6	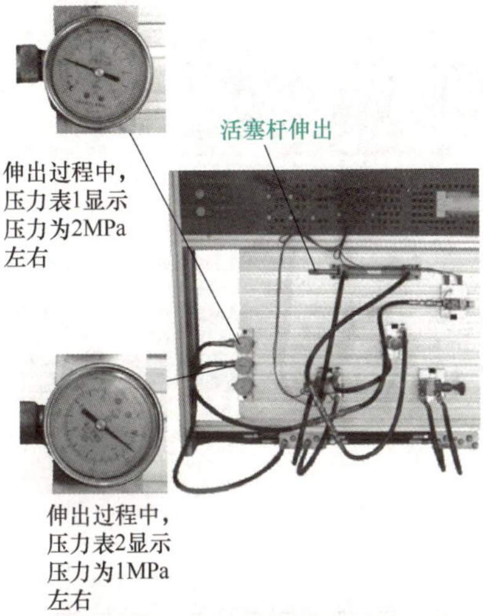 活塞杆伸出 伸出过程中,压力表1显示压力为2MPa左右 伸出过程中,压力表2显示压力为1MPa左右	1. 按下起动按钮,活塞杆开始伸出,压合装置向下压合零件 2. 注意观察压力表,液压缸伸出过程中,压力表1显示压力为2MPa左右;压力表2显示压力为1MPa左右
7	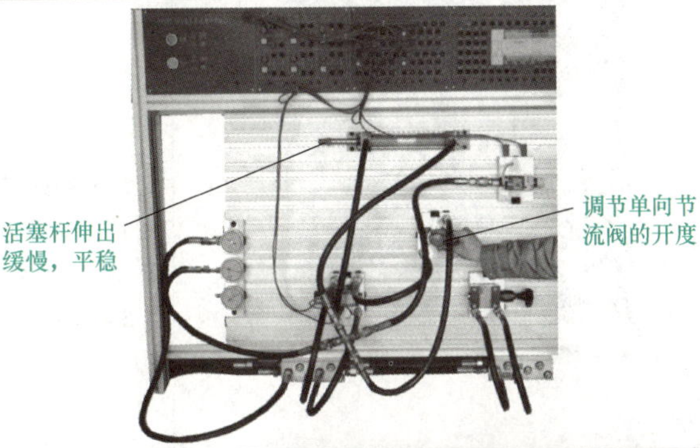 活塞杆伸出缓慢,平稳 调节单向节流阀的开度	调节单向节流阀的开度,使活塞杆伸出缓慢、装置压合零件平稳
8	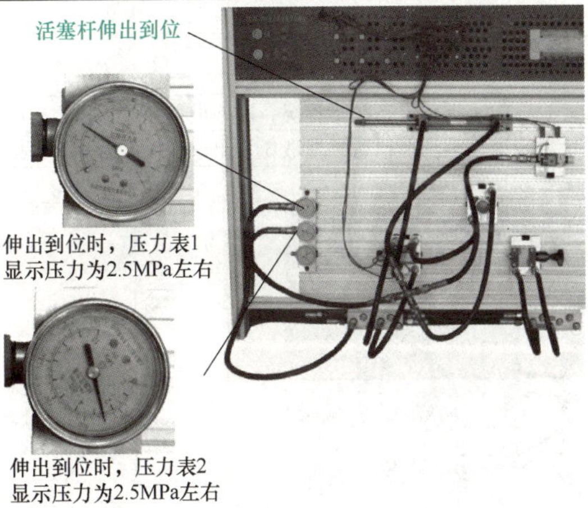 活塞杆伸出到位 伸出到位时,压力表1显示压力为2.5MPa左右 伸出到位时,压力表2显示压力为2.5MPa左右	模拟物料压合完毕,让活塞杆伸出到位停止,压力表1、表2显示压力均为2.5MPa左右

（续）

操作步骤	操作图示	操作说明
9	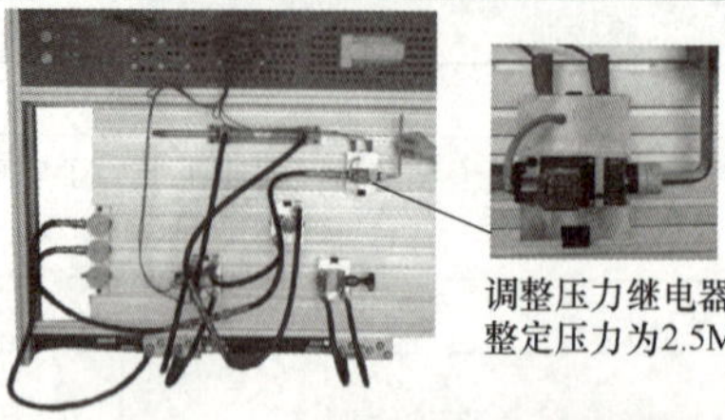 调整压力继电器的整定压力为2.5MPa	调整压力继电器的整定压力为2.5MPa，压力继电器动作，液压缸活塞杆开始快速缩回
10	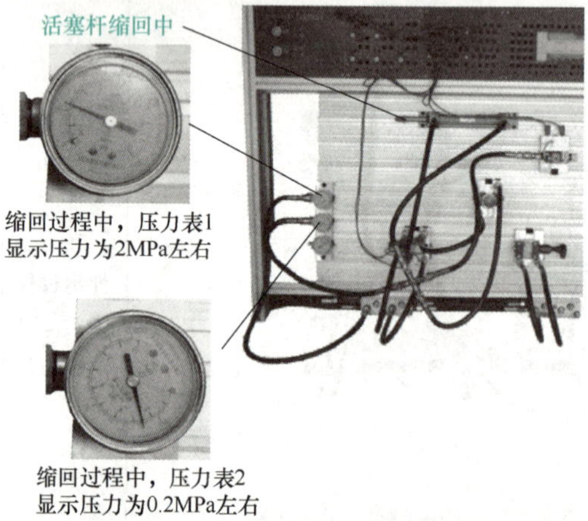 活塞杆缩回中 缩回过程中，压力表1显示压力为2MPa左右 缩回过程中，压力表2显示压力为0.2MPa左右	活塞杆缩回过程中，压力表1显示压力为2MPa左右；压力表2显示压力为0.2MPa左右
11	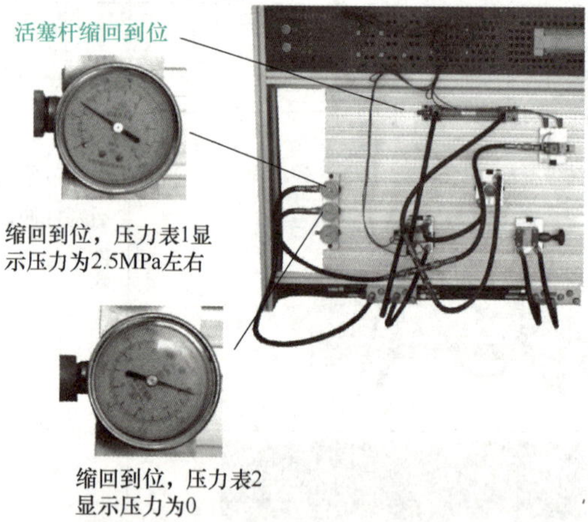 活塞杆缩回到位 缩回到位，压力表1显示压力为2.5MPa左右 缩回到位，压力表2显示压力为0	活塞杆缩回到位，压合装置复位，等待下一个零件压合。此时压力表1显示压力为2.5MPa左右；压力表2显示压力为0
12	反复进行校正试验，试运行一段时间，观察设备运行情况，确保设备合格、稳定、可靠	
13	松开溢流阀锁紧螺母，逆时针旋转溢流阀调节机构，使液压泵出口的压力为0，见表7-13	
14	按下停止按钮，液压泵停止工作，见表7-13	
15	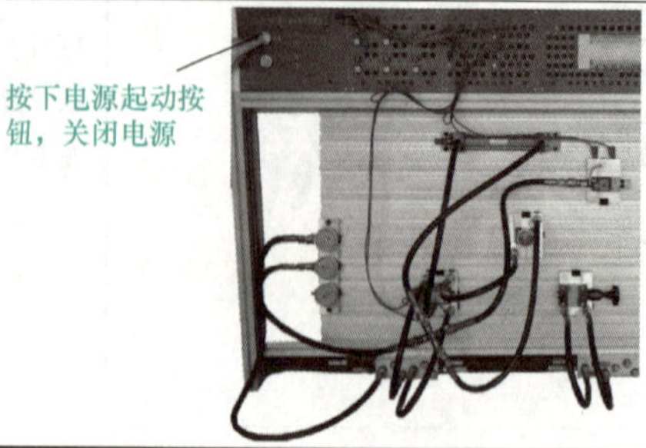 按下电源起动按钮，关闭电源	按下电源起动按钮，关闭平台电源，调试结束

5. 现场清理

设备调试完毕，要求施工者清点工量具、归类整理资料，并清扫现场卫生。

1）清点工量具。对照工量具清单清点工量具，并按要求装入工量具箱。
2）资料整理。整理归类技术说明书、设备清单、控制回路图、设备布局图等资料。
3）清扫设备周围卫生，保持环境整洁。
4）填写设备安装登记表，记载设备调试过程中出现的问题及解决办法。

质量记录

设备质量记录表见表8-12。

表8-12 设备质量记录表

验收项目及要求		配分	配 分 标 准	扣分	得分	备注
设备组装	1. 设备部件安装可靠、正确 2. 液压回路连接正确，规范美观 3. 电气回路连接正确，接线规范、美观	35	1. 部件安装位置错误，每处扣5分 2. 部件安装不到位、零件松动，每处扣5分 3. 液压回路连接错误，每处扣5分 4. 回路漏油、掉管，每处扣5分 5. 油管乱接，每处扣5分 6. 电路连接错误，每处扣5分 7. 导线松动，布线凌乱，扣5分			
设备功能	1. 电控阀得电、失电正常 2. 液压缸活塞杆伸出正常 3. 液压缸活塞杆缩回正常 4. 液压缸活塞杆伸出速度调整正确 5. 压力继电器调整正确	60	1. 电控阀未按要求工作，扣20分 2. 液压缸活塞杆未按要求伸出，扣15分 3. 液压缸活塞杆未按要求缩回，扣15分 4. 液压缸活塞杆未按要求的速度伸出，扣5分 5. 压力继电器未按要求动作，扣5分			
设备附件	资料齐全，归类有序	5	1. 图样数缺少，扣3分 2. 技术说明书、工量具清单、设备清单缺少，扣2分			
安全生产	1. 自觉遵守安全文明生产规程 2. 保持现场干净整洁，工具摆放有序		1. 每违反1项规定，扣5分 2. 发生安全事故，按0分处理 3. 现场凌乱、乱摆放工具、乱丢杂物、完成任务后不清理现场，扣5分			
时间	2h		提前正确完成，每5min加1分 超过定额时间，每5min扣1分			
开始时间		结束时间		总分		

项目拓展

压合装置控制回路图（图8-2）采用单向节流阀控制平头压合零部件的进给速度，达到慢速进给、快速返回的目的，通过调节单向节流阀的节流口开度来调节压合的速度。除此之外，采用以下方式也可实现执行元件运动速度的调节。

1. 容积调速回路

图8-8所示为变量液压泵调速控制回路图，其属于容积调速回路。执行元件运动速度的调节由变量液压泵来实现。

（1）液压元件　图8-9所示为单作用叶片泵的结构与符号。它属于变量液压泵，主要由转子、定子、叶片等组成。定子内表面呈圆柱形，与转子间存在偏心距。当转子按图8-9所示的方向旋转时，在图的右侧，在离心力的作用下，叶片逐渐伸出，叶片间的密封容积逐渐增大从吸油口吸油；在图的左侧，叶片被定子内壁逐渐压进槽内，密封容积逐渐减小，将油液从压油口压出，在吸油腔和压油腔之间，有一段封油区，把吸油腔和压油腔隔开。这种叶片泵因转子每转一周，每个工作容积完成一次吸油和压油，故称为单作用叶片泵；且在结构上转子与定子间的偏心量是可调节的，故属于变量液压泵。此外，这种泵一侧为吸油区，另一侧为压油区，转子所受径向压力不平衡，故工作压力不宜过高。

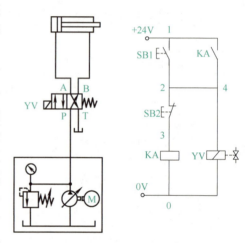

图8-8　变量液压泵调速控制回路图

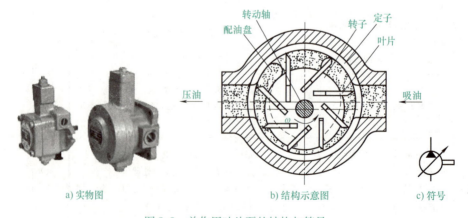

a) 实物图　　b) 结构示意图　　c) 符号

图8-9　单作用叶片泵的结构与符号

（2）调速原理　如图8-8所示，按下起动按钮SB1，KA线圈得电自锁，KA常开触头接通，YV得电，电控阀左位接入系统，液压泵输出的液压油全部进入液压缸，推动活塞右移。由于此处采用的是变量泵，只要改变泵的输出流量，就可改变执行元件的运动速度。系统正常工作时，溢流阀处于常闭状态；只有当系统过载时，溢流阀才打开，限制系统压力升高，起安全保护作用。

这种调速回路因无溢流损失和节流损失，故效率高、发热量小，适用于功率较大的液压系统中。

2. 容积、节流复合调速回路

图 8-10 所示为变量液压泵和调速阀组成的复合调速控制回路图，属于容积、节流复合调速回路。

（1）液压元件

1）调速阀。图 8-11a 所示为调速阀，属于液压系统中的流量控制阀，与节流阀相比，输出流量稳定，故通常用在速度稳定性要求高的场合。

图 8-11b 和 c 所示为调速阀的结构示意图与符号。它由定差减压阀和节流阀串联而成。节流阀调节通过的流量，定差减压阀自动保持节流阀前、后的压力差不变，从而使通过节流阀的流量不受负载变化的影响。

液压油以压力 P1 进入调速阀，经定差减压阀阀口后压力降为 P2，再经节流阀节流口压力降为 P3 流出。当调速阀的出口压力 P3 因负载增加而增大时，阀芯失去平衡而下移，导致定差减压阀的开口增大，阻力减小，使输出压力 P2 增加，

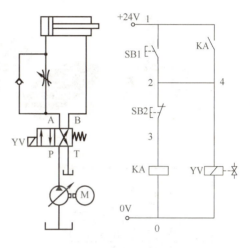

图 8-10 变量液压泵和调速阀组成的复合调速控制回路

直到阀芯在新的位置上得到平衡为止；反之，当 P3 减小时，阀芯上移，输出压力 P2 减小，从而自动保持了流量的稳定。

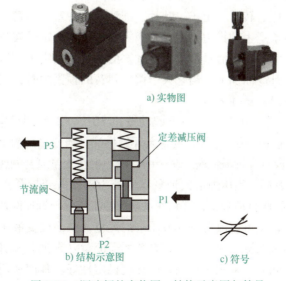

图 8-11 调速阀的实物图、结构示意图与符号

2）单向阀。图 8-12a 所示为单向阀。它属于方向控制阀，用以控制液压系统中的油液向一方向流动而不能反向流动。

图 8-12b 和 c 所示为单向阀的结构示意图与符号。它主要由阀体、阀芯（此处为锥阀）和弹簧等组成。如图 8-12b 所示，当液压油从油口 P1 流入时，克服弹簧力顶开阀芯，油液从油口 P2 流出。

如图 8-13 所示，当液压油从油口 P2 流入时，在弹簧力和液压油的作用下，阀芯压紧在阀体上，关断通道，使油液不能通过。

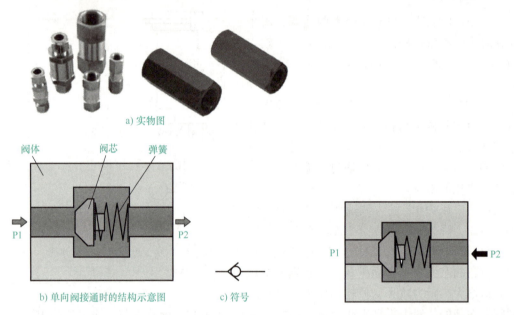

图 8-12　单向阀的实物图、结构示意图与符号　　图 8-13　单向阀关断时的结构示意图

3）限压式变量叶片泵。它分外反馈式和内反馈式两种。图 8-14 所示为外反馈限压式变量叶片泵。它主要由泵体、转子、定子、叶片、配油盘、柱塞、弹簧和调节螺钉等组成。当油压较低时，柱塞对定子产生的推力不能克服弹簧的作用力，定子被弹簧推在最左边的位置上，此时偏心量最大，泵的输出流量也最大。柱塞的一端紧贴定子，另一端则通液压油。柱塞对定子的推力随油压升高而加大，当它大于调压弹簧的预紧力时，定子向右偏移，偏心距开始减小，泵变量，输出流量随之减小。

（2）调速原理　如图 8-10 所示，按下起动按钮 SB1，KA 线圈得电自锁，KA 常开触头接通，YV 得电，电控阀左位接入系统，变量泵开始供油。当变量泵输出流量大于调速阀调定的流量时，由于系统中没有设置溢流阀，多余的油液积聚在变量泵与调速阀之间的油路内，油液受到挤压，压力迅速升高，当压力增大到泵（此处为限压式变量泵）的调定压力后，泵的输出流量随着压力的升高而自动减少，直到变量泵的输出流量与调速阀调定流量一致。调节调速阀节流口的开口大小，就可以改变进入液压缸的流量，从而改变液压缸活塞运动的速度。

这种调速回路，因泵的输出流量与液压系统所需流量（即通过调速阀的流量）相适应，故效率高，发热量小。同时，采用调速阀，故速度稳定性好。常用在调速范围大的中小功率场合。

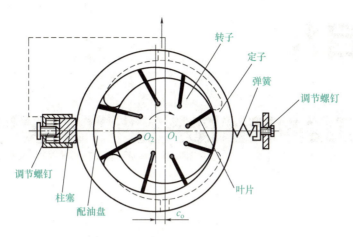

图 8-14 外反馈限压式变量叶片泵

项目九

升降缸缓冲装置控制回路的安装与调试

学习目标

1. 认识二位二通单电控换向阀、单向顺序阀、可调节流阀等液压控制元件，知道它们的结构和符号，并会识别、安装及使用。
2. 会识读升降缸缓冲装置控制回路图，并能说出其控制回路的动作过程。
3. 会根据升降缸缓冲装置控制回路图、设备布局图正确安装、调试其控制回路。
4. 拓展识读调速阀串联的速度换接回路、调速阀并联的二次进给回路和液压缸差动连接的速度换接回路。

项目简介

在自动化机械或生产线中，机械手常用来抓取、搬运物料、工件及刀具等。机械手升降缸缓冲装置的结构示意图如图9-1所示。它主要由悬臂、旋转缸、升降缸和手爪等组成。升降缸带动手爪快速上升或下降，且当手爪上升或下降至行程终端一定距离时，升降缸活塞杆的移动速度减慢而达到缓冲，从而避免因惯性力的作用而使物料冲击脱爪现象，也避免与升降缸端盖发生较大撞击，以延长设

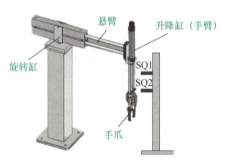

图9-1 机械手升降缸缓冲装置的结构示意图

备的使用寿命。装置停止工作后，手爪处于自由滑落的状态。图9-2所示为升降缸缓冲装置控制回路图和梯形图。

知识储备

1. 液压元件

（1）可调节流阀　可调节流阀是节流阀常见的形式之一。它可以通过改变节流口的通流面积来调节阀口的流量，从而控制执行元件的运动速度。

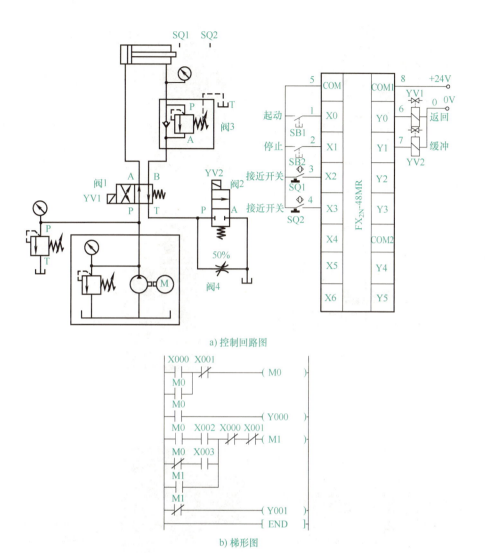

a) 控制回路图

b) 梯形图

图 9-2 升降缸缓冲装置控制回路图和梯形图
阀 1—二位四通单电控换向阀　阀 2—二位二通单电控换向阀　阀 3—单向顺序阀　阀 4—可调节流阀

图 9-3 所示为可调节流阀的结构与符号。它主要由调节手轮、阀体、阀芯及弹簧等组成。如图 9-3a、b 所示，当液压油从工作口 A 流入时，油液经阀芯上的节流口从工作口 B 流出。

如图 9-3d、e 所示，逆时针转动手轮，使节流口通流面积增加，输出流量也随之增大；反之，输出流量减少。

（2）二位二通单电控换向阀　二位二通单电控换向阀与其他电控阀一样，也是通过电磁力推动阀芯移动来改变油液流动方向的方向控制元件。

图 9-4 所示为二位二通单电控换向阀的结构与符号。它主要由阀体、复位弹簧、阀芯、电磁线圈和衔铁等组成。如图 9-4a、b 所示，当电磁线圈得电时，换向阀工作于左位，进油口 P 和工作口 A 相通。

如图 9-4d、e 所示，当电磁线圈失电时，换向阀在复位弹簧的作用下，工作于右位，进油口 P 和工作口 A 断开。

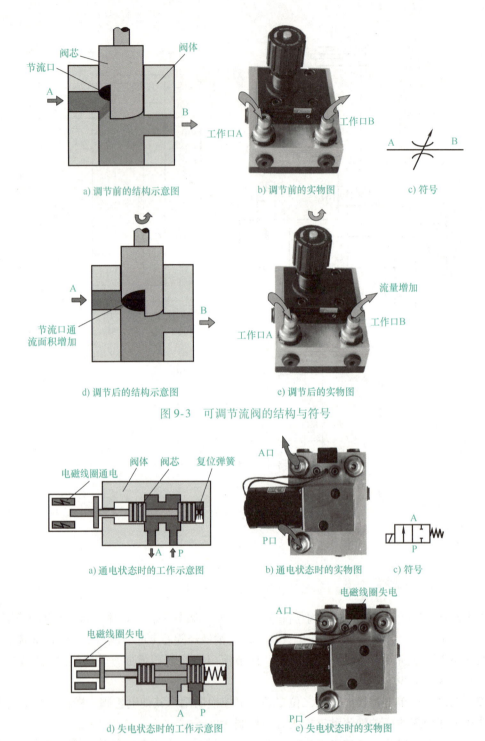

图 9-3 可调节流阀的结构与符号

图 9-4 二位二通单电控换向阀的结构与符号

（3）单向顺序阀　单向顺序阀常用于控制各执行元件的顺序动作，也可作卸荷阀使用。

图 9-5 所示为单向顺序阀的结构与符号。它是由顺序阀和单向阀构成的组合阀，主要由调节机构、弹簧、阀芯及钢球等组成。如图 9-5a、b 所示，当液压油从进油口 P 进入时，一

方面，对单向阀阀芯（钢球）产生一个向右的液压力，使单向阀阀芯在液压力及弹簧力的作用下，将阀口关断；另一方面，对顺序阀阀芯产生一个向上的液压力，随着进油口 P 的油压的升高，液压力增大，当能克服弹簧力时，顺序阀阀芯上移，阀口被打开，油液经顺序阀阀口，从工作口 A 流出。旋转调节手柄可改变弹簧力的大小，从而调整顺序阀的开启压力。

反之，如图 9-5d、e 所示，当液压油从工作口 A 流入时，因单向阀阀芯处弹簧很软，故只需很小的压力就可将钢球顶开，油液经单向阀阀口，从进油口 P 流出。

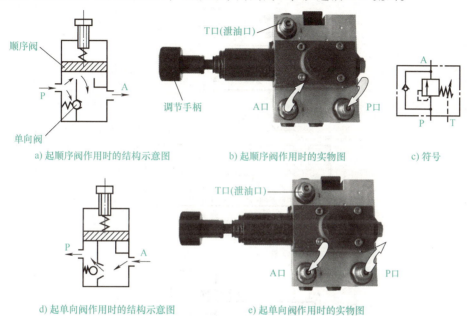

图 9-5 单向顺序阀的结构与符号

2. 控制回路

（1）液压基本回路 如图 9-2a 所示，升降缸缓冲装置控制回路主要由调压、换向、调速及速度换接四个液压基本回路构成。

1) 调压回路。升降缸缓冲装置工作压力由溢流阀调定，具体详见项目七。

2) 换向回路。图 9-2 所示状态，YV1 失电，二位四通单电控换向阀（阀1）右位工作，升降缸活塞杆伸出；当 YV1 得电时，阀1 切换至左位工作，活塞杆缩回。

3) 调速回路。图 9-2 中采用回油节流调速方式，调节可调节流阀（阀4）的节流口开度，就可调节升降缸活塞杆伸出或缩回时的缓冲速度。

4) 速度换接回路。速度换接回路也属于速度控制回路，用来实现执行元件的运动速度慢速与快速的转换。图 9-2 中采用了二位二通单电控换向阀（阀2）短接可调节流阀（阀4）的方式实现这一功能。当 YV1 失电、YV2 得电时，液压泵输出的油液经阀1 右位进入升降缸左腔，右腔的油液经单向顺序阀（阀3）的顺序阀阀口、阀1 右位、阀2 上位流回油箱，活塞杆快速伸出；当活塞运动至设定距离时，碰到行程开关 SQ2，YV2 失电，油液经阀4 流回油箱，活塞杆的伸出速度减慢而实现缓冲。

同样道理，升降缸活塞杆缩回时也能获得两种不同的速度，具备缓冲功能。

（2）控制回路的动作过程 升降缸缓冲装置控制回路的动作过程见表 9-1。

表 9-1 升降缸缓冲装置控制回路的动作过程

序号	动作条件	动作仿真图
1	接通电源、液压源	通电前，活塞杆处于伸出，机械手为自由滑落状态 YV1 未得电→阀 1 工作于右位；YV2 未得电→阀 2 工作于下位

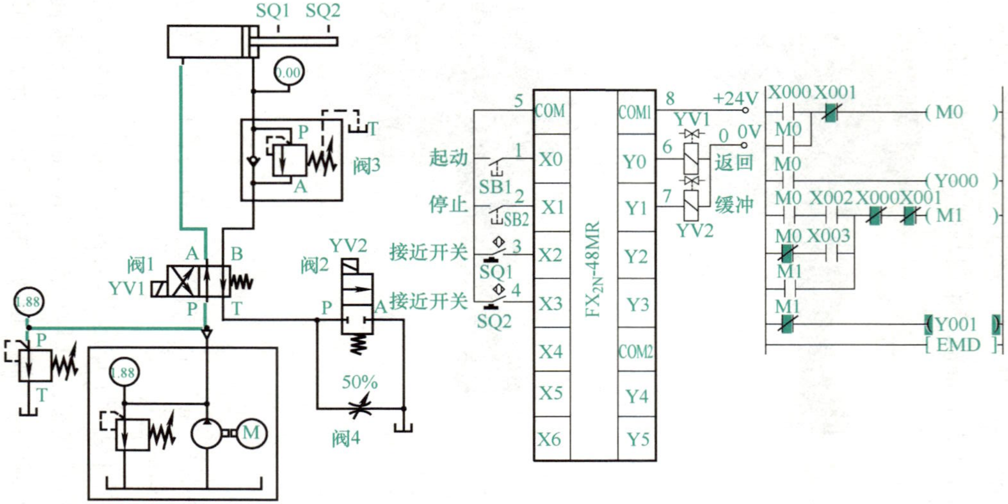

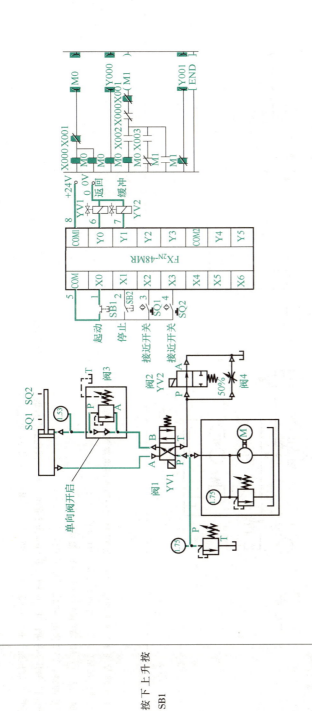

按下上升按钮 SB1

1) 电路及程序。按下上升按钮 SB1→输入点 X0 接通→输入继电器 X0 动作
上升标志 M0：X0 常开触头接通→M0 动作且保持
输出点 Y0：M0 常开触头接通→Y0 动作→YV1 得电
输入点 Y1：M1 常闭触头接通→Y1 动作→YV2 得电
2) 油路。液压站→阀 1 P 口→阀 1 工作于左位；YV2 得电→阀 2 工作于上位
进油：YV1 得电→阀 1 P 口→阀 1 B 口→阀 3 的单向阀→液压缸有杆腔→活塞杆缩回，带动手爪快速上升
回油：液压缸无杆腔→阀 1 A 口→阀 1 T 口→阀 2 P 口→阀 2 A 口→油箱

(续)

序号	动作条件	动作仿真图
3	手爪上升至 SQ1 位置时，SQ1 动作	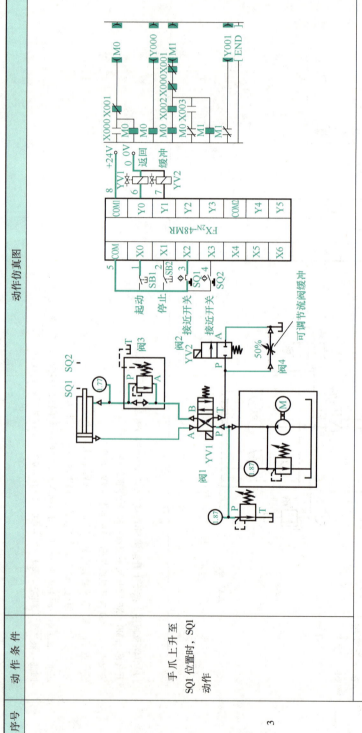 1) 电路及程序。SQ1 动作→输入点 X2 接通→输入继电器 X2 动作 缓冲标志 M1：X2 常开触头接通→M1 动作且保持 输出点 Y1：M1 常闭触头断开→Y1 复位→YV2 失电 2) 油路。YV2 失电→阀 2 工作于下位 进油：液压站→阀 1 P 口→阀 1 B 口→阀 3 的单向阀→液压缸有杆腔→手爪上升速度减慢而达到缓冲 回油：液压缸无杆腔→阀 1 A 口→阀 1 T 口→阀 4（可调节流阀缓冲）→油箱

项目九 升降缸缓冲装置控制回路的安装与调试

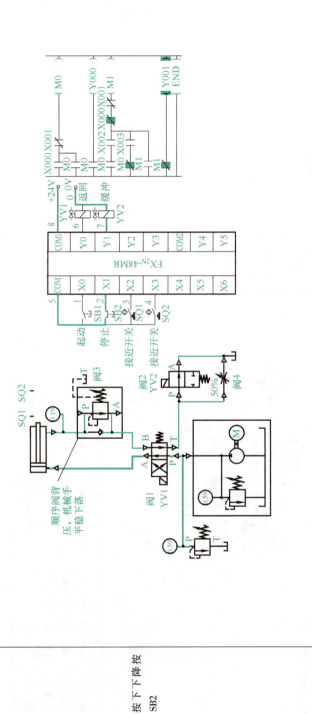

(续)

序号	动作条件	动作仿真图
5	手爪下降至SQ2位置时，SQ2动作	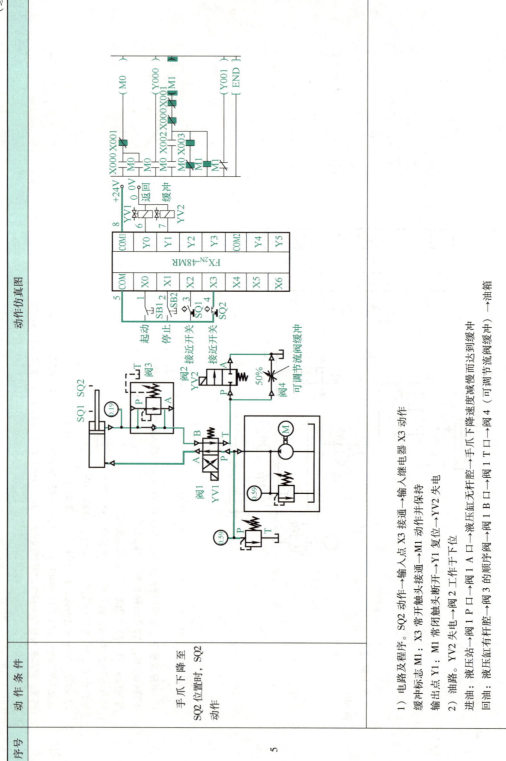 1) 电路及程序。SQ2动作→输入点X3接通→输入继电器X3动作 缓冲标志M1：X3常开触头接通→M1动作并保持 输出点Y1：M1常闭触头断开→Y1复位→YV2失电 2) 油路。YV2失电→阀2工作于下位 进油：液压站→阀1P口→阀1A口→液压缸无杆腔→手爪下降 回油：液压缸有杆腔→阀3的顺序阀→阀1B口→阀1T口→阀2→阀4（可调节流阀缓冲）→油箱。液压缸下降速度减慢而达到缓冲

项目九 升降缸缓冲装置控制回路的安装与调试

操作指导

施工前，施工者应根据设备要求，制订施工计划，合理安排施工进度，做到定额时间内完成施工作业。施工过程中要严格遵守安全操作规范和作业指导规范，确保作业安全和作业质量。操作流程如图9-6所示。

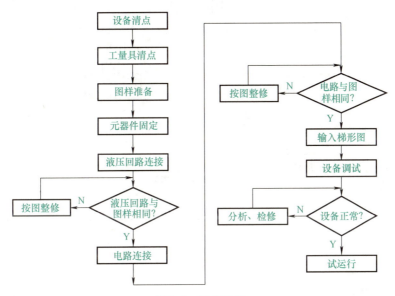

图 9-6　操作流程

1. 施工准备

1）设备清点。按表9-2清点设备型号规格及数量，并归类放置。

表 9-2　设备清单

序号	名称	型号规格	数量	单位	备注
1	安装平台		1	台	
2	液压站	定量叶片泵 YB1-4	1	台	
3	直动式溢流阀	DBDH6P10B/100	1	只	
4	二位四通单电控换向阀	HD-4WE6C60/SG24N9Z5L	1	只	
5	二位二通单电控换向阀	22E-10B	1	只	
6	可调节流阀	DVP12-1-10B/	1	只	
7	单向顺序阀	DZ6DP1-50B/75Y	1	只	
8	双作用式单活塞杆液压缸	MOB30×150	1	只	
9	接近开关	LJ12A3-4-Z/EX	2	只	两线电感式
10	压力表		2	只	
11	液压快速接头		若干	只	
12	油管		若干	m	

2）工量具清点。工量具清单见表1-6，施工者应清点工量具的数量，同时认真检查其性能是否完好。

3）图样准备。施工前准备好设备控制回路图、设备布局图，供作业时查阅。升降缸缓冲装置的设备布局图如图9-7所示。

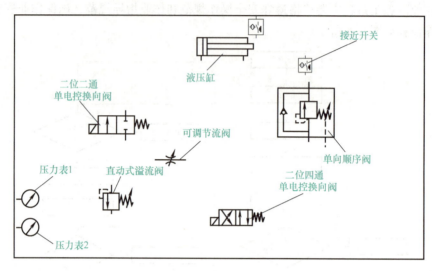

图9-7　设备布局图

2. 液压回路安装

（1）元器件固定

1）安装固定溢流阀。根据表7-7安装固定直动式溢流阀。

2）安装固定二位四通单电控换向阀。根据表8-4安装固定二位四通单电控换向阀。

3）安装固定单向顺序阀。根据表9-3安装固定单向顺序阀。

表9-3　安装固定单向顺序阀

操作步骤	操作图示	操作说明
1		准备好洁净的单向顺序阀、安装底板、密封圈及其固定螺钉，并有序放置
2	在单向顺序阀的油口上放置密封圈，且密封圈要有弹性，凸出平面	
3	将单向顺序阀正确放置在安装底板上，并检验密封圈是否凸出平面，留有压缩量	
4		用螺钉将单向顺序阀均匀拧紧在安装底板上

(续)

操作步骤	操作图示	操作说明
5	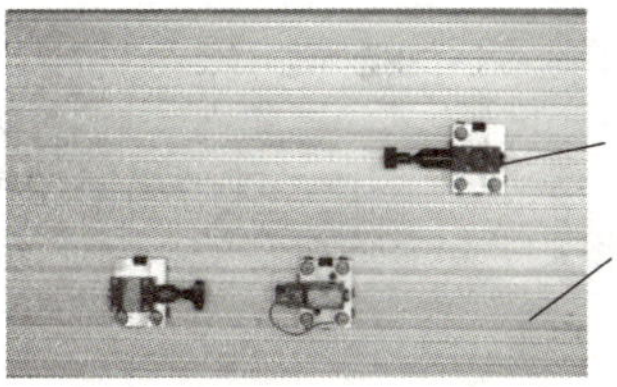 单向顺序阀 安装平台	根据设备布局图将单向顺序阀固定在安装平台上

4）安装固定二位二通单电控换向阀。根据表9-4安装固定二位二通单电控换向阀。

表9-4 安装固定二位二通单电控换向阀

操作步骤	操作图示	操作说明
1	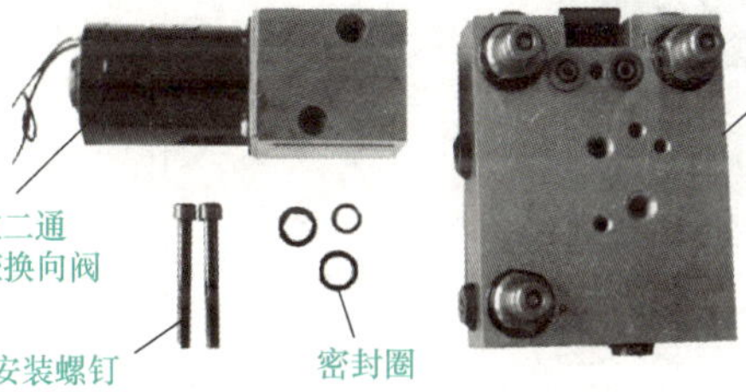 二位二通单电控换向阀 安装螺钉 密封圈 安装底板	准备好洁净的二位二通单电控换向阀、安装底板、密封圈及其固定螺钉，并有序放置
2	在二位二通单电控换向阀的油口上放置密封圈，且密封圈要有弹性，凸出平面	
3	将二位二通单电控换向阀正确放置在安装底板上，并检验密封圈是否凸出平面，留有压缩量	
4	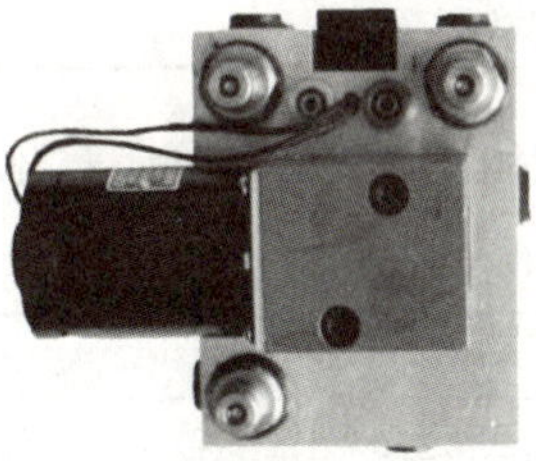	用螺钉将二位二通单电控换向阀安装在底板上
5	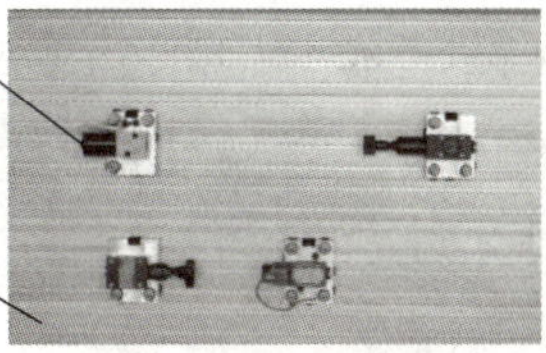 二位二通单电控换向阀 安装平台	根据设备布局图将二位二通单电控换向阀固定在安装平台上

5）安装固定可调节流阀。根据表9-5安装固定可调节流阀。

表 9-5　安装固定可调节流阀

操作步骤	操作图示	操作说明
1		准备好洁净的可调节流阀、安装底板、密封圈及其固定螺钉,并有序放置
2	在可调节流阀的油口上放置密封圈,且密封圈要有弹性,凸出平面	
3	将可调节流阀正确放置在安装底板上,并检验密封圈是否凸出平面,留有压缩量	
4		用螺钉将可调节流阀安装在底板上
5	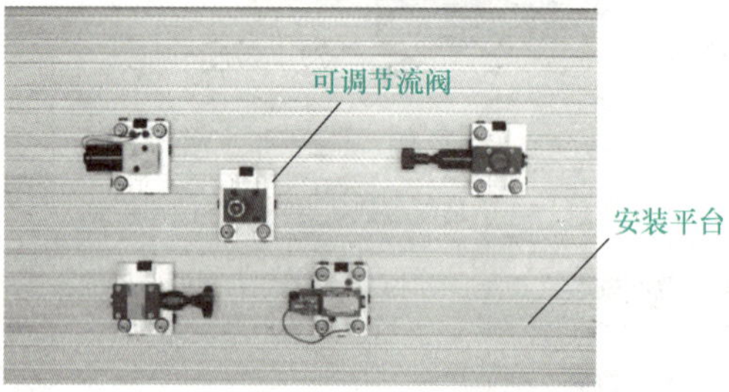	根据设备布局图将可调节流阀固定在安装平台上

6)安装固定液压缸。根据表 9-6 安装固定双作用式单活塞杆液压缸。

表 9-6　安装固定双作用式单活塞杆液压缸

操作步骤	操作图示	操作说明
1	准备液压缸和固定支架等,并有序放置,在固定支架上固定液压缸,安装要牢固、可靠,见表 7-10	
2	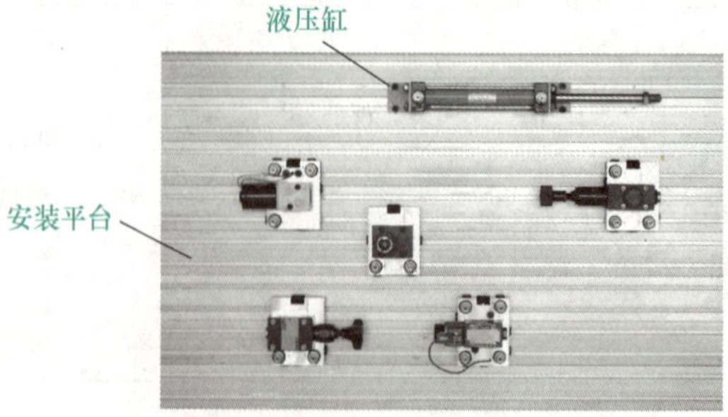	根据设备布局图将液压缸固定在安装平台上

7)安装固定电感式接近开关及压力表。根据 9-7 安装固定电感式接近开关及压力表。

项目九　升降缸缓冲装置控制回路的安装与调试

表 9-7　安装固定电感式接近开关及压力表

操作步骤	操 作 图 示	操 作 说 明
1	准备好电感式接近开关、螺钉、螺母和安装支架，并有序放置，见表 3-4	
2	在安装支架上固定电感式接近开关，安装要牢固、可靠，见表 3-4	
3	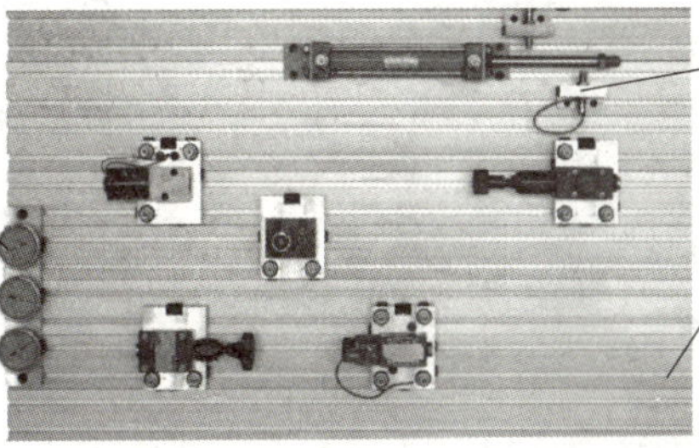 （图示：压力表、电感式接近开关、安装平台）	根据设备布局图将电感式接近开关和压力表固定在安装平台上

（2）液压回路连接　根据表 9-8 连接液压回路。

表 9-8　液压回路连接

序号	操 作 图 示	操 作 要 求
1	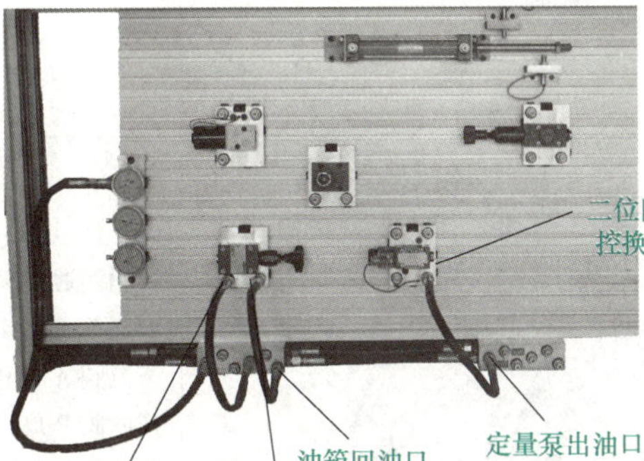 （图示：二位四通单电控换向阀P口、油箱回油口、定量泵出油口、溢流阀P口、溢流阀T口）	油管连接定量泵出油口与溢流阀 P 口，要求连接可靠 油管连接溢流阀的 T 口与油箱回油口，将液压油引到油箱 油管连接定量泵出油口与压力表，将液压油引到压力表，监测液压泵输出的油压大小 油管连接定量泵出油口与二位四通单电控换向阀的 P 口，将液压油引到电控换向阀 P 口
2	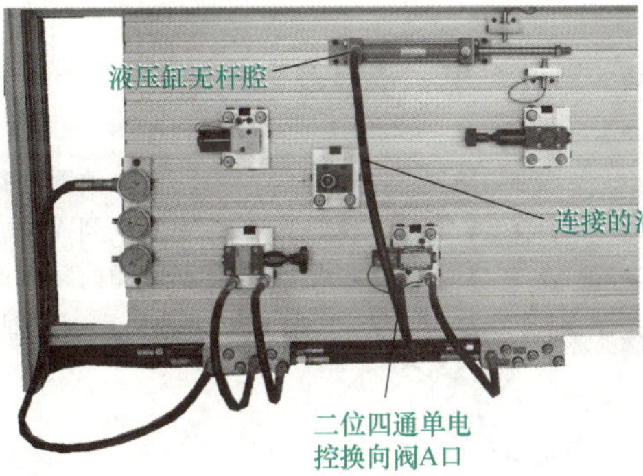 （图示：液压缸无杆腔、连接的油管、二位四通单电控换向阀A口）	油管连接二位四通单电控换向阀的 A 口与液压缸无杆腔，将液压油引到液压缸无杆腔

211

（续）

序号	操作图示	操作要求
3		用四通接头和油管连接液压缸有杆腔、单向顺序阀P口和压力表，将液压油引到液压缸有杆腔、单向顺序阀和压力表
4		油管连接单向顺序阀A口与二位四通单电控换向阀B口，将压力引到二位四通单电控换向阀
5		用四通接头和油管连接二位四通单电控换向阀T口、可调节流阀A口和二位二通单电控换向阀P口，将液压油引到二位四通单电控换向阀、可调节流阀和二位二通单电控换向阀
6		油管连接二位二通单电控换向阀A口、可调节流阀B口、单向顺序阀T口与油箱回油口，将回油引回油箱

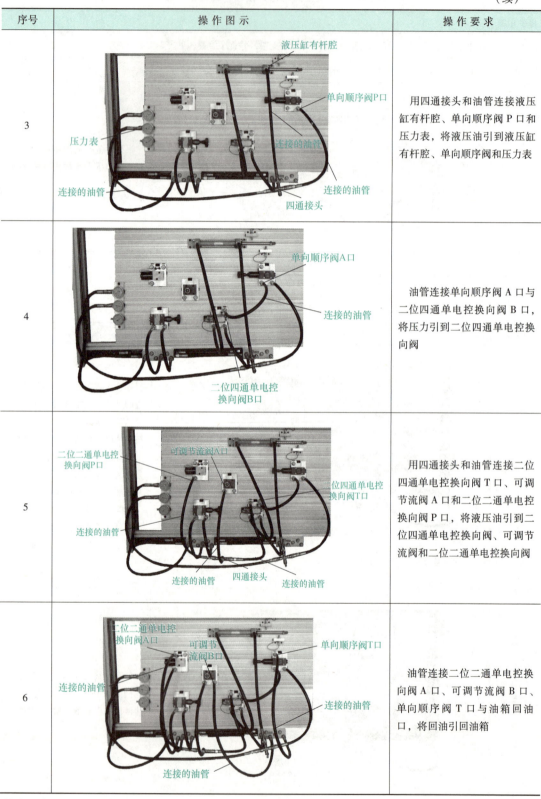

（3）液压回路检查　对照升降缸缓冲装置控制回路图（图9-2）检查液压回路的正确性、可靠性，绝不允许调试过程中有油管脱落现象。

3. 电气回路安装

（1）实验平台模块介绍　PLC模块如图5-16所示。

（2）电气回路连接　根据升降缸缓冲装置控制回路图（图9-2）按表9-9搭接电路。

表9-9　电路搭接

序　号	操　作　图　示	操　作　说　明
1	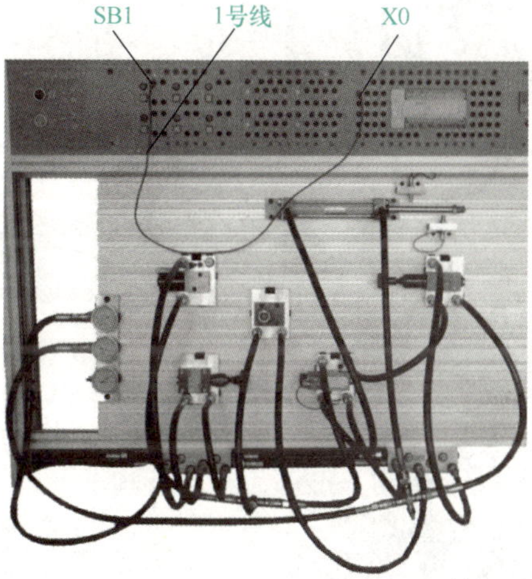 SB1　1号线　X0	搭接1号线 顺序：SB1常开触头→X0
2	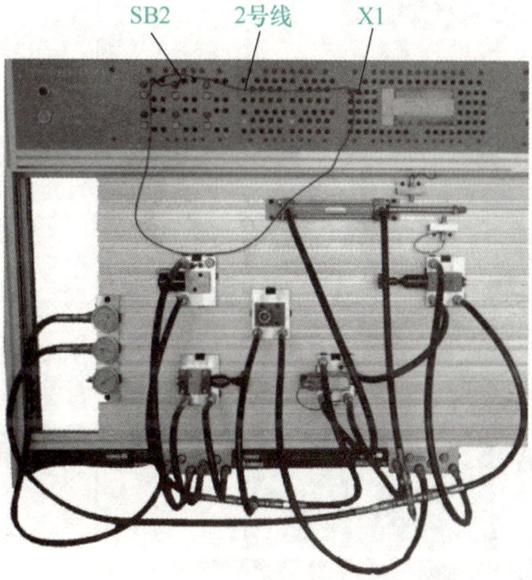 SB2　2号线　X1	搭接2号线 顺序：SB2常开触头→X1

（续）

序　号	操 作 图 示	操 作 说 明
3	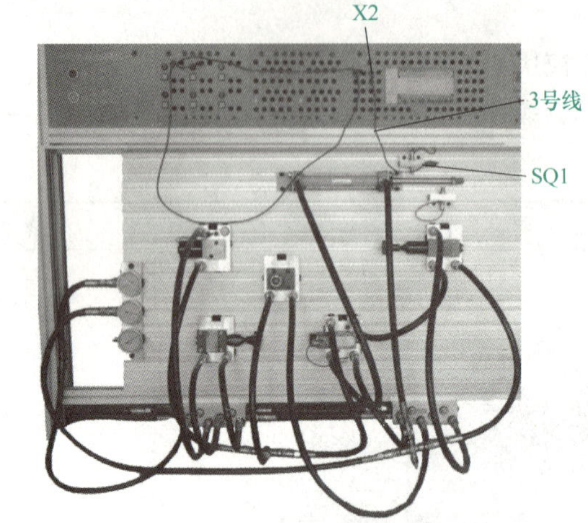	搭接 3 号线 顺序：SQ1 常开触头→X2
4	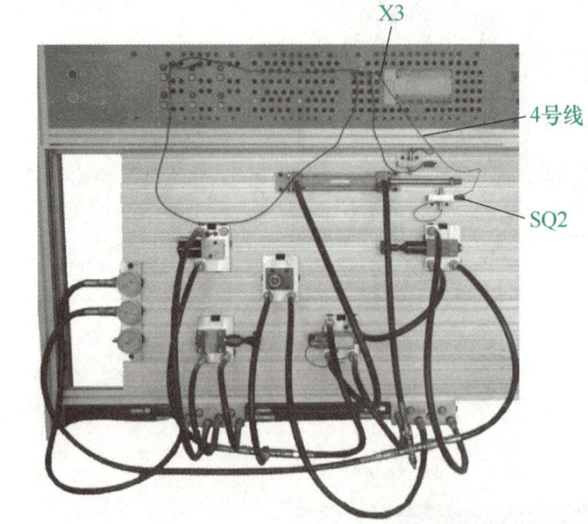	搭接 4 号线 顺序：SQ2 常开触头→X3
5	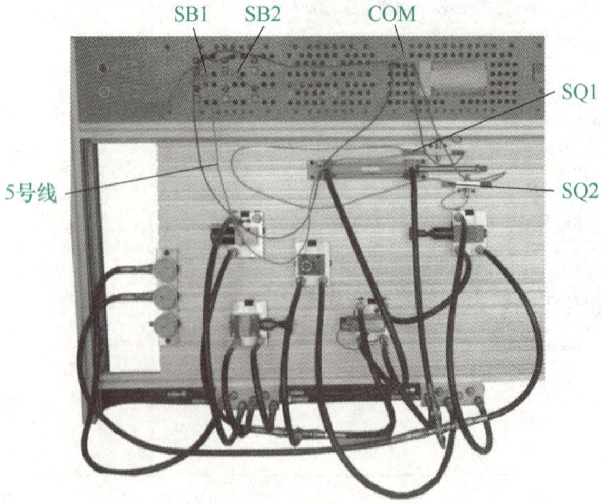	搭接 5 号线 顺序：COM→SB2 常开触头 →SB1 常开触头→SQ1 常开触头→SQ2 常开触头

（续）

序号	操作图示	操作说明
6	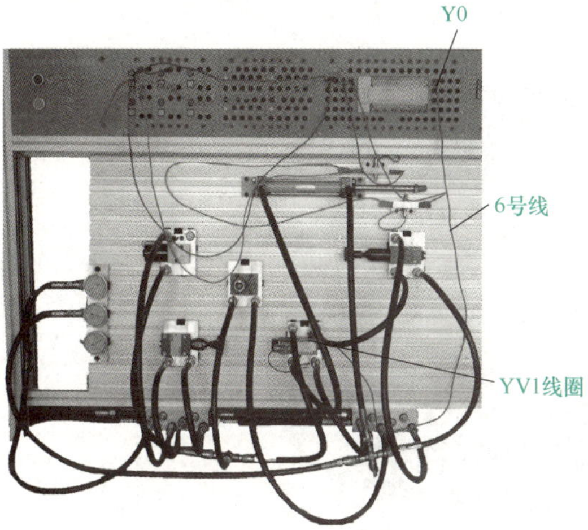	搭接 6 号线 顺序：Y0→ YV1 线圈
7	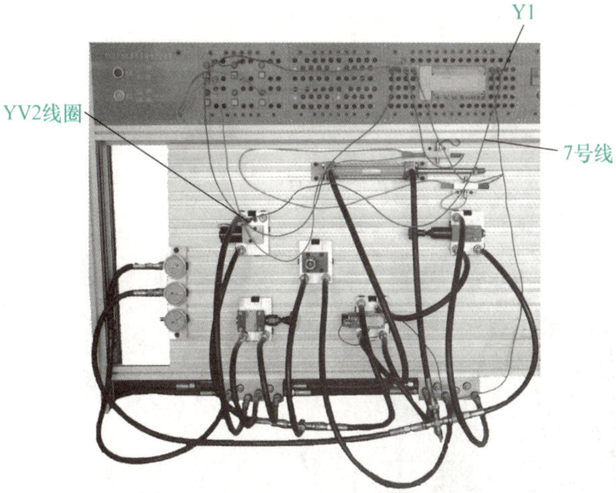	搭接 7 号线 顺序：Y1→ YV2 线圈
8	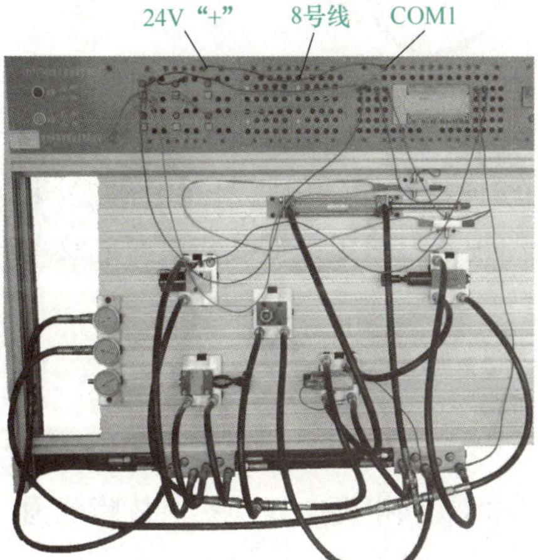	搭接 8 号线 顺序：24V " + "→COM1

序　号	操作图示	操作说明
9	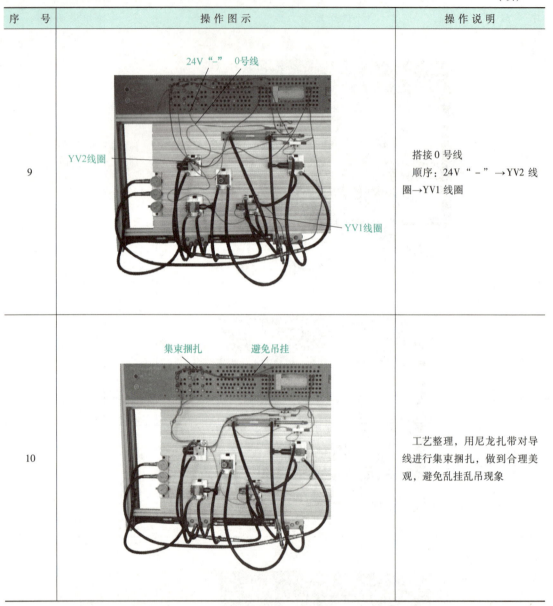	搭接 0 号线 顺序：24V"－"→YV2 线圈→YV1 线圈
10		工艺整理，用尼龙扎带对导线进行集束捆扎，做到合理美观，避免乱挂乱吊现象

（3）电气回路检查　根据升降缸缓冲装置控制回路图（图9-2）检查电路是否有错线、掉线，接线是否牢固等，严禁出现短路现象，避免因接线错误而危及人身及设备安全。

4. 输入梯形图

启动三菱 GX 编程软件，根据表 5-11 输入梯形图。

5. 设备调试

清扫设备后，在确认人身和设备安全的前提下，按表 9-10 调试设备。调试时要认真观察设备的动作情况，若出现问题，应立即切断电源，避免扩大故障范围，待调整、检修或解决后重新调试，直至设备完全实现功能。

项目九 升降缸缓冲装置控制回路的安装与调试

表 9-10 设备调试

操作步骤	操 作 图 示	操 作 说 明
1	起动前,松开可调节流阀锁紧螺母,逆时针旋转溢流阀与单向顺序阀的调节机构,使系统调试前液压泵输出液压油的压力为0,保证安全	
2	编程线连接计算机串行口与PLC编程接口,见表5-12	
3	按下电源起动按钮,指示灯点亮,警示电源接通;再按下PLC电源起动按钮,指示灯点亮,警示PLC电源接通	
4	将RUN/STOP开关置"STOP"位置,下载程序,见表5-12	
5	单击【在线】→【传输设置】命令,进行传输参数设置	
6	单击PC I→F 串行USB按钮,弹出设置对话框,见表5-12	
7	在"PC I/F 串口详细设置"对话框中,选择"RS-232C";端口设置为"COM1";传送速度设置为"9.6Kbps"单击【确认】按钮即可,见表5-12	
8	单击【在线】→【PLC写入】命令,弹出"PLC写入"对话框	
9	在"PLC写入"对话框中,选择"MAIN",单击【执行】按钮便开始写入程序,并显示进度,见表5-12	
10	程序写入完成后,将PLC的RUN/STOP开关置"RUN"位置,PLC开始运行,见表5-12	
11	按下起动按钮,起动液压泵工作,见表7-13	
12	顺时针旋转溢流阀调节机构 观察压力表1,工作压力调到2MPa左右	观察压力表1,顺时针旋转溢流阀调节机构,增加液压泵出油口的油压。为了实验安全起见,将工作压力调到2MPa左右
13	调压完成后,将溢流阀的锁紧螺母锁紧	
14	缩回过程中,压力表1显示压力为1.5MPa左右 缩回过程中,压力表2显示压力为1.8MPa左右 按下上升按钮SB1 活塞杆开始缩回 YV2线圈失电 YV1线圈得电	按下上升按钮SB1,YV1线圈得电,YV2线圈失电,活塞杆缩回,手爪快速上升。注意观察压力表,活塞杆缩回过程中,压力表1显示压力为1.5MPa左右;压力表2显示压力为1.8MPa左右

(续)

操作步骤	操作图示	操作说明
15	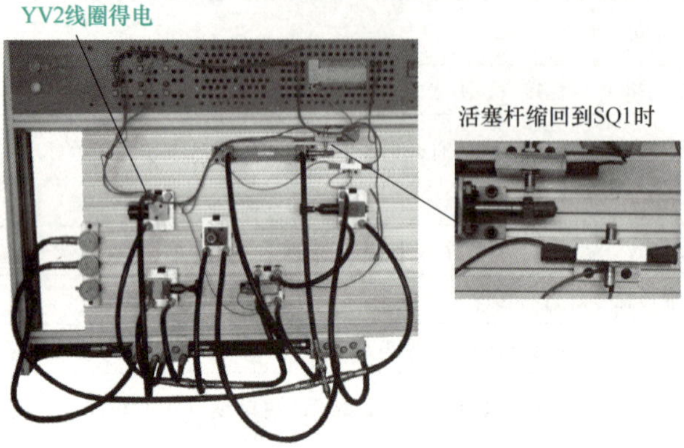 YV2线圈得电；活塞杆缩回到SQ1时	活塞杆缩回到 SQ1 时，YV2 线圈得电，活塞杆缩回速度减慢而实现升降缸上升时的缓冲
16	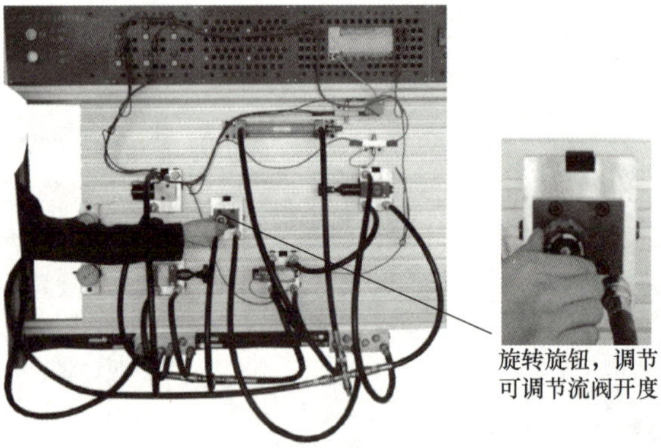 旋转旋钮，调节可调节流阀开度	旋转可调节流阀旋钮（逆时针调大、顺时针调小），调节它的开度，从而调节速度减缓的程度
17	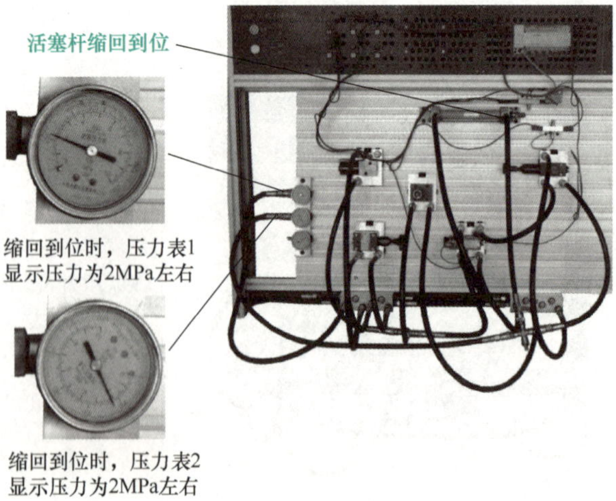 活塞杆缩回到位；缩回到位时，压力表1显示压力为2MPa左右；缩回到位时，压力表2显示压力为2MPa左右	活塞杆缩回到位后，压力表 1 显示压力为 2MPa 左右；压力表 2 显示压力为 2MPa 左右

（续）

操作步骤	操作图示	操作说明
18		按下下降按钮 SB2，YV1 线圈失电，YV2 线圈失电，活塞杆伸出，手爪平稳下落。注意观察压力表，活塞杆伸出过程中，压力表 1 显示压力为 1.5MPa 左右；压力表 2 显示压力为 1.8MPa 左右
19		调整单向顺序阀工作压力（顺时针调大、逆时针调小），使手爪能平稳下落
20		活塞杆伸出过程中，压力表 1 显示压力为 1.5MPa 左右；压力表 2 显示压力为 1.3MPa 左右

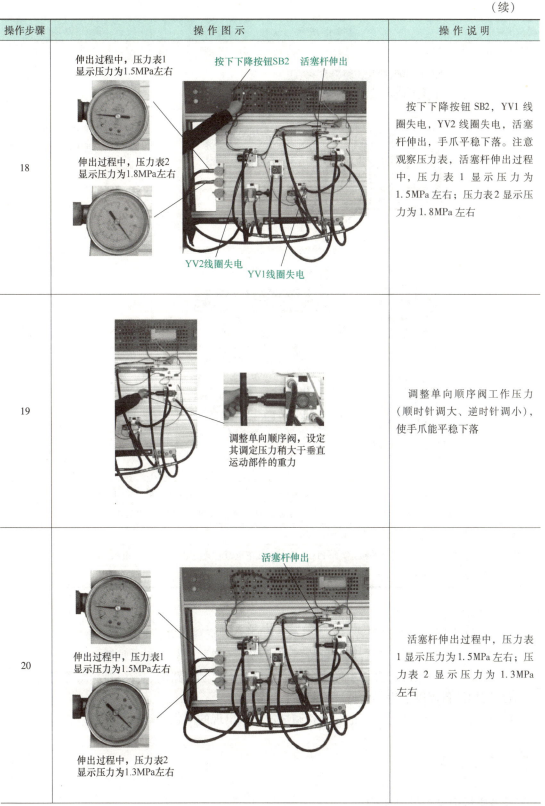

(续)

操作步骤	操作图示	操作说明
21	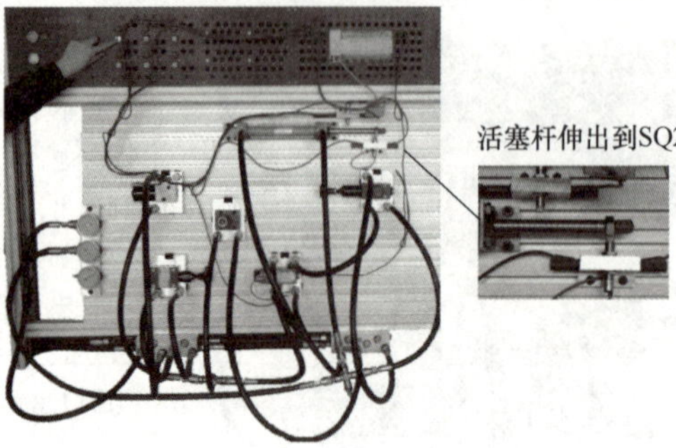 活塞杆伸出到SQ2	活塞杆伸出到 SQ2 时，YV2 线圈得电，活塞杆伸出速度变慢而达到缓冲
22	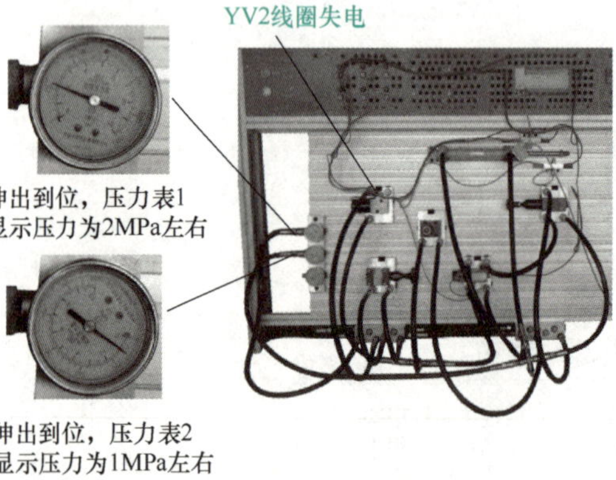 YV2线圈失电 伸出到位，压力表1 显示压力为2MPa左右 伸出到位，压力表2 显示压力为1MPa左右	活塞杆伸出到位后，压力表 1 显示压力为 2MPa 左右；压力表 2 显示压力为 1MPa 左右
23	反复进行校正试验，试运行一段时间，观察设备运行情况，确保设备合格、稳定、可靠	
24	松开溢流阀锁紧螺母，逆时针旋转溢流阀调节机构，使液压泵出油口的压力为0	
25	按下液压泵停止按钮，液压泵停止工作	
26	先按下 PLC 电源起动按钮，关闭 PLC 电源；再按下电源起动按钮，关闭平台电源，调试结束	
27	拔出 PLC 编程连接线	

6. 现场清理

设备调试完毕，要求施工者清点工量具、归类整理资料，并清扫现场卫生。

1）清点工量具。对照工量具清单清点工量具，并按要求装入工量具箱。
2）资料整理。整理归类技术说明书、设备清单、控制回路图、设备布局图等资料。
3）清扫设备周围卫生，保持环境整洁。
4）填写设备安装登记表，记载设备调试过程中出现的问题及解决的办法。

质量记录

设备质量记录表见表 9-11。

项目九 升降缸缓冲装置控制回路的安装与调试

表9-11 设备质量记录表

验收项目及要求		配分	配 分 标 准	扣分	得分	备注
设备组装	1. 设备部件安装可靠、正确 2. 液压回路连接正确、规范美观 3. 电气回路连接正确，接线规范、美观	35	1. 部件安装位置错误，每处扣5分 2. 部件安装不到位、零件松动，每处扣5分 3. 液压回路连接错误，每处扣5分 4. 回路漏油、掉管，每处扣5分 5. 油管乱接，每处扣5分 6. 电路连接错误，每处扣5分 7. 导线松动，布线凌乱，扣5分			
设备功能	1. 二位二通单电控换向阀得电、失电正常 2. 二位四通单电控换向阀得电、失电正常 3. 液压缸活塞杆伸出正常 4. 液压缸活塞杆缩回正常 5. 液压缸缓冲正确 6. 单向顺序阀调整正确 7. 可调节流阀调整正确	60	1. 二位二通单电控换向阀未按要求工作，扣10分 2. 二位四通单电控换向阀未按要求工作，扣10分 3. 液压缸活塞杆未按要求伸出，扣10分 4. 液压缸活塞杆未按要求缩回，扣10分 5. 液压缸未按要求缓冲，扣10分 6. 单向顺序阀未按要求动作，扣5分 7. 可调节流阀未按要求动作，扣5分			
设备附件	资料齐全，归类有序	5	1. 图样数缺少，扣3分 2. 技术说明书、工量具清单、设备清单缺少，扣2分			
安全生产	1. 自觉遵守安全文明生产规程 2. 保持现场干净整洁，工具摆放有序		1. 每违反1项规定，扣5分 2. 发生安全事故，按0分处理 3. 现场凌乱、乱摆放工具、乱丢杂物、完成任务后不清理现场，扣5分			
时间	2h		提前正确完成，每5min 加5分 超过定额时间，每5min 扣2分			
开始时间			结束时间	总分		

项目拓展

1. 调速阀串联的速度换接控制回路

升降缸缓冲装置控制回路图（图9-2）采用二位二通单电控换向阀与可调节流阀并联组成的缓冲液压回路，实现了机械手上升或下降中运动速度快慢换接功能。图9-8所示为调速阀串联的速度换接回路，阀1用于第一次进给节流，阀2用于第二次进给节流。按下起动按钮 SB1，KT 线圈得电，计时开始；KA 线圈得电自锁，KA 常开触头闭合，YV1 得电，阀 5 左位工作，液压泵输出的液压油经阀 1、阀 4、阀 5 进入液压缸左腔，右腔回油，完成第一次进给。计时时间到，KT 常开触头接通，YV2 得电，阀 4 右位工作，液压泵输出的液压油经阀 1、阀 2、阀 5 进入液压缸左腔，右腔回油，完成第二次进给。

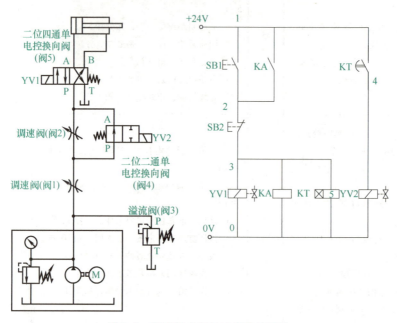

图 9-8　调速阀串联的速度换接回路

这种回路，调速阀 2 的开度必须小于调速阀 1，才能实现快速—工进→慢速二工进→快速退回，否则无法实现二工进的变速转换。

2. 调速阀并联的速度换接控制回路

除了采用调速阀串联的方式实现二次进给功能外，采用调速阀并联的方式同样能实现二次进给功能。图 9-9 所示为调速阀并联的速度换接控制回路，按下起动按钮 SB1，KT 线圈得电，计时开始；KA 线圈得电自锁，KA 常开触头接通，YV1 得电，阀 5 左位工作，液压泵输出的液压油经阀 1、阀 4、阀 5 进入液压缸左腔，右腔回油，活塞完成第一次工作进给，速度由调速阀 1 调节。计时时间到，KT 延时常开触头接通，YV2 得电，阀 4 右位工作，液压泵输出的液压油经阀 2、阀 4、阀 5 进入液压缸左腔，右腔回油，活塞完成第二次工作进给，速度由调速阀 2 调节。

3. 液压缸差动连接的速度换接控制回路

图 9-10 所示为液压缸差动连接的速度换接控制回路，其也可实现快慢速度的转换功能。当液压泵输出的液压油经阀 1 右位进入液压缸左腔时，按下按钮 SB2，YV2 得电，阀 2 右位工作，液压缸右腔油液经阀 2 右位、阀 1 右位进入液压缸左腔，构成差动连接，使活塞快速进给；松开按钮 SB2，YV2 失电，阀 2 左位工作，油液经阀 2 左位流回油箱，活塞则慢速进给。

这种连接方式可在不增加泵流量的情况下，提高执行元件的运动速度，其回路简单经济，应用较多。

项目九 升降缸缓冲装置控制回路的安装与调试

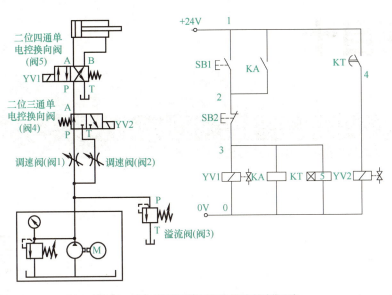

图 9-9 调速阀并联的速度换接控制回路

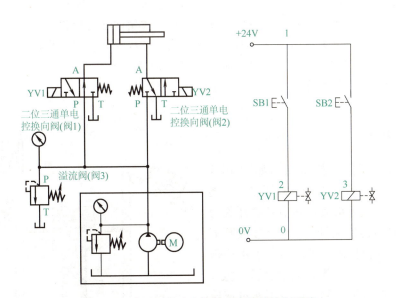

图 9-10 液压缸差动连接的速度换接控制回路

项目十

包裹提升装置控制回路的安装与调试

学习目标

1. 认识三位四通双电控换向阀等液压控制元件,知道它们的结构和符号,并会识别、安装及使用。
2. 会识读包裹提升装置控制回路图,并能说出其控制回路的动作过程。
3. 会根据包裹提升装置控制回路图、设备布局图正确安装、调试其控制回路。
4. 拓展认识行程阀,能说出顺序阀控制的顺序动作回路、压力继电器控制的顺序动作回路和行程阀控制的顺序动作回路的动作过程。

项目简介

包裹提升装置的结构示意图如图 10-1 所示,装置主要由液压缸 1、液压缸 2、光电开关及接近开关等组成,其中光电开关为托举平台上的包裹检测开关,4 个接近开关均为活塞杆的到位检测开关。当包裹被输送到托举平台上后,包裹提升装置在液压缸 1 的作用下,将此包裹举起,然后再通过液压缸 2,将包裹推送到另一个输送带上,从而完成一个包裹的提升及推送过程。图 10-2 所示为包裹提升装置控制回路图和梯形图。

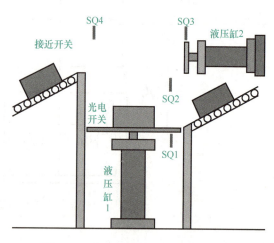

图 10-1 包裹提升装置的结构示意图

知识储备

1. 液压元件

三位四通双电控换向阀是利用电磁力推动阀芯移动以改变油液流动方向的控制阀。图 10-3 所示为三位四通双电控换向阀的结构与符号,主要由阀体、复位弹簧及阀芯等构成。

224

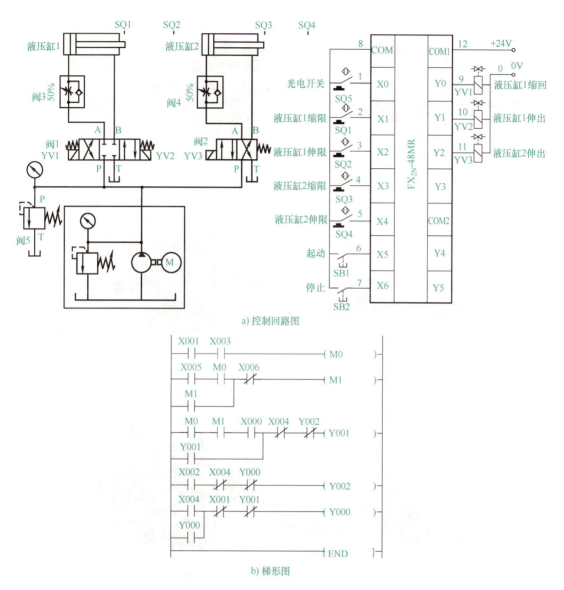

图 10-2 包裹提升装置控制回路图和梯形图

阀1—三位四通双电控换向阀　阀2—二位四通单电控换向阀　阀3、阀4—单向节流阀　阀5—溢流阀

当电磁线圈都断电时，换向阀在复位弹簧的作用下处于中位，进油口 P、工作口 A、工作口 B 及回油口 T 均关闭。

如图 10-4 所示，当左侧电磁线圈得电时，阀芯在电磁力的推动下右移，换向阀工作于左位，进油口 P 和工作口 B 相通，工作口 A 与回油口 T 相通。

如图 10-5 所示，当右侧电磁线圈得电时，阀芯在衔铁的推动下左移，换向阀工作于右位，进油口 P 和工作口 A 相通，工作口 B 与回油口 T 相通。

2. 控制回路

（1）液压基本回路　如图 10-2a 所示，包裹提升装置控制回路主要由调压、换向、调速及顺序动作四个液压基本回路构成。

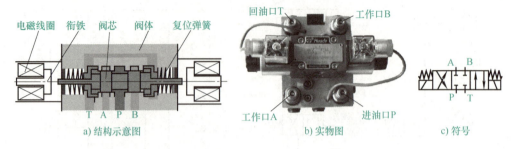

图 10-3 三位四通双电控换向阀断电状态时的结构与符号

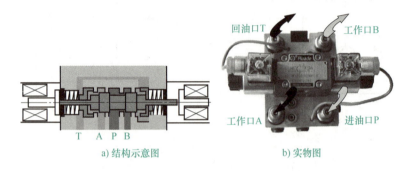

图 10-4 三位四通双电控换向阀左侧电磁线圈得电时的结构

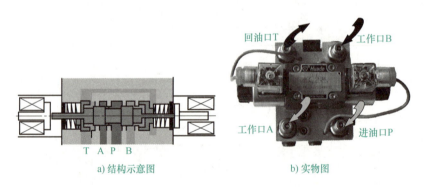

图 10-5 三位四通双电控换向阀右侧电磁线圈得电状态时的结构

1)调压回路。包裹提升装置工作压力由溢流阀调定,具体详见项目七。

2)换向回路。图 10-2 中分别采用三位四通双电控换向阀(阀1)和二位四通单电控换向阀(阀2)来实现液压缸1、液压缸2活塞杆伸出或缩回时运动方向的转换功能。

3)调速回路。图 10-2 中采用进油节流调速方式,利用单向节流阀(阀3和阀4)分别调节液压缸1、液压缸2活塞杆伸出时的速度。

4)顺序动作回路。顺序动作回路用来控制液压系统中执行元件动作的先后顺序,使执行元件按严格的顺序依次动作。图 10-2 中采用接近开关控制的顺序动作回路,实现了包裹举起、推出和返回的顺序动作过程。YV2 得电,液压泵输出的油液经三位四通双电控换向阀(阀1)右位、单向节流阀(阀3)的节流口,进入液压缸1左腔,右腔油液经阀1流回油箱,液压缸1的活塞杆缓慢伸出,举起包裹。当液压缸1的活塞杆运动至行程终端一定距离时，按下接近开关 SQ2，使 YV2 失电，YV3 得电，油液经二位四通单电控换向阀（阀 2）左位、单向节流阀（阀 4）的节流口，进入液压缸 2 左腔，右腔油液经阀 2 流回油箱，液压缸 2 的活塞杆缓慢伸出，推出包裹。当液压缸 2 的活塞杆运动至行程终端一定距离时，按下接近开关 SQ4，使 YV3 失电，YV1 得电，油液进入阀 2 右位、液压缸 2 右腔的同时，进入阀 1 左位、液压缸 1 右腔，回油经阀 3、阀 4 的单向阀阀口流回油箱，液压缸 1、液压缸 2 活塞杆快速返回。这种回路调整行程大小和改变动作顺序方便灵活，应用较广。

（2）控制回路的动作过程　包裹提升装置控制回路的动作过程见表 10-1。

表 10-1　包裹提升装置控制回路的动作过程

序号	动作条件	动作仿真图
1	接通电源	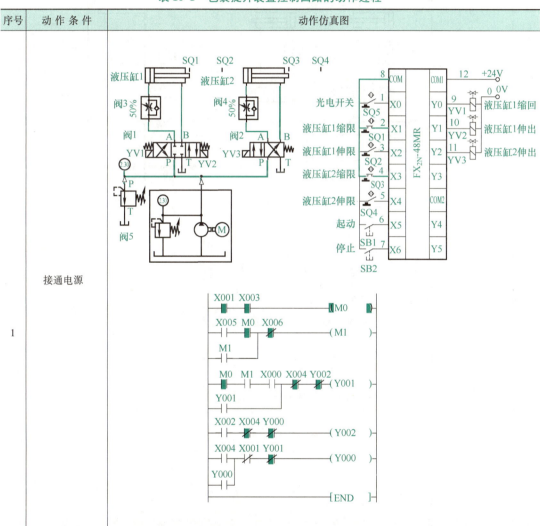 1）电路及程序。液压缸 1 活塞杆缩回到位→SQ1 动作→输入点 X1 接通→输入继电器 X1 动作 液压缸 2 活塞杆缩回到位→SQ3 动作→输入点 X3 接通→输入继电器 X3 动作 初始位置标志 M0：X1、X3 常开触头闭合→M0 动作且保持，为装置起动提供必要条件 2）油路。YV1、YV2 未得电→阀 1 工作于中位；YV3 未得电→阀 2 工作于右位

（续）

序号	动作条件	动作仿真图
2	按下起动按钮 SB1	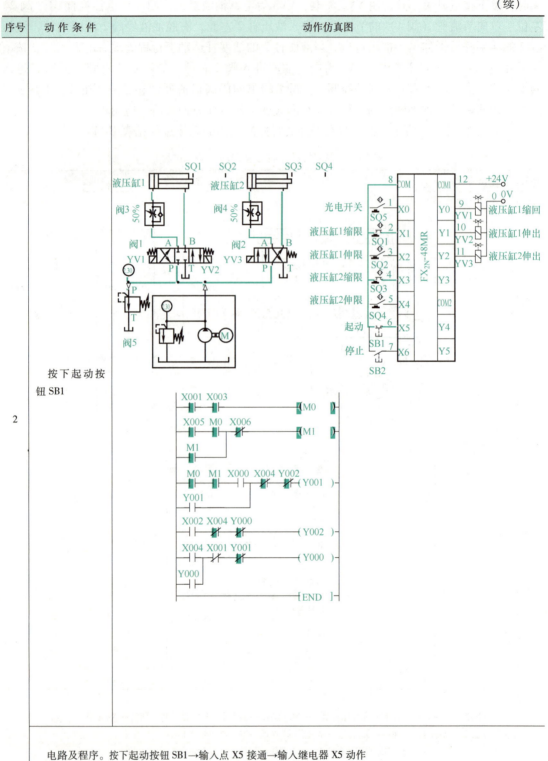

电路及程序。按下起动按钮 SB1→输入点 X5 接通→输入继电器 X5 动作
起动标志 M1：X5 常开触头闭合→M1 动作且保持

（续）

序号	动作条件	动作仿真图
3	有包裹，光电开关动作	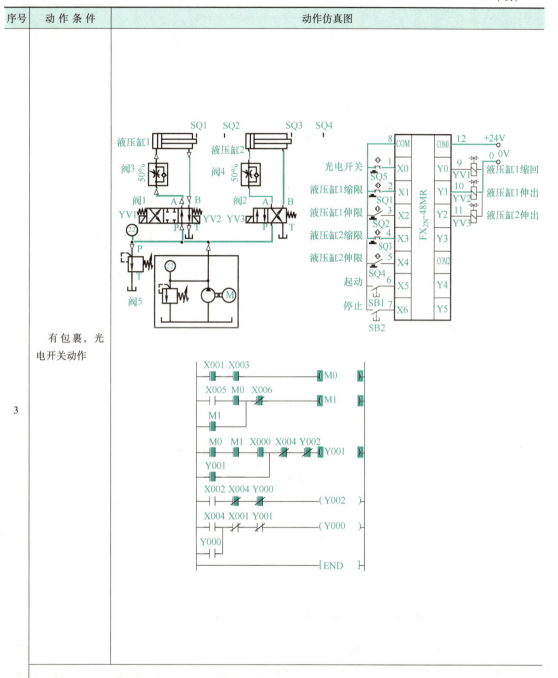

1）电路及程序。有包裹，光电开关动作→输入点 X0 接通→输入继电器 X0 动作

输出点 Y1：X0 常开触头接通→Y1 动作且保持→YV2 得电

2）液压缸 1 的油路。YV2 得电→阀 1 工作于右位

进油：液压站→阀 1 P 口→阀 1 A 口→阀 3→液压缸 1 无杆腔→→液压缸 1 的活塞杆伸出，托举包裹

回油：液压缸 1 有杆腔→阀 1 B 口→阀 1 T 口→油箱

（续）

序号	动作条件	动作仿真图
4	包裹举到位，SQ2 动作	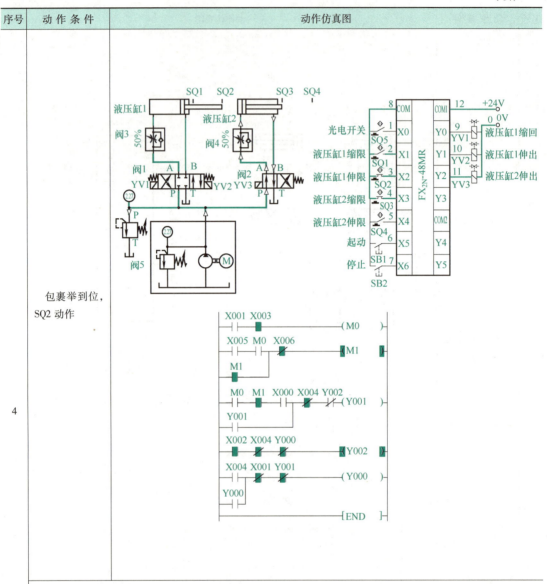

1) 电路及程序。包裹举到位，SQ2 动作→输入点 X2 接通→输入继电器 X2 动作

初始位置标志 M0：X1 常开触头断开→M0 复位

输出点 Y2：X2 常开触头接通→Y2 动作→YV3 得电

输出点 Y1：Y2 常闭触头断开→Y1 复位→YV2 失电

2) 油路。YV2 失电→阀 1 工作于中位，YV3 得电→阀 2 工作于左位

① 液压缸 1。阀 1 工作于中位，液压缸 1 闭锁，活塞杆移动位置锁紧，平台处于托举状态

② 液压缸 2。

进油：液压站→阀 2 P 口→阀 2 A 口→阀 4→液压缸 2 无杆腔→液压缸 2 的活塞杆伸出，将包裹推出

回油：液压缸 2 有杆腔→阀 2 B 口→阀 2 T 口→油箱

项目十 包裹提升装置控制回路的安装与调试

（续）

序号	动作条件	动作仿真图
5	包裹推送到位，SQ4 动作	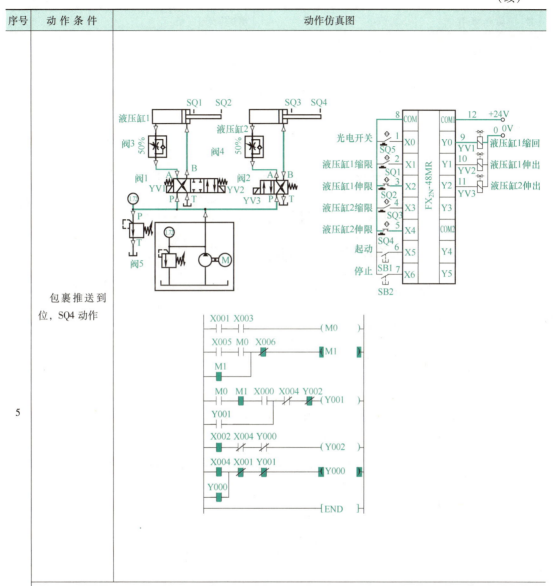

1）电路及程序。包裹推送位，SQ4 动作→输入点 X4 接通→输入继电器 X4 动作

输出点 Y0：X4 常开触头接通→Y0 动作且保持→YV1 得电

输出点 Y2：X4 常闭触头断开→Y2 复位→YV3 失电

2）油路。YV1 得电→阀 1 工作于左位；YV3 失电→阀 2 工作于右位

① 液压缸 1。

进油：液压站→阀 1 P 口→阀 1 B 口→液压缸 1 有杆腔→液压缸 1 活塞杆缩回，托举平台返回

回油：液压缸 1 无杆腔→阀 3→阀 1 A 口→阀 1 T 口→油箱

② 液压缸 2。

进油：液压站→阀 2 P 口→阀 2 B 口→液压缸 1 有杆腔→液压缸 2 活塞杆缩回，推送液压缸返回

回油：液压缸 2 无杆腔→阀 4→阀 2 A 口→阀 2 T 口→油箱

（续）

序号	动作条件	动作仿真图
6	返回至初始位置，SQ1 和 SQ3 动作	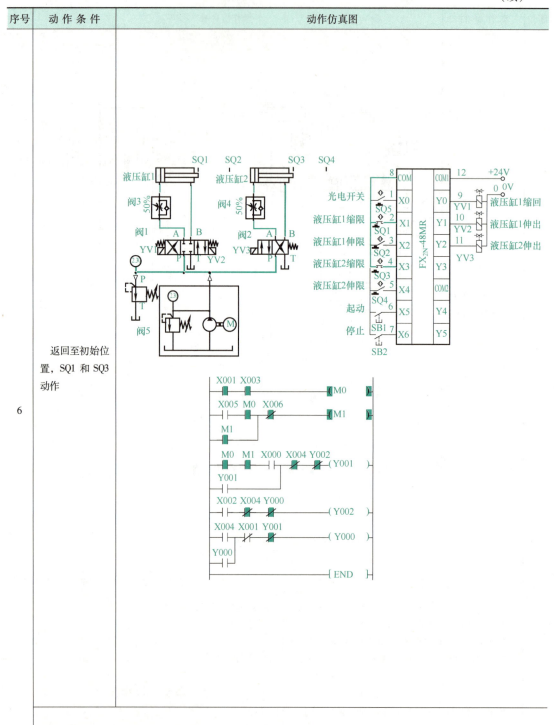

电路及程序。返回至初始位置，SQ1 和 SQ3 动作→输入点 X1 和 X3 动作

初始位置标志 M0：X1 和 X3 常开触头接通→M0 动作，为下一个包裹托举提供必要条件

（续）

序号	动作条件	动作仿真图
7	按下停止按钮SB2	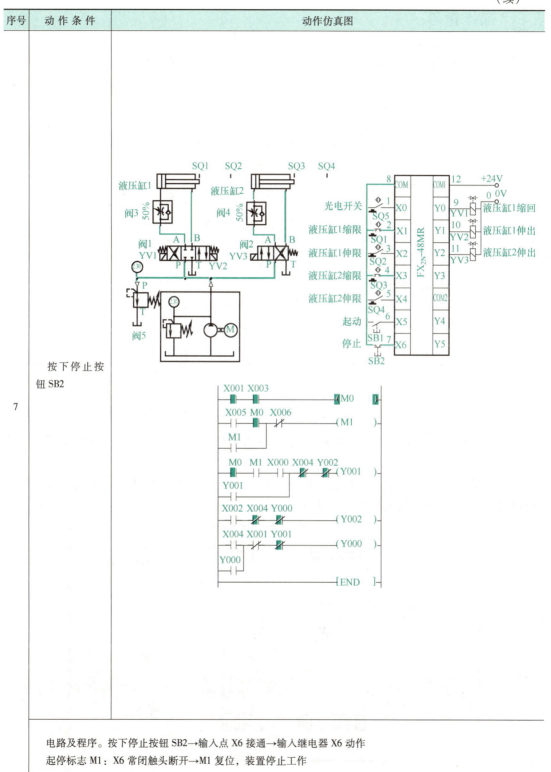

电路及程序。按下停止按钮 SB2→输入点 X6 接通→输入继电器 X6 动作
起停标志 M1：X6 常闭触头断开→M1 复位，装置停止工作

操作指导

施工前，施工者应根据设备要求，制订施工方案，做到定额时间内完成施工任务。施工过程中要严格遵守安全操作规程和作业指导规范，确保作业安全和作业质量。操作流程如图9-6所示。

1. 施工准备

1）设备清点。按表10-2清点设备型号规格及数量，并归类放置。

表10-2 设备清单

序号	名称	型号规格	数量	单位	备注
1	安装平台		1	台	
2	液压站	定量叶片泵 YB1-4	1	台	
3	直动式溢流阀	DBDH6P10B/100	1	只	
4	三位四通双电控换向阀	4WE6C60/SG24N9Z5L	1	只	
5	二位二通单电控换向阀	22E-10B	1	只	
6	单向节流阀	2FRM6B76-2XB/10QB	2	只	
7	双作用式单活塞杆液压缸	MOB30×150	2	只	
8	光电开关	E3F-DS10C4	1	只	
9	接近开关	LJ12A3-4-Z/EX	4	只	电感式
10	压力表		1	只	
11	液压快速接头		若干	只	
12	油管		若干	m	

2）工量具清点。工量具清单见表1-6，施工者应清点工量具的数量，同时认真检查其性能是否完好。

3）图样准备。施工前准备好设备控制回路图、设备布局图，供作业时查阅。包裹提升装置控制回路的设备布局图如图10-6所示。

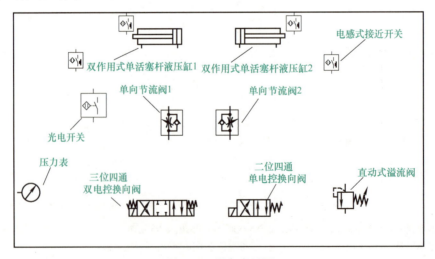

图10-6 设备布局图

2. 液压回路安装

（1）元器件固定

1）安装固定溢流阀。根据表 7-7 安装固定直动式溢流阀。

2）安装固定二位四通单电控换向阀。根据表 8-4 安装固定二位四通单电控换向阀。

3）安装固定三位四通双电控换向阀。根据表 10-3 安装固定三位四通双电控换向阀。

表 10-3　安装固定三位四通双电控换向阀

操作步骤	操作图示	操作说明
1	三位四通双电控换向阀、固定螺钉、密封圈、安装底板	准备好洁净的三位四通双电控换向阀、安装底板、密封圈及其固定螺钉，并有序放置
2	在三位四通双电控换向阀的油口上放置密封圈，且密封圈要有弹性，凸出平面	
3	将三位四通双电控换向阀正确放置在安装底板上，并检验密封圈是否凸出平面，留有压缩量	
4	（安装图示）	用螺钉将三位四通双电控换向阀均匀拧紧在安装底板上，并保证密封良好。最后将线圈的连接导线与外部插线端子相连
5	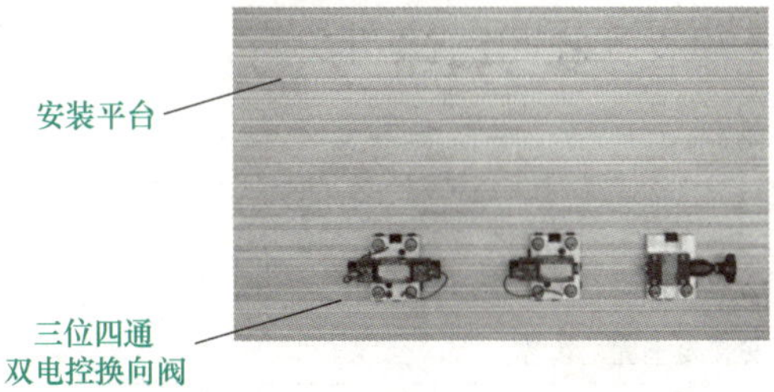 安装平台、三位四通双电控换向阀	根据设备布局图将三位四通双电控换向阀固定在安装平台上

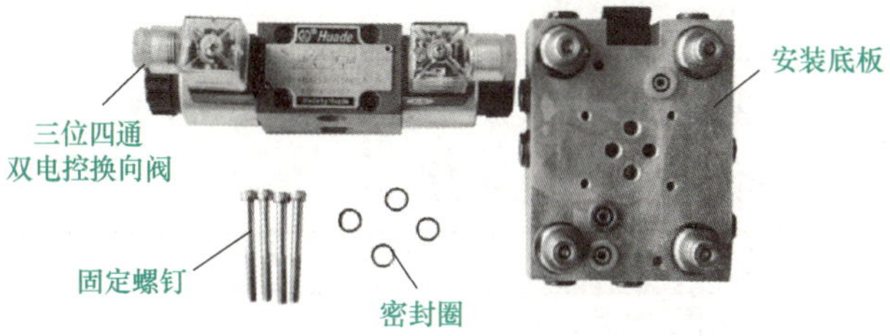

4）安装固定单向节流阀。根据表 10-4 安装固定单向节流阀。

表 10-4　安装固定单向节流阀

操作步骤	操作图示	操作说明
1		准备好洁净的单向节流阀、安装底板、密封圈及其固定螺钉，并有序放置，见表 8-5
2		在单向节流阀的油口上放置密封圈，且密封圈要有弹性，凸出平面，见表 8-5
3		将单向节流阀正确放置在安装底板上，并检验密封圈是否凸出平面，留有压缩量，见表 8-5
4		用螺钉将单向节流阀均匀拧紧在安装底板上，见表 8-5

（续）

操作步骤	操作图示	操作说明
5	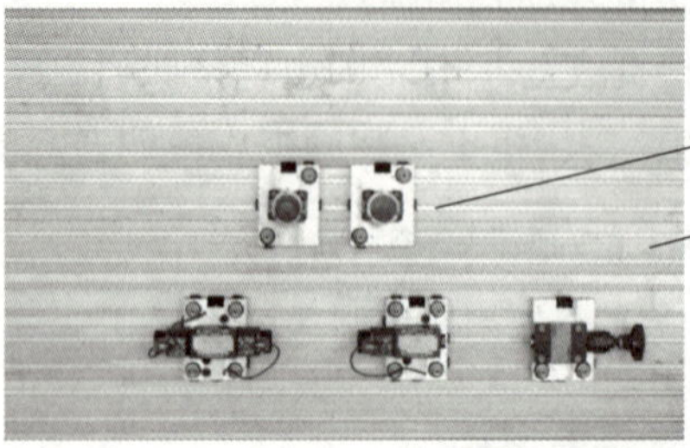 单向节流阀 安装平台	根据设备布局图将单向节流阀固定在安装平台上

5）安装固定液压缸及压力表。根据表10-5安装固定液压缸及压力表。

表10-5　安装固定液压缸及压力表

操作步骤	操作图示	操作说明
1	准备液压缸和固定支架等，并有序放置，见表7-10	
2	在固定支架上固定液压缸，安装要牢固、可靠，见表7-10	
3	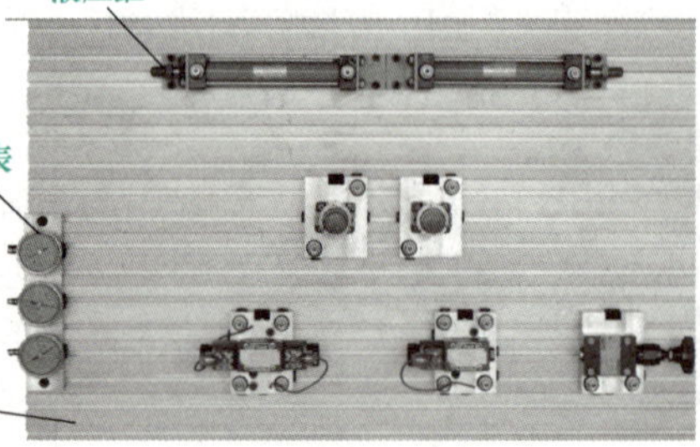 液压缸 压力表 安装平台	根据设备布局图将液压缸和压力表固定在安装平台上

6）安装固定光电开关。根据表10-6安装固定光电开关。

表10-6　安装固定光电开关

操作步骤	操作图示	操作说明
1	准备好光电开关、螺钉、螺母和安装支架，并有序放置	
2	在安装支架上固定光电开关，安装要牢固、可靠	
3	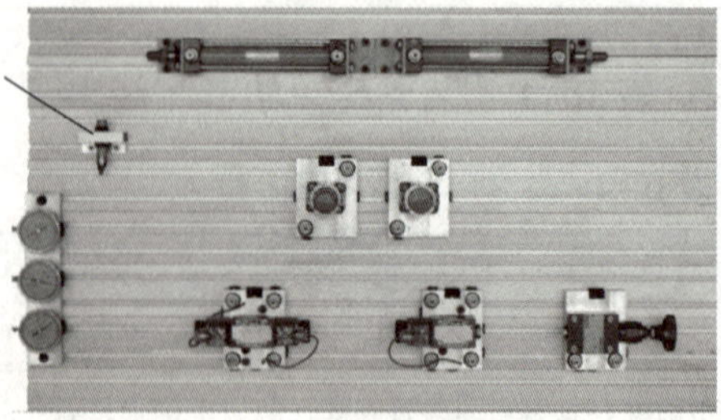 光电开关	根据设备布局图将光电开关固定在安装平台上

7）安装固定接近开关。根据10-7安装固定电感式接近开关。

项目十 包裹提升装置控制回路的安装与调试

表 10-7 安装固定电感式接近开关

操作步骤	操作图示	操作说明
1	准备好电感式接近开关、螺钉、螺母和安装支架,并有序放置,见表 3-4	
2	在安装支架上固定电感式接近开关,安装要牢固、可靠,见表 3-4	
3	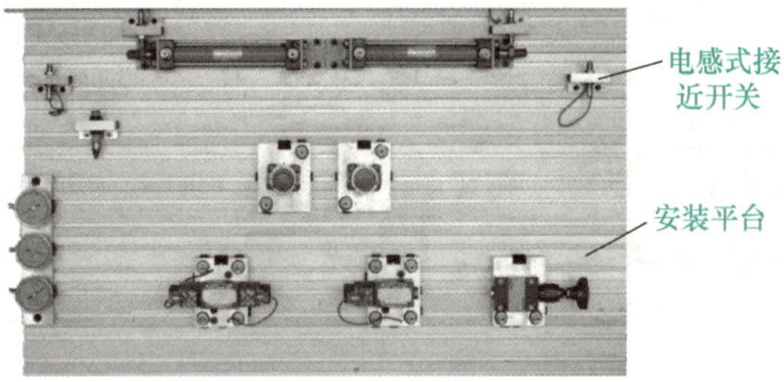 (电感式接近开关、安装平台图示)	根据设备布局图将电感式接近开关固定在安装平台上

(2)液压回路连接 根据表 10-8 连接液压回路。

表 10-8 液压回路连接

序号	操作图示	操作要求
1	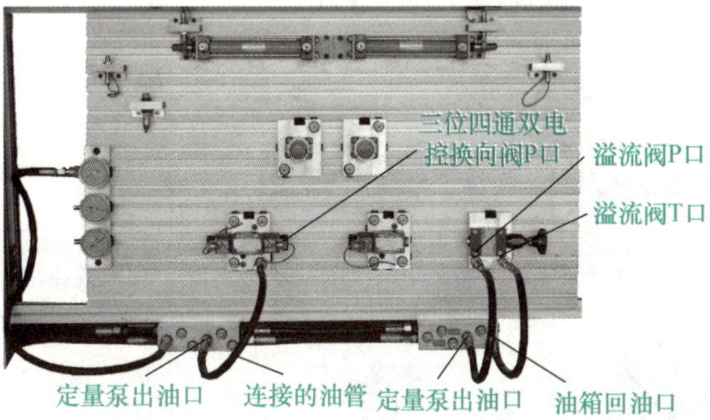 (三位四通双电控换向阀P口、溢流阀P口、溢流阀T口、定量泵出油口、连接的油管、定量泵出油口、油箱回油口)	油管连接定量泵出油口与溢流阀 P 口,要求连接可靠;油管连接溢流阀 T 口与油箱回油口,将液压油引到油箱;油管连接定量泵出油口与压力表,将液压油引到压力表,监测液压泵输出的油压大小;油管连接定量泵出油口与三位四通双电控换向阀的 P 口,将液压油引到双电控换向阀
2	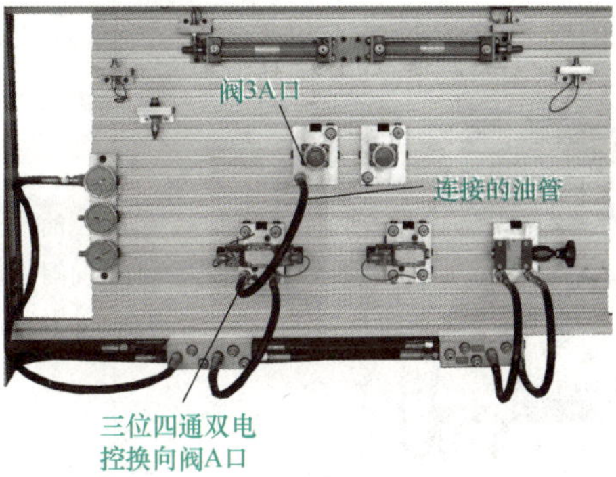 (阀3A口、连接的油管、三位四通双电控换向阀A口)	油管连接三位四通双电控换向阀 A 口与阀 3 A 口,将液压油引到单向节流阀

（续）

序号	操 作 图 示	操 作 要 求
3	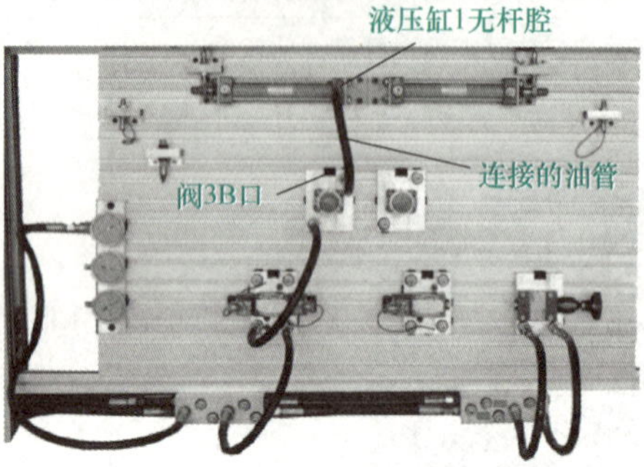 液压缸1无杆腔；连接的油管；阀3B口	油管连接阀 3 B 口和液压缸 1 无杆腔，将液压油引到液压缸 1 无杆腔
4	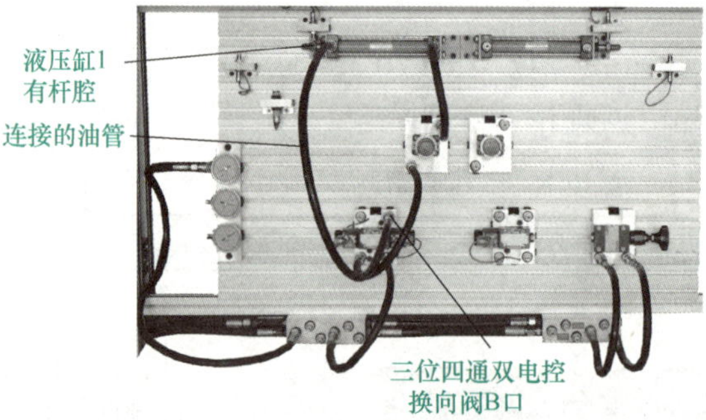 液压缸1有杆腔连接的油管；三位四通双电控换向阀B口	油管连接三位四通双电控换向阀 B 口和液压缸 1 有杆腔，将液压油引到液压缸 1 有杆腔
5	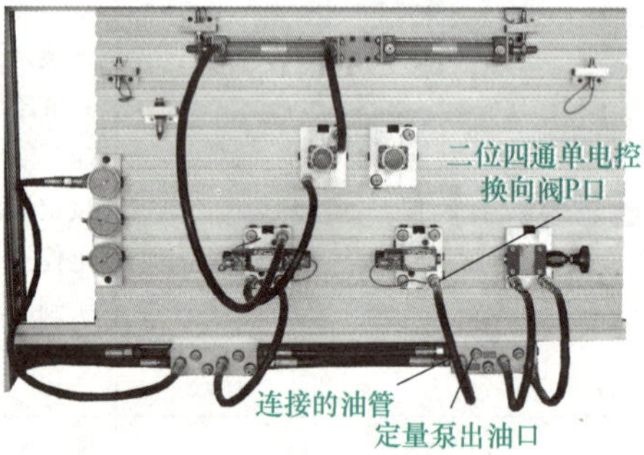 二位四通单电控换向阀P口；连接的油管；定量泵出油口	油管连接定量泵出油口和二位四通单电控换向阀 P 口，将液压油引到二位四通单电控换向阀
6	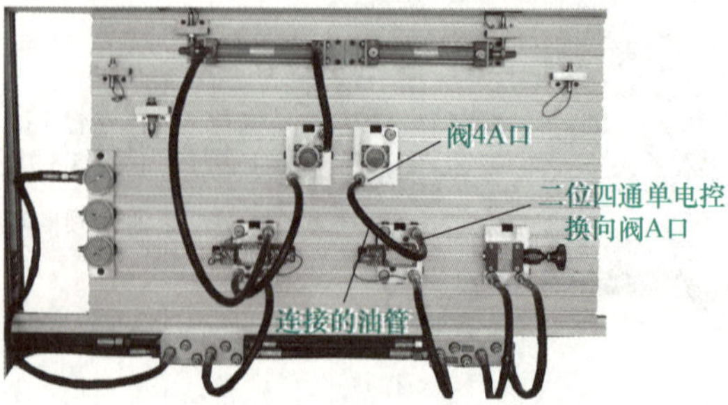 阀4A口；二位四通单电控换向阀A口；连接的油管	油管连接二位四通单电控换向阀 A 口和阀 4 A 口，将液压油引到阀 4

(续)

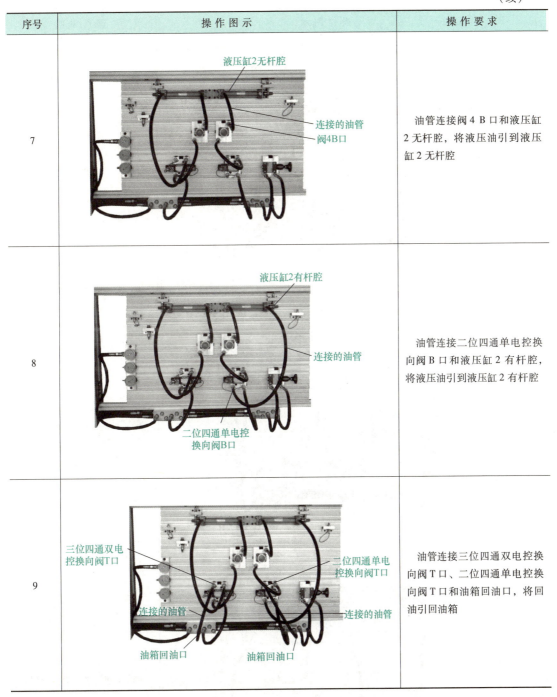

（3）液压回路检查　对照包裹提升装置控制回路图（图 10-2）检查液压回路的正确性、可靠性，严禁调试过程中有油管脱落现象。

3. 电气回路安装

（1）电气回路连接　根据包裹提升装置控制回路图（图 10-2）按表 10-9 搭接电路。

表 10-9 电路搭接

序号	操作图示	操作说明
1	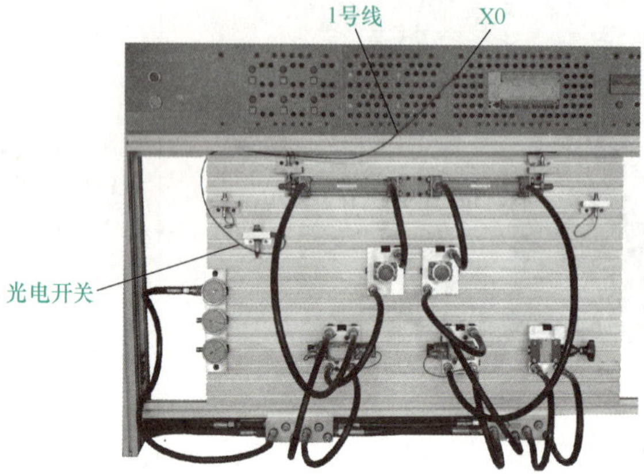	搭接 1 号线 顺序：光电开关→X0
2	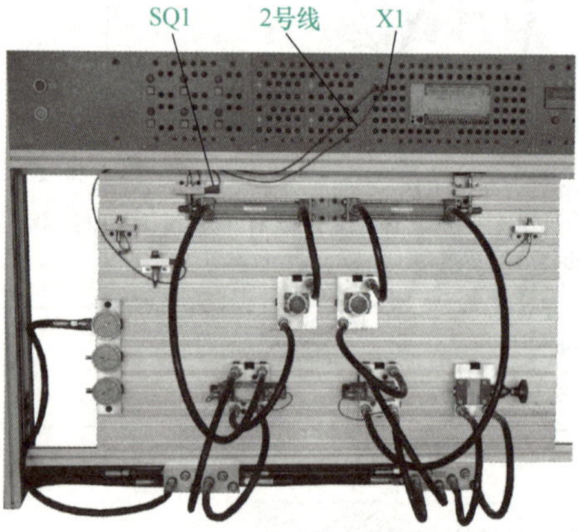	搭接 2 号线 顺序：SQ1 常开触头→X1
3	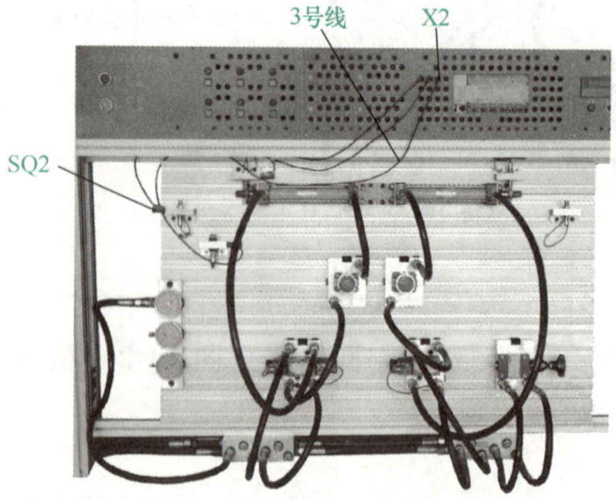	搭接 3 号线 顺序：SQ2 常开触头→X2

（续）

序号	操作图示	操作要求
4	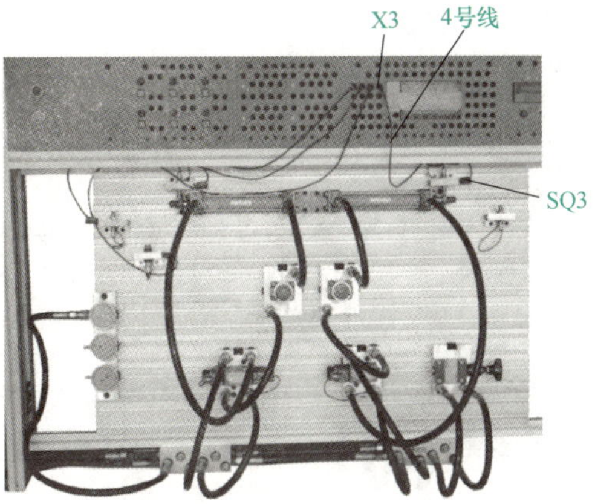	搭接 4 号线 顺序：SQ3 常开触头→X3
5	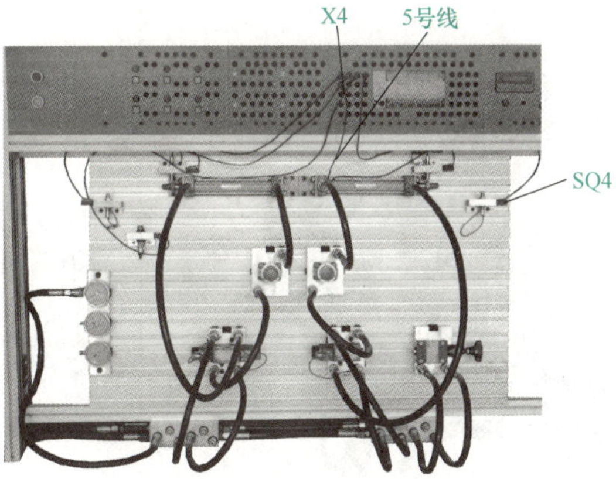	搭接 5 号线 顺序：SQ4 常开触头→X4
6	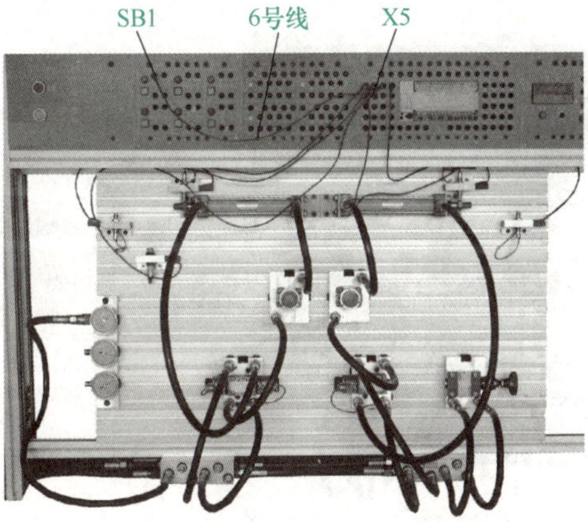	搭接 6 号线 顺序：SB1 常开触头→ X5

（续）

序号	操作图示	操作说明
7	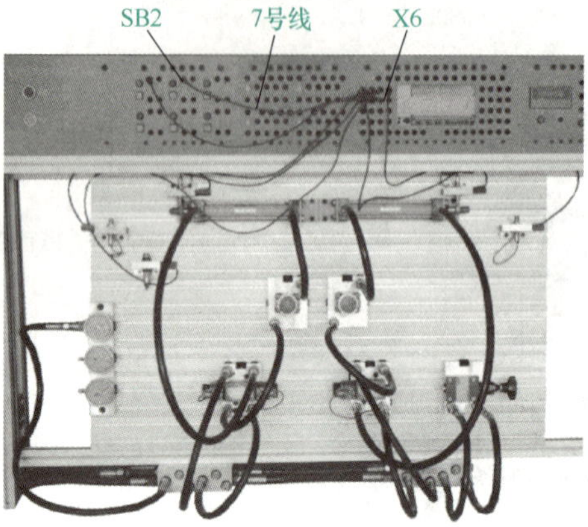	搭接 7 号线 顺序：SB2 常开触头→ X6
8	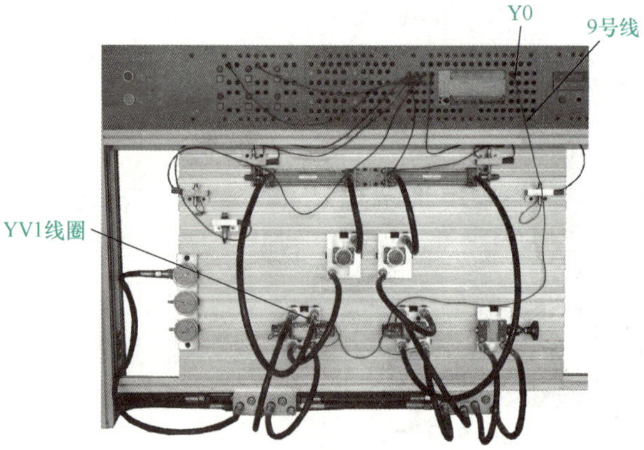	搭接 9 号线 顺序：Y0→YV1 线圈
9	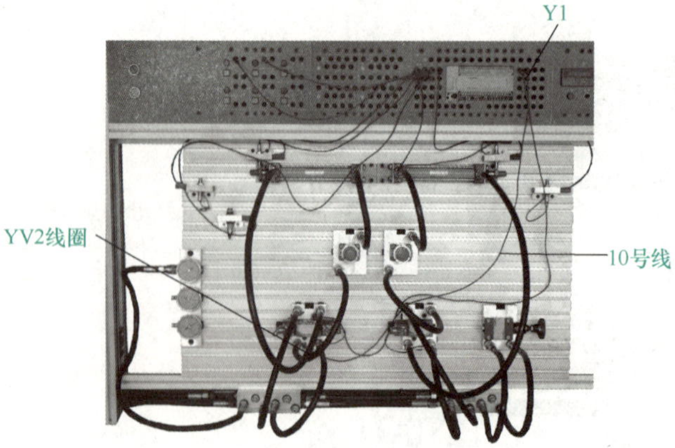	搭接 10 号线 顺序：Y1→YV2 线圈

（续）

序　号	操作图示	操作说明
10	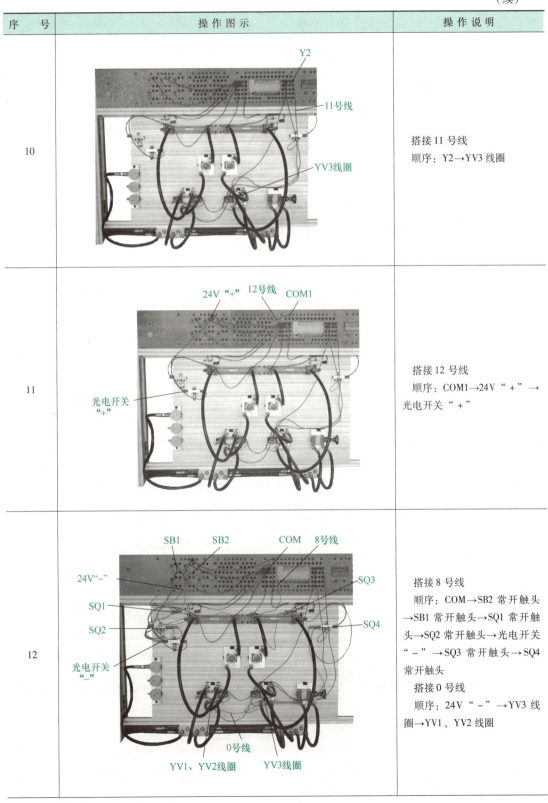	搭接 11 号线 顺序：Y2→YV3 线圈
11		搭接 12 号线 顺序：COM1→24V " + " →光电开关 " + "
12		搭接 8 号线 顺序：COM→SB2 常开触头→SB1 常开触头→SQ1 常开触头→SQ2 常开触头→光电开关 " - " →SQ3 常开触头→SQ4 常开触头 搭接 0 号线 顺序：24V " - " →YV3 线圈→YV1、YV2 线圈

(续)

序号	操作图示	操作说明
13	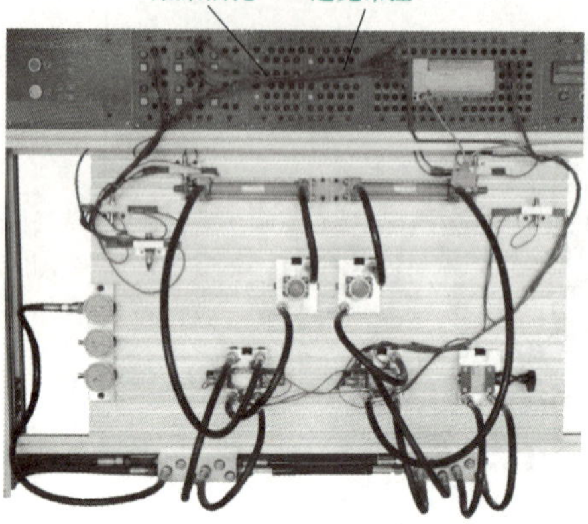 集束捆扎　避免吊挂	工艺整理，用尼龙扎带对导线进行集束捆扎，做到合理美观，避免乱挂乱吊现象

（2）电气回路检查　根据包裹提升装置控制回路图（图 10-2）检查电路是否有错线、掉线，接线是否牢固等，严禁短路现象，避免因接线错误而危及人身及设备安全。

4. 输入梯形图

启动三菱 GX 编程软件，根据表 5-11 输入梯形图。

5. 设备调试

清扫设备后，在确认人身和设备安全的前提下，按表 10-10 调试。调试时要认真观察设备的动作情况，若出现问题，应立即切断电源，避免扩大故障范围，待调整、检修或解决后重新调试，直至设备完全实现功能。

表 10-10　设备调试

操作步骤	操作图示	操作说明
1		起动前，松开溢流阀锁紧螺母，逆时针旋转溢流阀的调节机构，使系统调试前液压泵的输出压力为 0，保证安全
2		编程线连接计算机串行口与 PLC 编程接口，见表 5-12
3		按下电源起动按钮，指示灯点亮，警示电源接通；再按下 PLC 电源起动按钮，指示灯点亮，警示 PLC 电源接通
4		RUN/STOP 开关置"STOP"位置，下载程序，见表 5-12
5		单击【在线】→【传输设置】命令，进行传输参数设置
6		单击 PC I/F→串行 USB 按钮，弹出设置对话框，见表 5-12
7		在"PC I/F 串口详细设置"对话框中，选择"RS-232C"；端口设置为"COM1"；传送速度设置为"9.6Kbps"，单击【确认】按钮即可，见表 5-12
8		单击【在线】→【PLC 写入】命令，弹出"PLC 写入"对话框
9		在"PLC 写入"对话框中，选择"MAIN"，单击【执行】按钮便开始写入程序，并显示进度，见表 5-12
10		程序写入完成后，将 PLC 的 RUN/STOP 开关置"RUN"位置，PLC 开始运行，见表 5-12
11		按下起动按钮，起动液压泵工作，见表 7-13

（续）

操作步骤	操作图示	操作说明
12	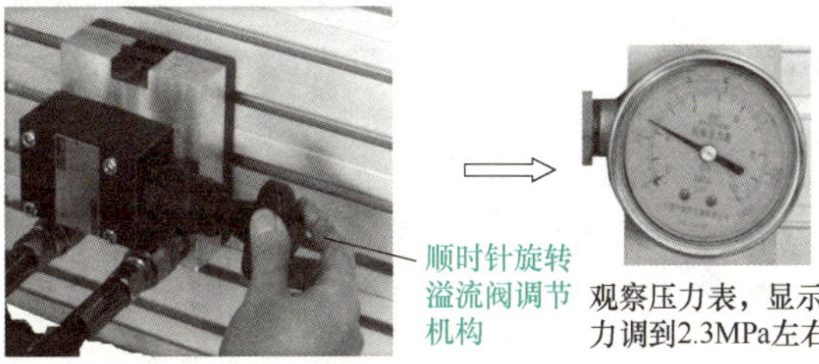 顺时针旋转溢流阀调节机构 　　观察压力表，显示压力调到2.3MPa左右	观察压力表，顺时针旋转溢流阀调节机构，增加液压泵出油口的压力。为了实验安全起见，将工作压力调到2.3MPa左右
13	调压完成后，将溢流阀的锁紧螺母锁紧	
14	按下起动按钮SB1设备起动，等待提升包裹	
15	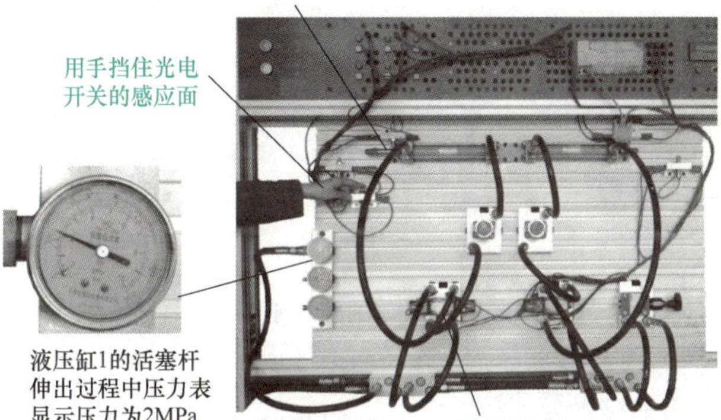 液压缸1的活塞杆伸出　用手挡住光电开关的感应面　液压缸1的活塞杆伸出过程中压力表显示压力为2MPa　YV2线圈得电	模拟有包裹（用手挡住光电开关的感应面），YV2线圈得电，液压缸1的活塞杆伸出，开始托举包裹
16	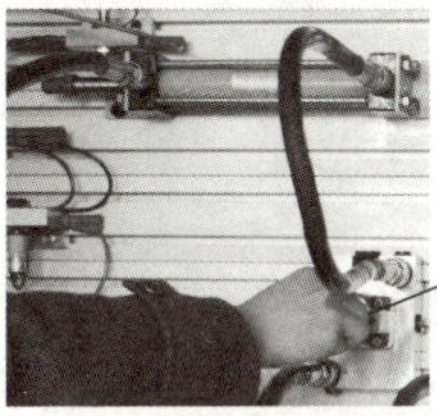 调节单向节流阀（阀3）的开度	调节单向节流阀（阀3）的开度，使液压缸1的活塞杆伸出速度趋于合理
17	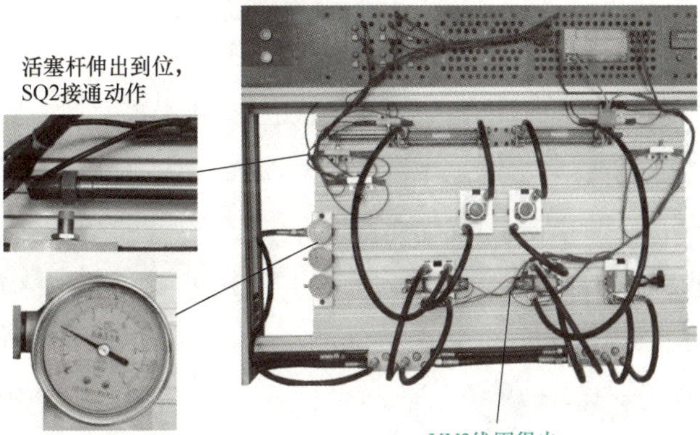 活塞杆伸出到位，SQ2接通动作　伸出到位时，压力表显示压力为2.3MPa左右　YV3线圈得电	活塞杆1伸出将包裹托举到位后（压力表显示压力为2.3MPa左右），SQ2接通，YV3线圈得电，液压缸2的活塞杆开始伸出，推送包裹

(续)

操作步骤	操作图示	操作说明
18	伸出过程中，压力表显示压力为1.6MPa左右；液压缸2的活塞杆伸出	液压缸2的活塞杆伸出过程中，压力表显示压力为1.6MPa
19	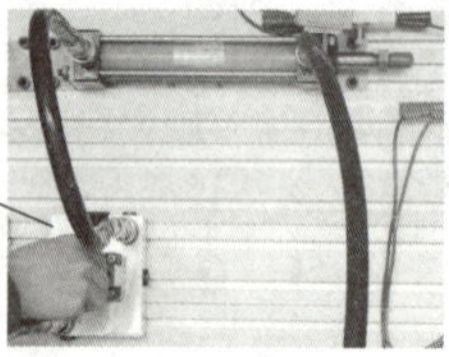 调整阀4的开度	调整阀4的开度，使液压缸2的活塞杆伸出、推出包裹的速度趋于合理
20	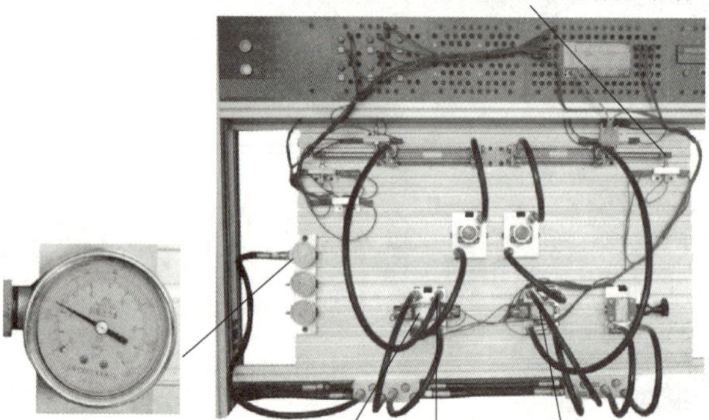 液压缸2的活塞杆伸出到位；伸出到位后，压力表显示压力为2.3MPa左右；YV1线圈得电，YV2线圈失电，YV3线圈失电	液压缸2的活塞杆伸出到位后（压力表显示压力为2.3MPa左右），SQ4接通，YV2、YV3线圈失电，YV1线圈得电，液压缸1、2的活塞杆开始缩回
21	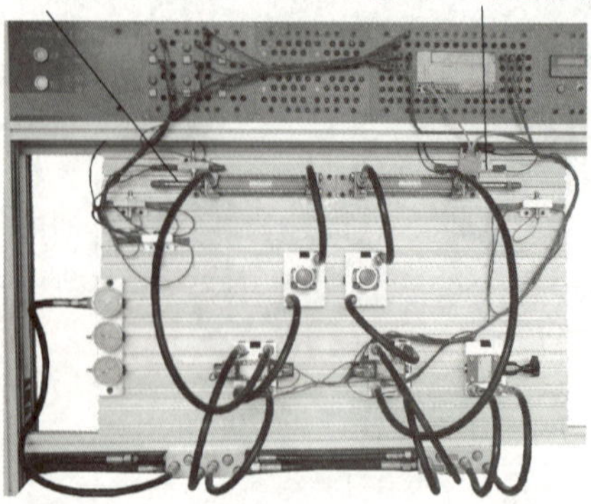 液压缸1的活塞杆缩回中；液压缸2的活塞杆缩回中	液压缸1、2的活塞杆缩回中

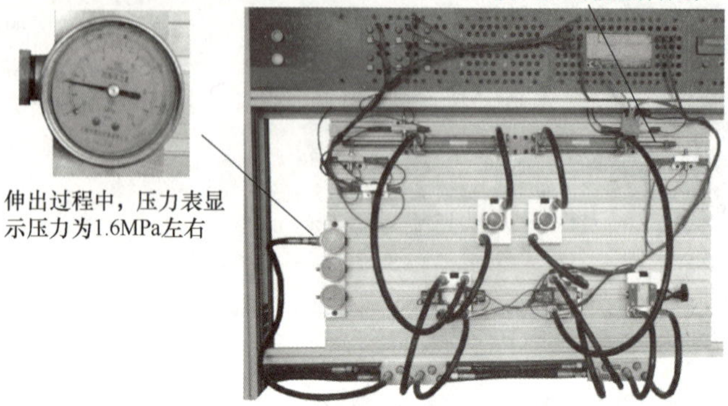

项目十 包裹提升装置控制回路的安装与调试

（续）

操作步骤	操 作 图 示	操 作 说 明
22	反复进行校正试验，试运行一段时间，观察设备运行情况，确保设备合格、稳定、可靠	
23	按下停止按钮 SB2，设备停止运行	
24	松开溢流阀锁紧螺母，逆时针旋转溢流阀的调节机构，使液压泵出口的油压为 0，见表 7-13	
25	按下停止按钮，液压泵停止工作，见表 7-13	
26	先按下 PLC 电源起动按钮，关闭 PLC 电源，再按下电源起动按钮，关闭平台电源，调试结束	
27	拔出 PLC 编程线	

6. 现场清理

设备调试完毕，要求施工者清点工量具、归类整理资料，并清扫现场卫生。

1）清点工量具。对照工量具清单清点工量具，并按要求装入工量具箱。
2）资料整理。整理归类技术说明书、设备清单、控制回路图、设备布局图等资料。
3）清扫设备周围卫生，保持环境整洁。
4）填写设备安装登记表，记载设备调试过程中出现的问题及解决的办法。

质量记录

设备质量记录表见表 10-11。

表 10-11 设备质量记录表

验收项目及要求	配分	配分标准	扣分	得分	备注
设备组装 1. 设备部件安装可靠、正确 2. 液压回路连接正确，规范美观 3. 电气回路连接正确，接线规范、美观	35	1. 部件安装位置错误，每处扣 5 分 2. 部件安装不到位、零件松动，每处扣 5 分 3. 液压回路连接错误，每处扣 5 分 4. 回路漏油、掉管，每处扣 5 分 5. 油管乱接，每处扣 5 分 6. 电路连接错误，每处扣 5 分 7. 导线松动，布线凌乱，扣 5 分			
设备功能 1. 二位四通单电控换向阀得电、失电正常 2. 三位四通双电控换向阀得电、失电正常 3. 液压缸 1 的活塞杆伸出、缩回正常 4. 液压缸 2 的活塞杆伸出、缩回正常 5. 单向节流阀调整正确	60	1. 二位二通单电控换向阀未按要求工作，扣 10 分 2. 三位四通双电控换向阀未按要求工作，扣 10 分 3. 液压缸 1 的活塞杆未按要求伸出、缩回，扣 15 分 4. 液压缸 2 的活塞杆未按要求伸出、缩回，扣 15 分 5. 单向节流阀未按要求动作，扣 10 分			

（续）

验收项目及要求		配分	配分标准	扣分	得分	备注
设备附件	资料齐全，归类有序	5	1. 图样数缺少，扣3分 2. 技术说明书、工量具清单、设备清单缺少，扣2分			
安全生产	1. 自觉遵守安全文明生产规程 2. 保持现场干净整洁，工具摆放有序		1. 每违反1项规定，扣5分 2. 发生安全事故，按0分处理 3. 现场凌乱、乱摆放工具、乱丢杂物、完成任务后不清理现场，扣5分			
时间	2.5h		提前正确完成，每5min加1分 超过定额时间，每5min扣1分			
开始时间		结束时间		总分		

项目拓展

1. 单向顺序阀控制的顺序动作回路

包裹提升装置控制回路图（图10-2）采用接近开关控制两个液压缸先后动作顺序，实现了包裹举起、推出和返回功能。图10-7所示为单向顺序阀控制的顺序动作回路，其中液压缸1为工作进给缸，液压缸2为夹紧缸，通过两个单向顺序阀实现夹紧→工作进给→退回→放松的顺序动作功能。按下起动按钮SB1，KA线圈得电自锁，KA常开触头接通，YV得电，阀3左位工作，液压泵输出的液压油经阀3进入液压缸2左腔，活塞向右运动实现夹紧，回油经阀2的单向阀口、阀3流回油箱。当活塞右移到终端时，工件被夹紧，系统压力升高，当压力升到阀1中顺序阀调定值时，顺序阀开启，液压油进入液压缸1左腔，活塞向右运动做工作进给，回油经阀3回油箱。进给完成后，按下停止按钮SB2，KA线圈失电，KA常开触头断开，YV失电，阀3右位工作，液压泵输出的液压油经阀3进入液压缸1右腔，活塞向左实现快速退回。到达终点后，油压升高，当压力升到阀2中顺序阀调定值时，顺序阀开启，液压油进入液压缸2右腔，活塞向左运动松开工件，回油经阀3回油箱。

这种回路动作的可靠性取决于顺序阀的性能及其调定值，为避免因管路中的压力冲击或波动造成误动作，它的调定压力应比先动作缸的最高压力高10%~15%。这种回路只适用于执行元件数目不多、负载变化不大的场合。

2. 压力继电器控制的顺序动作回路

图10-8所示为压力继电器控制的顺序动作回路，使用压力继电器检测系统压力，从而发出信号，控制液压缸顺序动作。按下起动按钮SB1，KA1线圈得电自锁，KA1常开触头接通，YV1得电，阀1左位工作，液压泵输出的液压油经阀1进入液压缸1左腔，活塞向右运动，回油经阀1流回油箱。当活塞运动到终端时，系统压力升高，升高至压力继电器的调定

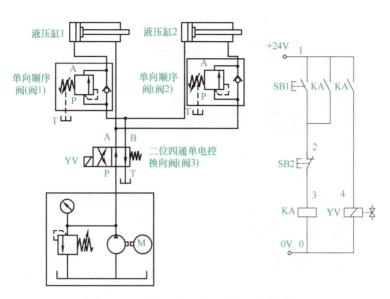

图 10-7 单向顺序阀控制的顺序动作回路

压力值时,压力继电器动作,KP 常开触头接通,KA2 线圈得电且自锁,KA2 常开触头接通,YV2 得电,阀 2 左位工作,液压油进入液压缸 2 左腔,活塞向右运动。

这种回路动作的可靠性取决于压力继电器的性能及其调定值,即它的调定压力应比先动作缸的最高压力高 10% ~ 15%,以免管路中的压力冲击或波动造成误动作。

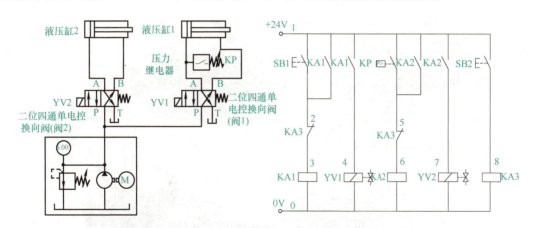

图 10-8 压力继电器控制的顺序动作回路

3. 行程阀控制的顺序动作回路

图 10-9 所示为行程阀控制的顺序动作回路,当液压缸 2 的活塞杆伸出后,用其挡块碰压行程阀,使液压缸 1 的活塞杆伸出,从而实现两缸的顺序控制。

(1) 液压元件 二位四通行程阀,又称为机动换向阀,是用机械控制方法改变阀芯工作位置的换向阀。

图 10-10 所示为二位四通行程阀的结构与符号。它主要由滚轮、阀体、阀芯、复位弹簧等组成。图 10-10a、b 所示为滚轮未被挡块或凸轮(图中未显示)压下时,阀芯在弹簧力

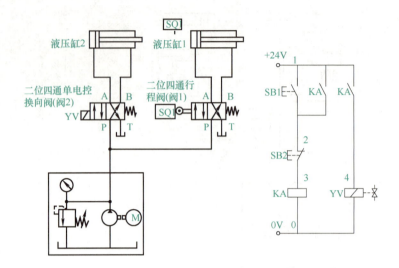

图 10-9 行程阀控制的顺序动作回路

的作用下处于左端，行程阀工作于右位，进油口 P 和工作口 B 相通，工作口 A 与回油口 T 相通。

如图 10-10d、e 所示，当挡块或凸轮压下滚轮时，阀芯右移，行程阀工作于左位，进油口 P 和工作口 A 接通，工作口 B 与回油口 T 接通。

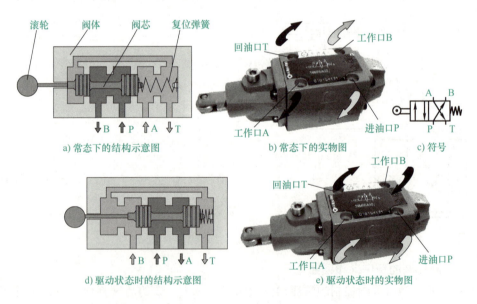

图 10-10 二位四通行程阀的结构与符号

（2）顺序动作原理 如图 10-9 所示，按下起动按钮 SB1，KA 线圈得电自锁，KA 常开触头接通，YV 得电，阀 2 左位工作，液压泵输出的液压油经阀 2 进入液压缸 2 左腔，活塞向右运动，回油经阀 2 流回油箱。当活塞运动到终点时，活塞杆上的挡块压下阀 1 的滚轮，阀 1 左位工作，液压油经阀 1 进入液压缸 1 左腔，活塞向右运动。按下停止按钮 SB2，KA 线圈失电，KA 常开触头断开，YV 失电，阀 2 右位工作，液压油经阀 2 进入液压缸 2 右腔，活塞向左退回，当挡块离开阀 1 滚轮时，阀 1 复位，液压油进入液压缸 1 右腔，活塞向左移。

　　这种回路工作可靠，但行程阀只能安装在执行机构的附近，且改变动作顺序较困难。

附 录

常用液压与气动元件图形符号

表 A 控制机构

符号名称或用途	图形符号	符号名称或用途	图形符号
带有分离把手和定位销的控制机构	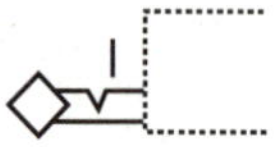	具有可调行程限制装置的顶杆	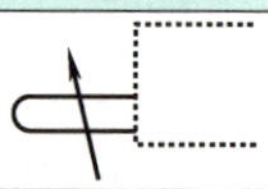
带有定位装置的推或拉控制机构	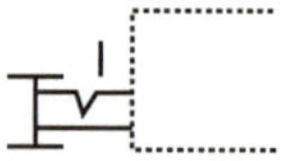	手动锁定控制机构	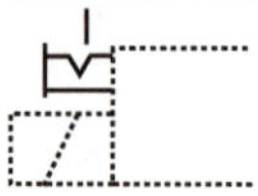
具有5个锁定位置的调节控制机构	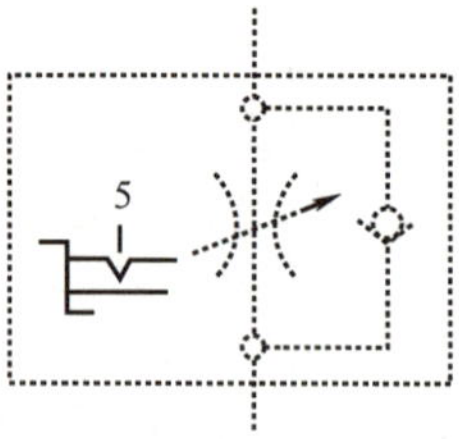	用作单方向行程操纵的滚轮杠杆	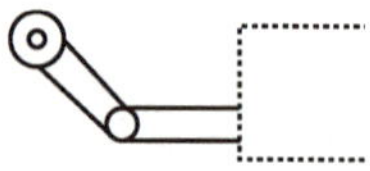
使用步进电机的控制机构	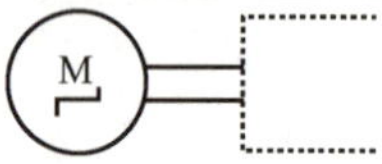	单作用电磁铁，动作指向阀芯	
单作用电磁铁，动作背向阀芯	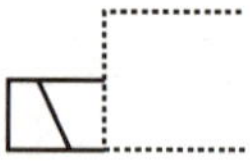	双作用电气控制机构，动作指向或背离阀芯	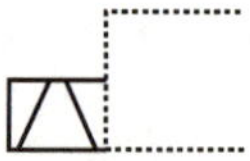
单作用电磁铁，动作指向阀芯，连续控制	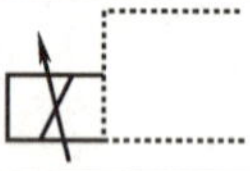	双作用电气控制机构，动作指向（或背离）阀芯，连续控制	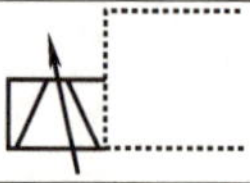
单作用电磁铁，动作背离阀芯，连续控制	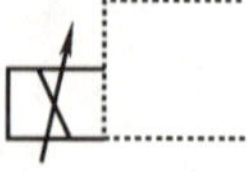	电气操纵的气动先导控制机构	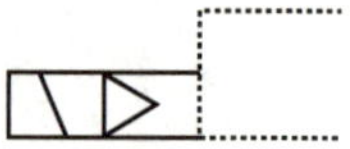
电气操纵的带有外部供油的液压先导控制机构	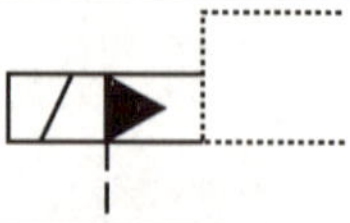	机械反馈	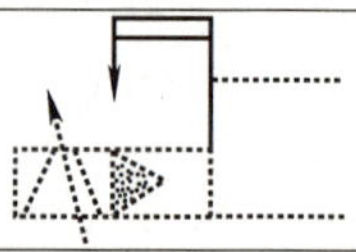
具有外部先导供油，双比例电磁铁，双向操作，集成在同一组件，连续工作的双先导装置的液压控制机构	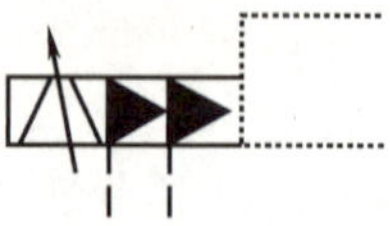		

表 B 方向控制阀

符号名称或用途	图形符号	符号名称或用途	图形符号
二位二通方向控制阀，两通，两位，推压控制机构，弹簧复位，常闭	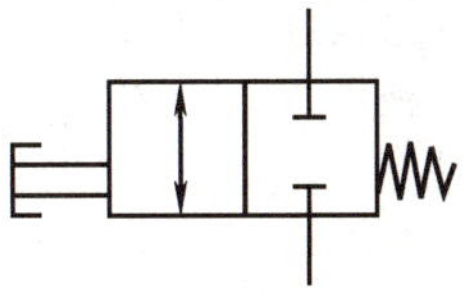	二位二通方向控制阀，两通，两位，电磁铁操纵，弹簧复位，常开	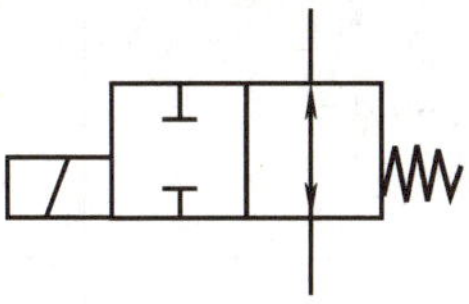
二位四通方向控制阀，电磁铁操纵，弹簧复位	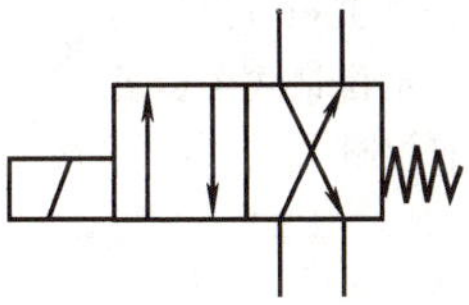	二位三通锁定阀	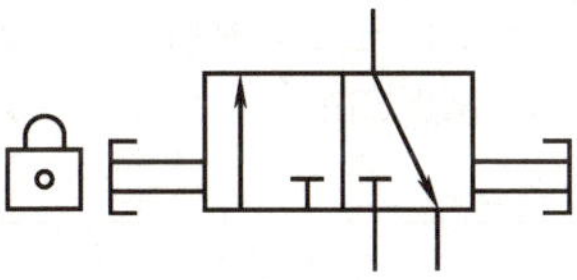
二位三通方向控制阀，滚轮杠杆控制，弹簧复位	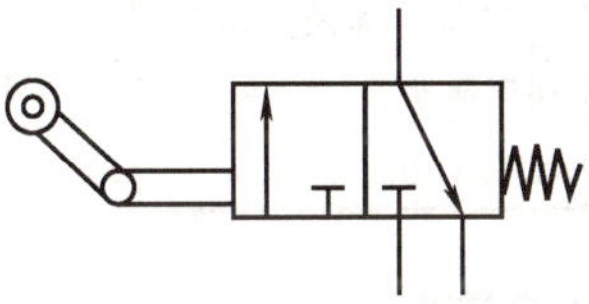	二位三通方向控制阀，电磁铁操纵，弹簧复位，常闭	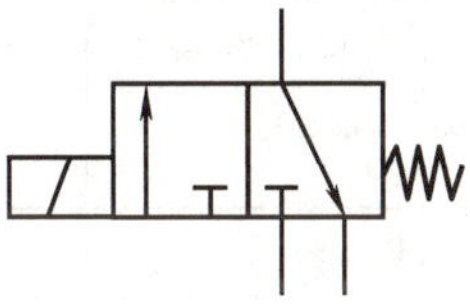
二位三通方向控制阀，单电磁铁操纵，弹簧复位，定位销式手动定位	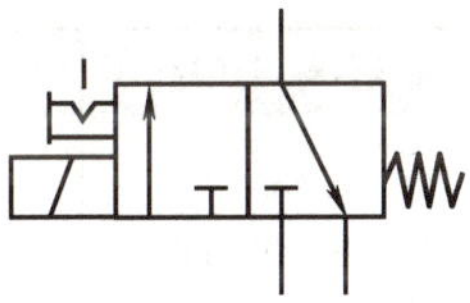	二位四通方向控制阀，单电磁铁操纵，弹簧复位，定位销式手动定位	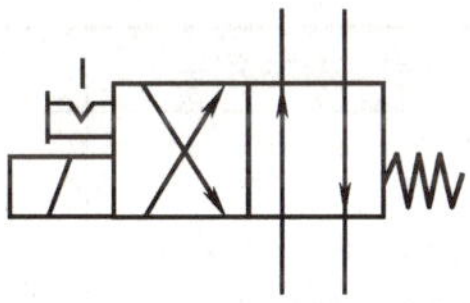
二位四通方向控制阀，双电磁铁操纵，定位销式（脉冲阀）	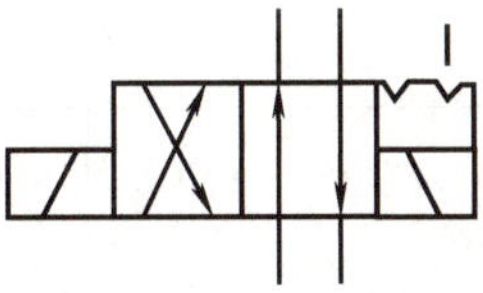	二位四通方向控制阀，电磁铁操纵，液压先导，弹簧复位	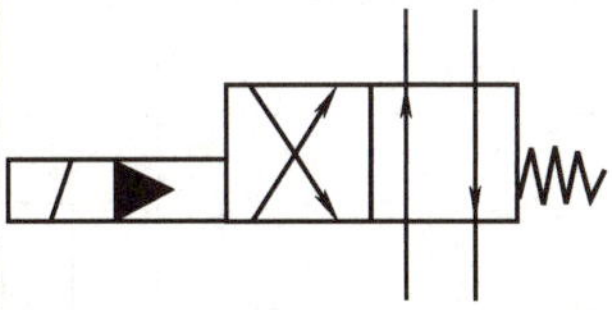
三位四通方向控制阀，电磁铁操纵先导级和液压操作主阀，主阀及先导级弹簧对中，外部先导供油和先导回油	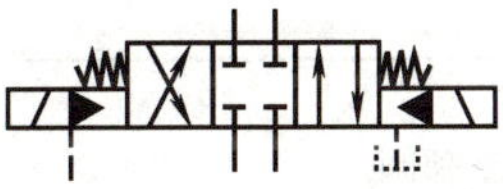	三位四通方向控制阀，弹簧对中，双电磁铁直接操纵，不同中位机能的类别	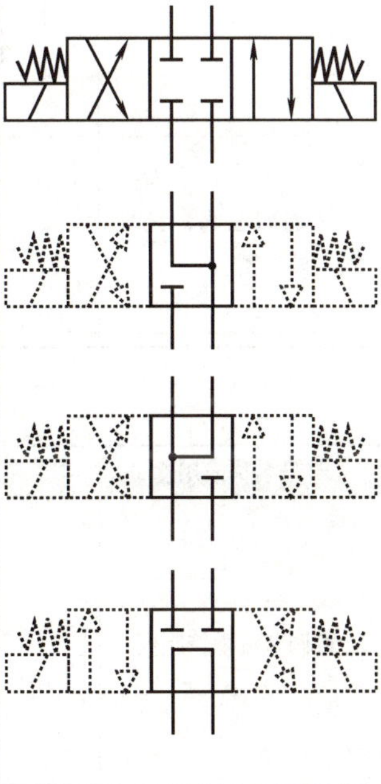

(续)

符号名称或用途	图形符号	符号名称或用途	图形符号
二位四通方向控制阀，液压控制，弹簧复位	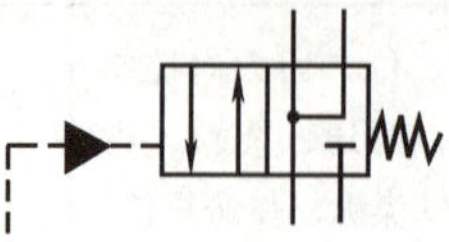	三位四通方向控制阀，液压控制，弹簧对中	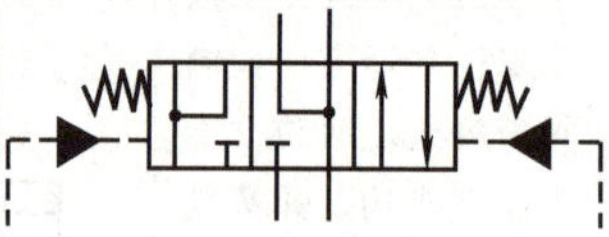
二位五通方向控制阀，踏板控制	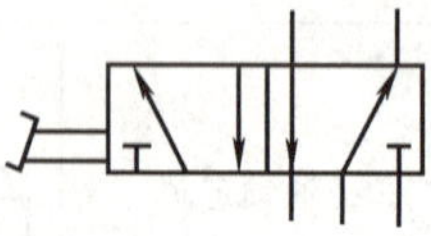	三位五通方向控制阀，定位销式各位置杠杆控制	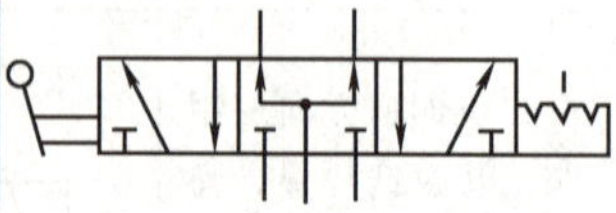
二位三通液压电磁换向阀座，带行程开关	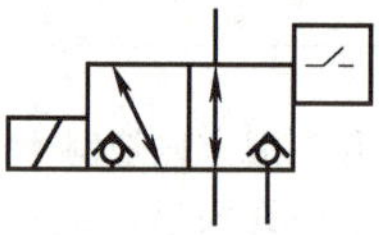	二位三通液压电磁换向阀座	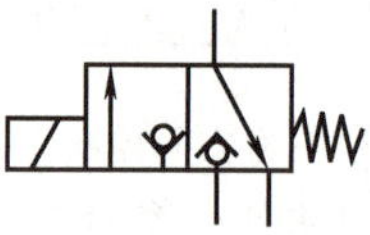

表C 压力控制阀

符号名称或用途	图形符号	符号名称或用途	图形符号
溢流阀，直动式，开启液压油弹簧调节	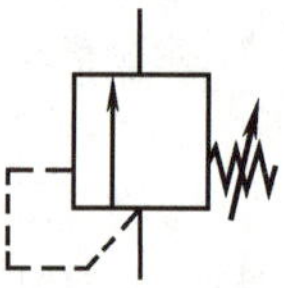	顺序阀，手动调节设定值	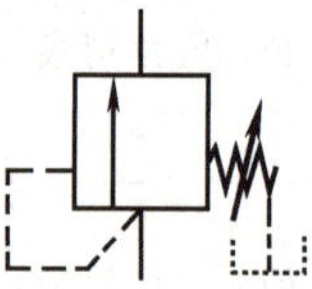
顺序阀，带有旁通阀	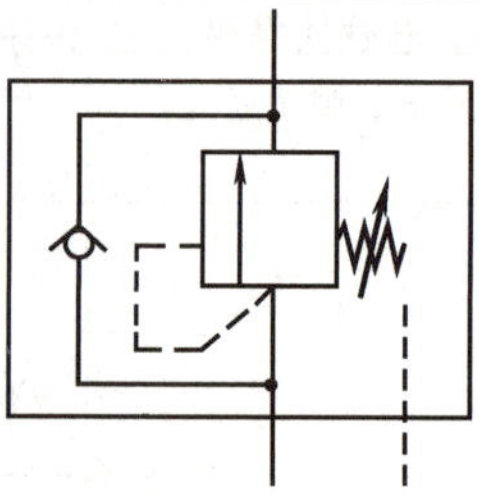	二通减压阀，直动式，外泄型	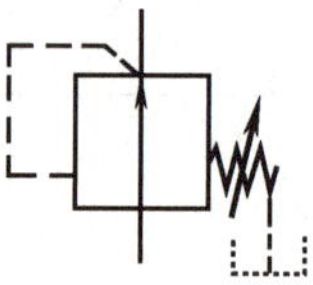
二通减压阀，先导式，外泄型	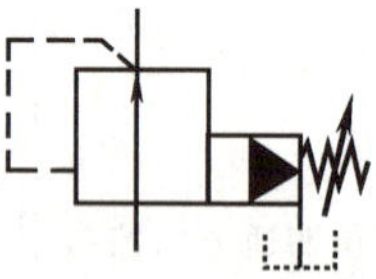	三通减压阀（液压）	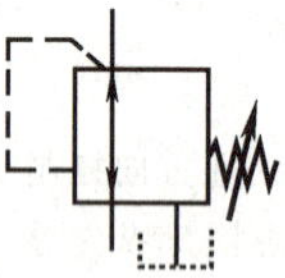

表D 流量控制阀

符号名称或用途	图形符号	符号名称或用途	图形符号
可调节流量控制阀		可调节流量控制阀，单向自由流动	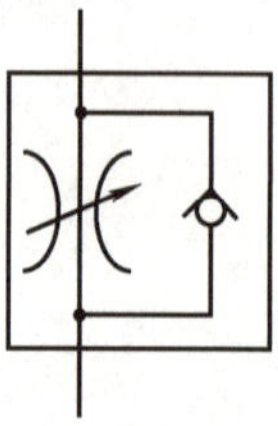

254

附录　常用液压与气动元件图形符号

（续）

符号名称或用途	图形符号	符号名称或用途	图形符号
流量控制阀，滚轮杠杆操纵，弹簧复位	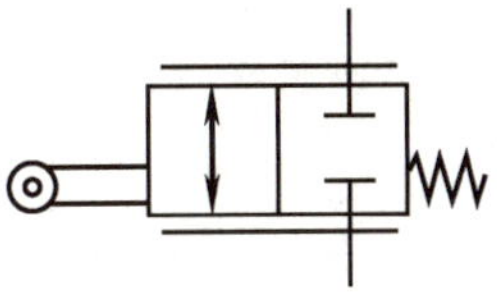	二通流量控制阀，可调节，带旁通阀，固定设置，单向流动，基本与黏度和压力差无关	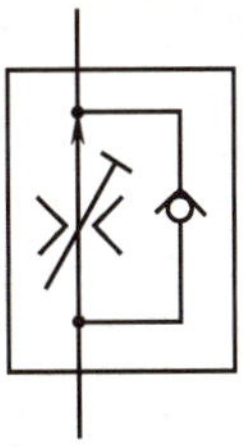
三通流量控制阀，可调节，将输入流量分成固定流量和剩余流量	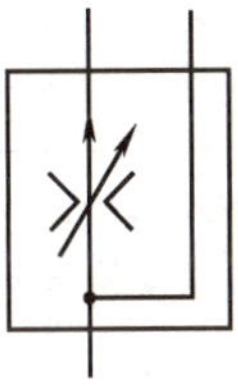	分流器，将输入流量分成两路输出	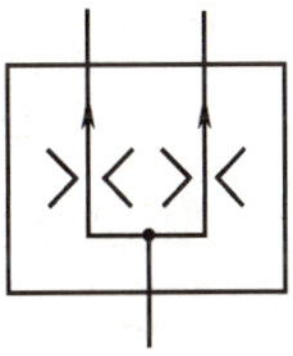
集流阀，保持两路输入流量相互恒定	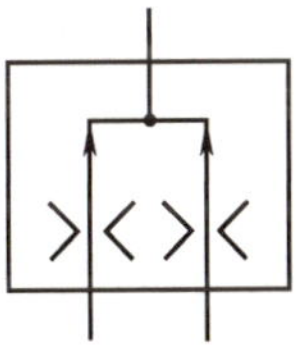		

表E　单向阀和梭阀

符号名称或用途	图形符号	符号名称或用途	图形符号
单向阀，只能在一个方向自由流动		单向阀，带有复位弹簧，只能在一个方向流动，常闭	
先导式液控单向阀，带有复位弹簧，先导压力允许在两个方向自由流动	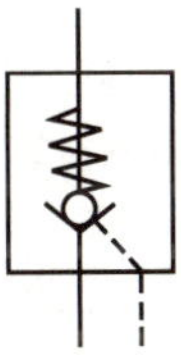	双单向阀，先导式	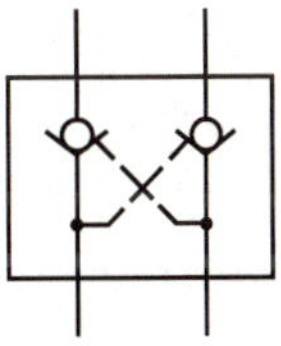
梭阀（"或"逻辑），压力高的入口自动与出口接通	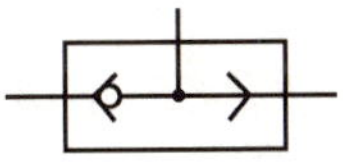	快速排气阀	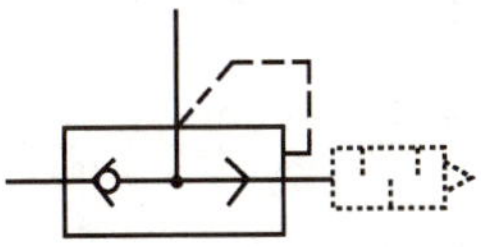

表 F 泵和马达

符号名称或用途	图形符号	符号名称或用途	图形符号
变量泵	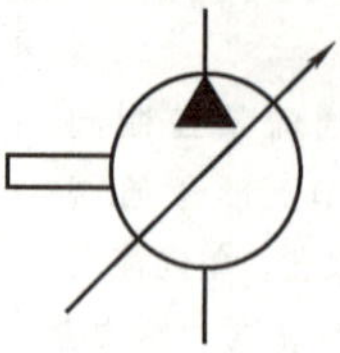	双向流动，带外泄油路单向旋转的变量泵	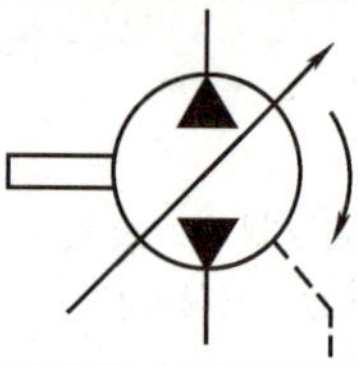
双向变量泵或马达单元，双向流动，带外泄油路，双向旋转	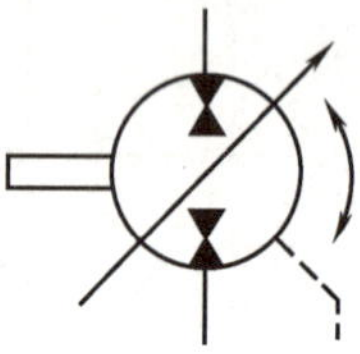	单向旋转的定量泵或马达	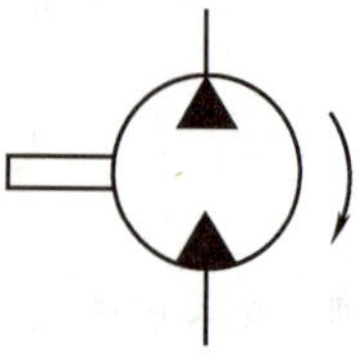
操纵杆控制，限制转盘角度的泵	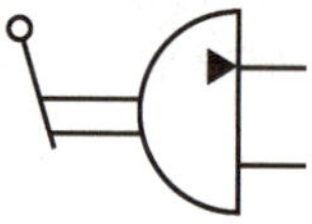	限制摆动角度，双向流动的摆动执行器或旋转驱动	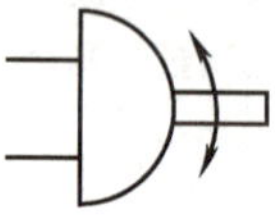
单作用的半摆动执行器或旋转驱动	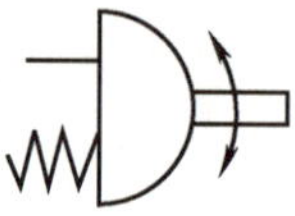	马达	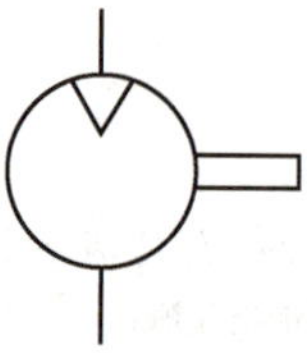
空气压缩机	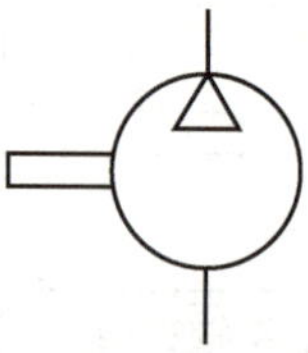	变方向定流量双向摆动马达	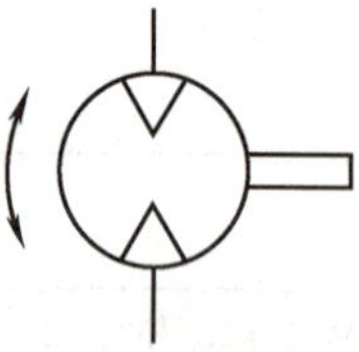

表 G 缸

符号名称或用途	图形符号	符号名称或用途	图形符号
单作用单杆缸，靠弹簧力返回行程，弹簧腔带连接油口	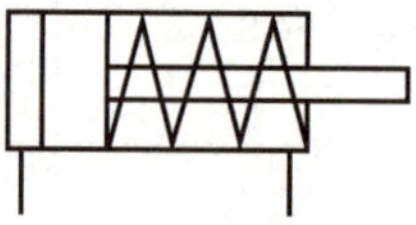	双作用单杆缸	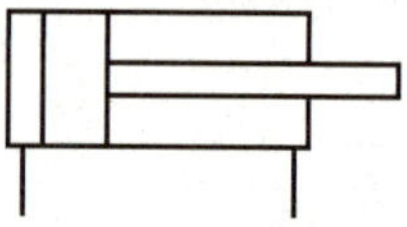
双作用双杆缸，活塞杆直径不同，双侧缓冲，右侧带调节	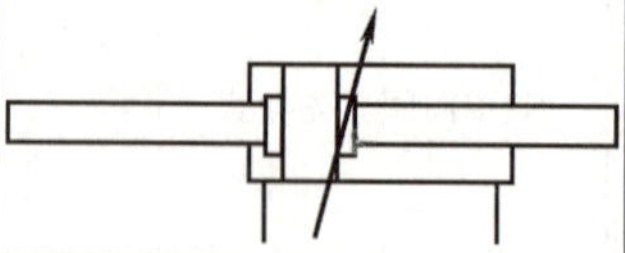	带行程限制的双作用膜片缸	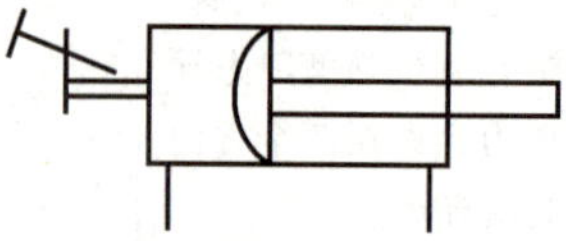
活塞杆终端带缓冲的单作用膜片缸，排气口不连接	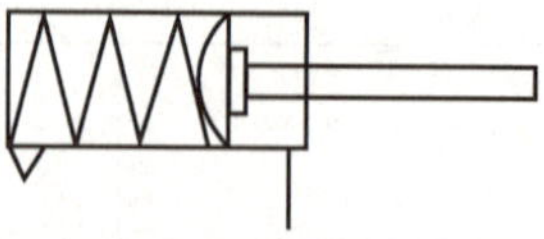	单作用缸，柱塞缸	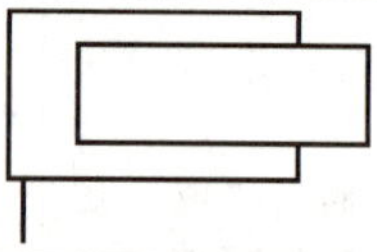
单作用伸缩缸	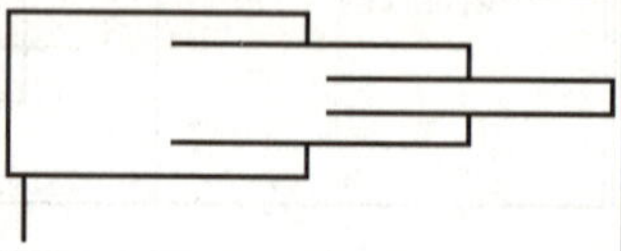	双作用伸缩缸	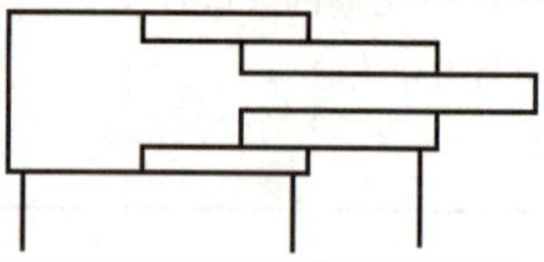

附录　常用液压与气动元件图形符号

表 H　连接和管接头

符号名称或用途	图形符号	符号名称或用途	图形符号
软管总成		三通旋转接头	
不带单向阀的快换接头，断开状态		带单向阀的快换接头，断开状态	
带两个单向阀的快换接头，断开状态		不带单向阀的快换接头，连接状态	
带一个单向阀的快插管接头，连接状态		带两个单向阀的快插管接头，连接状态	

表 I　电气装置

符号名称或用途	图形符号	符号名称或用途	图形符号
可调节的机械电子压力继电器		输出开关信号、可电子调节的压力转换器	
模拟信号输出压力传感器	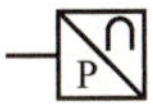		

表 J　测量仪和指示器

符号名称或用途	图形符号	符号名称或用途	图形符号
光学指示器		数字式指示器	
声音指示器		压力测量仪表（压力表）	
压差计		带选择功能的压力表	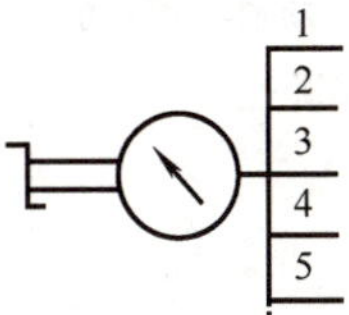

257

(续)

符号名称或用途	图形符号	符号名称或用途	图形符号
温度计	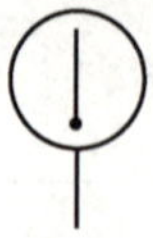	可调电气常闭触头温度计（接点温度计）	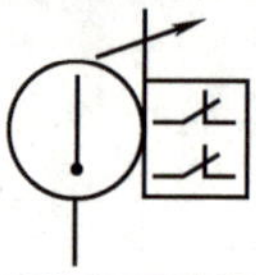
开关式定时器	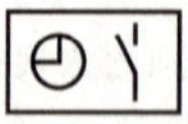	计数器	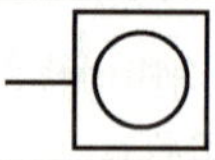

表 K　过滤器与分离器

符号名称或用途	图形符号	符号名称或用途	图形符号
过滤器	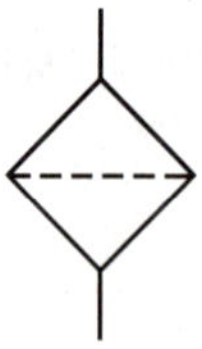	油箱通气过滤器	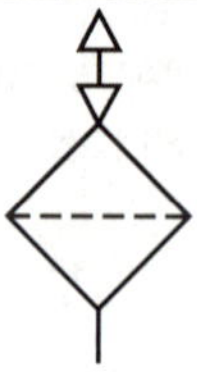
带附属磁性滤芯的过滤器		带光学阻塞指示器的过滤器	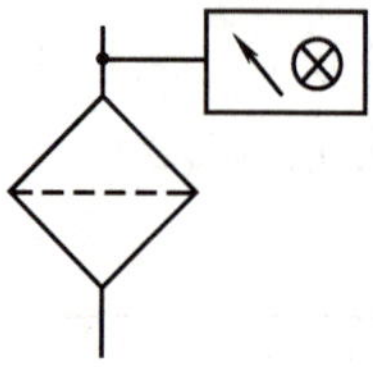
带压力表的过滤器	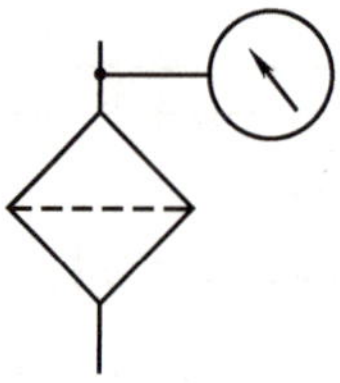	带旁路节流的过滤器	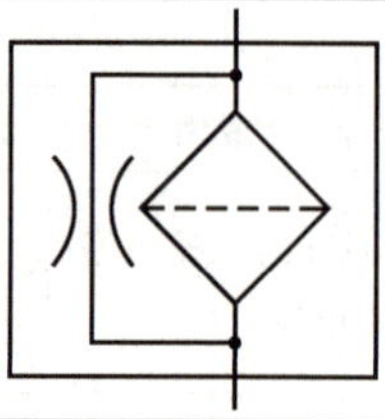
带旁路单向阀的过滤器	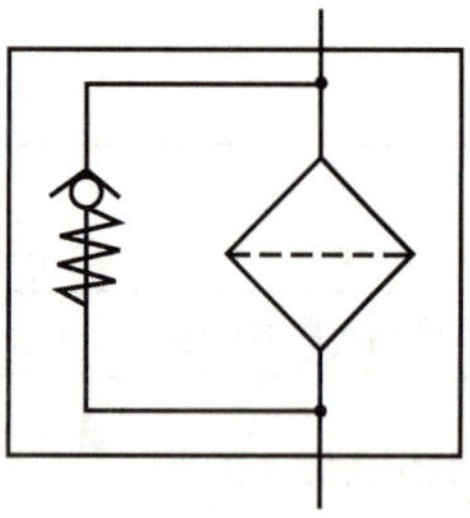	离心式分离器	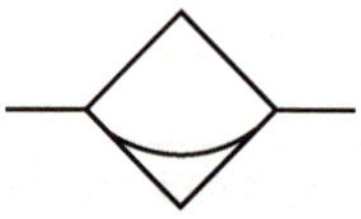
带手动切换功能的双过滤器	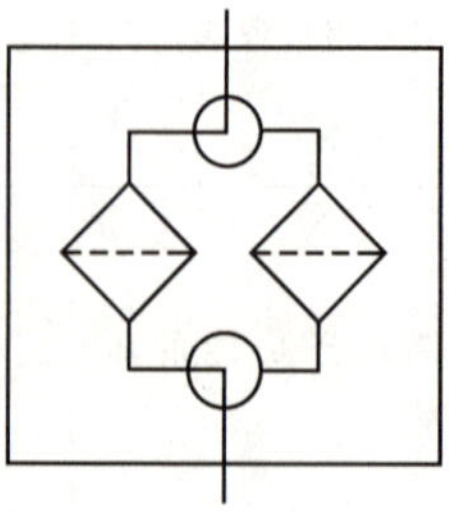	手动排水流体分离器	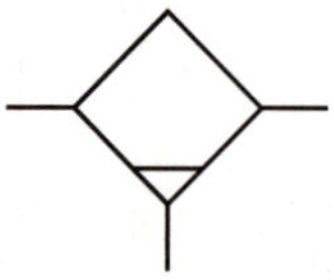

附录 常用液压与气动元件图形符号

（续）

符号名称或用途	图形符号	符号名称或用途	图形符号
带手动排水分离器的过滤器	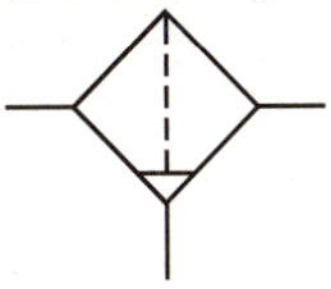	自动排水流体分离器	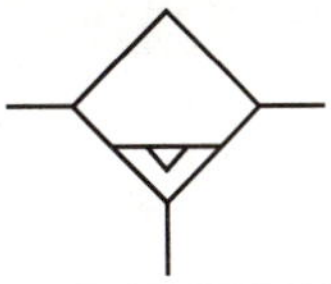
吸附式过滤器	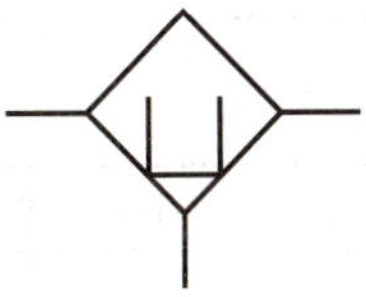	油雾分离器	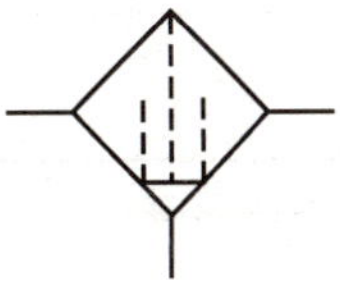
空气干燥器	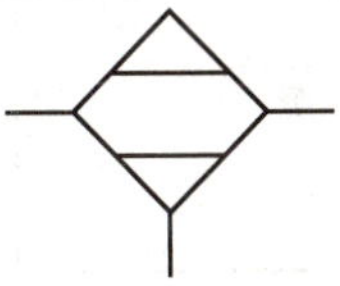	油雾器	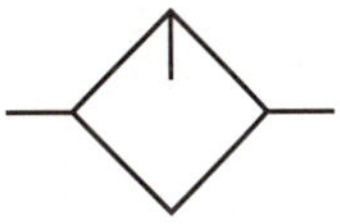
手动排水式油雾器	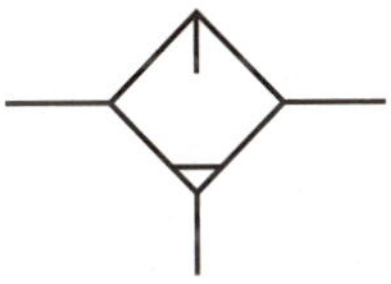		

表 L 蓄能器（压力容器，气瓶）

符号名称或用途	图形符号	符号名称或用途	图形符号
隔膜式充气蓄能器（隔膜式蓄能器）	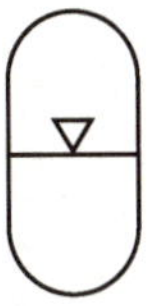	活塞式充气蓄能器（活塞式蓄能器）	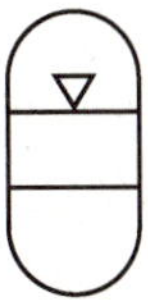
气瓶		带下游气瓶的活塞式蓄能器	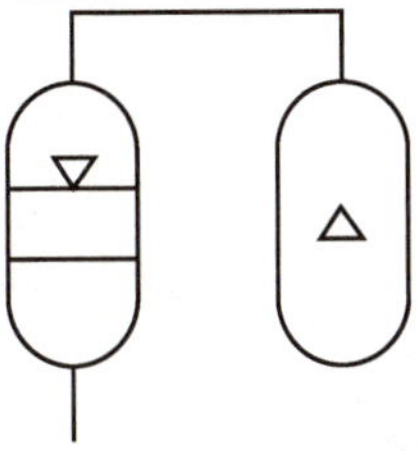
气罐			

表 M 线

符号名称或用途	图形符号	符号名称或用途	图形符号
供油管路，回油管路	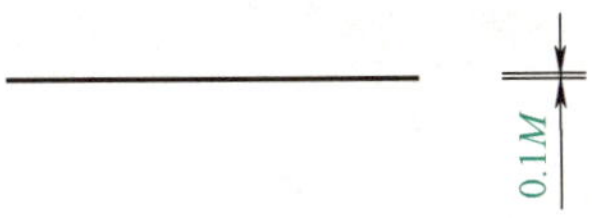 ———— 0.1M	内部和外部先导（控制）管路，泄油管路，冲洗管路，放气管路	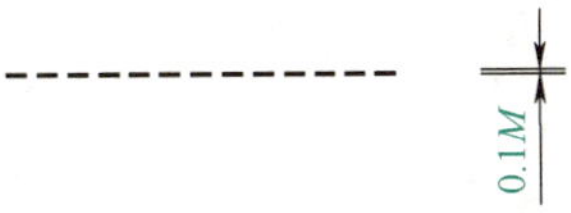 - - - - 0.1M

259

（续）

符号名称或用途	图形符号	符号名称或用途	图形符号
组合元件框线	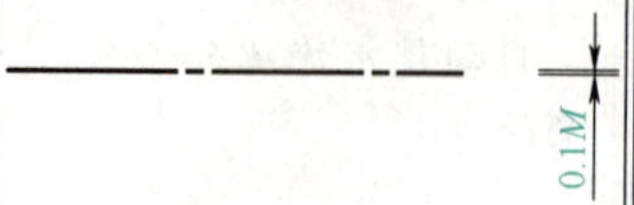 ———·——— 0.1M		

表N 能量源

符号名称或用途	图形符号	符号名称或用途	图形符号
气压源	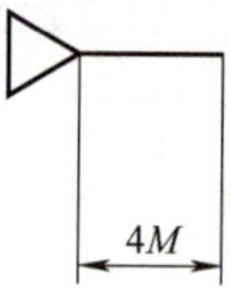 ▷ 4M	液压源	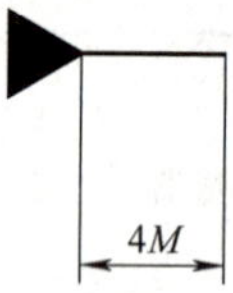 ▶ 4M

参 考 文 献

[1]　杨晓宇. 液压与气压传动控制技术［M］. 北京：机械工业出版社，2018.
[2]　张群生. 液压与气压传动［M］. 4版. 北京：机械工业出版社，2019.
[3]　刘建明，何伟利. 液压与气压传动［M］. 4版. 北京：机械工业出版社，2019.
[4]　崔培雪，冯宪琴. 典型液压气动回路600例［M］. 北京：化学工业出版社，2011.
[5]　梅荣娣. 液压与气动传动控制技术［M］. 2版. 北京：北京理工大学出版社，2017.
[6]　隽成栋，徐建忠. 机械基础［M］. 2版. 北京：科学出版社，2009.
[7]　周建清. PLC应用技术［M］. 2版. 北京：机械工业出版社，2018.
[8]　周建清，杨永年. 气动与液压实训［M］. 北京：机械工业出版社，2014.